» 高职高专"十三五"规划教材

无机化工专业实训

WUJI HUAGONG ZHUANYE SHIXUN

王 静　梁 斌　主编

U0216726

化学工业出版社

·北京·

本书主要内容包括化工安全技术简介、多功能膜分离实训、离子交换制纯碱实训、变压吸附实训、催化剂制备实训、聚氯乙烯装置仿真实训等实训项目。系统介绍了各个实训装置的基本原理、设备的结构、工艺流程、操作方法及操作条件的控制、事故的处理、操作注意事项、产品的分析检验等。

本书可作为高职高专院校应用化工技术专业的实训教学用书，也可作为成人教育、职业培训的教学用书，还可供从事化工技术工作的人员参考。

图书在版编目（CIP）数据

无机化工专业实训/王静，梁斌主编. —北京：化学工业出版社，2018.5
高职高专"十三五"规划教材
ISBN 978-7-122-31816-9

Ⅰ.①无…　Ⅱ.①王…②梁…　Ⅲ.①无机化工-生产工艺-高等职业教育-教材　Ⅳ.①TQ110.6

中国版本图书馆 CIP 数据核字（2018）第 054724 号

责任编辑：张双进　　　　　　　　　　文字编辑：孙凤英
责任校对：宋　玮　　　　　　　　　　装帧设计：王晓宇

出版发行：化学工业出版社（北京市东城区青年湖南街 13 号　邮政编码 100011）
印　　装：北京市白帆印务有限公司
787mm×1092mm　1/16　印张 14½　字数 364 千字　2018 年 6 月北京第 1 版第 1 次印刷

购书咨询：010-64518888（传真：010-64519686）　售后服务：010-64518899
网　　址：http://www.cip.com.cn
凡购买本书，如有缺损质量问题，本社销售中心负责调换。

定　　价：39.00 元

前言 FOREWORD

　　无机化工专业实训是一门针对化工类专业教学而开设的专业实训课，目的是为了提高学生的理论联系实际的能力和对实际装置的操作能力。本书是根据高职高专教材的编写要求而编写的教材，体现了"理实一体化"的教学理念。此教材可根据各专业的实际教学内容进行选择学习，每一实训项目自成一个实训环节。

　　本书作为高职高专化工类相关专业人才培养的专业必修课程，其任务是首先要学习化工生产安全技术的相关知识；然后通过对不同装置的基本原理、工艺流程和操作规程的学习，使学生能够掌握多功能膜分离装置、离子交换制纯碱装置、变压吸附空气分离装置、催化剂的制备等装置的基本原理、工艺流程、操作条件控制、开停车的先后顺序和事故的处理等内容。这些学习内容和实际工业生产的实际操作紧密相关，通过对这些装置的学习，学生进入工厂很快就能上手且达到单独上岗操作的水平，大大减少了工厂对新员工的培训所消耗的时间、精力和财力。所以这本书的一大特点是充分体现了"工学结合"的原则，本着够用为度，实用为先的理念进行编写。

　　本书共包括六个实训项目，其中项目一为化工安全技术简介，介绍安全的相关知识及防护措施。项目二为多功能膜分离实训，通过本项目的学习可以使学生掌握超滤、纳滤、膜分离等相关设备的结构、工作原理、工艺流程及操作的相关知识。项目三为离子交换制纯碱实训，主要介绍离子交换制纯碱的基本原理、工艺流程、操作原理，离子交换树脂的再生，蒸发器的蒸发原理、工艺流程、操作条件的控制；重碱的喷雾干燥器的基本原理、工艺流程、操作规程；相关设备事故的判断及处理，纯碱的分析化验技术。项目四为变压吸附实训，介绍变压吸附的基本原理、工艺流程、操作规程，事故的判断及处理，学习活塞式压缩机、冷冻干燥机的结构与工作原理。项目五为催化剂制备实训，通过本装置的实训使学生掌握催化剂制备的基本原理、工艺流程、操作方法。项目六为聚氯乙烯装置仿真实训，主要介绍生产方法、工艺流程、操作规程，事故的判断及处理。

　　本书由兰州石化职业技术学院王静、梁斌担任主编，兰州石化职业技术学院鲁凤、席静担任副主编。王静负责编写项目三、项目六；梁斌负责编写项目一、项目四；鲁凤负责编写项目五；席静负责编写项目二；兰州石化职业技术学院张宇婷、李亚玲、石勤参与了部分内容的编写，并为编写提供了大量的宝贵建议，全书由王静统稿。

　　由于编者水平有限，本书不妥之处在所难免，欢迎读者批评指正。

编者

2018 年 1 月

目 录 CONTENTS

项目三　离子交换制纯碱实训

项目四　变压吸附实训

项目五　催化剂制备实训

项目六　聚氯乙烯装置仿真实训

参考文献

项目一　化工安全技术简介

一、化工安全技术概述

（一）化工生产的特点与安全在化工生产中的地位

化学工业是运用化学方法从事产品生产的工业。它是一个多行业、多品种、历史悠久、在国民经济中占重要地位的工业部门。化学工业作为国民经济的支柱产业，与农业、轻工、纺织、食品、材料、建筑及国防等部门有着密切的联系，其产品已经并将继续渗透到国民经济的各个领域。中国的化学工业经过几十年的发展，目前已形成相当的规模，如硫酸、合成氨、化学肥料、农药、烧碱、纯碱等主要化工产品的产量均在世界上名列前茅。

1. 化工生产的特点

（1）涉及的危险品多　化工生产使用的原料、半成品和成品种类繁多，且绝大部分是易燃、易爆、有毒、有腐蚀的化学危险品，因此生产中对这些原材料、燃料、中间产品和成品的贮存和运输都提出了特殊的要求。

（2）要求的工艺条件苛刻　有些化学反应在高温、高压下进行，有的要在低温、高真空度下进行。如由轻柴油裂解制乙烯进而生产聚乙烯的生产过程中，轻柴油在裂解炉中的裂解温度为 $830\sim860℃$，裂解气要在深冷（$-96℃$）条件下进行分离，纯度为 99.99% 的乙烯气体在 $294MPa$（$2998.8kgf/cm^2$）压力下聚合，制成聚乙烯树脂。

（3）生产规模大型化　近几十年来，国际上化工生产采用大型生产装置是一个明显的趋势。以化肥为例，20 世纪 50 年代合成氨的最大规模为 6 万吨/年，60 年代初为 12 万吨/年，60 年代末达到 30 万吨/年，70 年代发展到 50 万吨/年以上。乙烯装置的生产能力也从 20 世纪 50 年代的 10 万吨/年，发展到 70 年代的 60 万吨/年，直至现在的 100 万吨/年。

采用大型装置可以明显降低单位产品的建设投资和生产成本，有利于提高劳动生产率。因此，世界各国都在积极发展大型化工生产装置。当然，也不是说化工装置越大越好，这里涉及技术经济的综合效益问题。例如，目前新建的乙烯装置大都稳定在 100 万吨/年的规模，合成氨装置大都稳定在 30 万～45 万吨/年的规模。

（4）生产方式日趋先进　现代化工企业的生产方式已经从过去的手工操作、间断生产转变为高度自动化、连续化生产；生产设备由敞开式变为密闭式；生产装置由室内走向露天；生产操作由分散控制变为集中控制，同时也由人工手动操作发展到计算机控制。

2. 安全在化工生产中的地位

化工生产具有易燃、易爆、易中毒、高温、高压、易腐蚀等特点，与其他行业相比，化工生产潜在的不安全因素更多，危险性和危害性更大，因此，对安全生产的要求也更加严格。

一些发达国家的统计资料表明，在工业企业发生的爆炸事故中，化工企业占1/3。据日本统计资料报道，仅1972年11月至1974年4月的一年半时间内，日本的石油化工厂共发生了二十次重大火灾爆炸事故，造成重大人身伤亡事故和巨额经济损失，其中仅一个液氯贮罐爆炸，就造成521人受伤、中毒。

随着生产技术的发展和生产规模的扩大，化工生产安全已成为一个社会问题。一旦发生火灾和爆炸事故，不但导致生产停顿、设备损坏、生产不能继续，而且也会造成大量人身伤亡，产生无法估量的损失和难以挽回的影响。例如，1984年11月墨西哥城液化石油气站发生爆炸事故，造成540人死亡，4000多人受伤，大片的居民区化为焦土，50万人无家可归。再如，印度博帕尔市的一家农药厂发生甲基异氰酸酯毒气泄漏事件，造成2500人死亡，5万人双目失明，15万人终身残废。

中国的化工企业特别是中小型化工企业，由于安全制度不健全或执行制度不严，操作人员缺乏安全生产知识或技术水平不高，违章作业，设备陈旧等原因，也发生过很多事故。据不完全统计，仅石油化工企业1983～1988年发生的重大事故就达647起，死亡117人，造成巨大的经济损失。

此外，在化工生产中，不可避免地要接触大量有毒化学物质，如苯类、氯气、亚硝基化合物、铬盐、联苯胺等物质，极易造成中毒事件，同时在化工生产过程中也容易造成环境污染。

随着化学工业的发展，特别是中国加入WTO后，各项工作与国际惯例接轨，化学工业面临的安全生产、劳动保护与环境保护等问题越来越引起人们的关注，这对从事化工生产安全管理人员、技术管理人员及技术工人的安全素质提出了越来越高的要求。如何确保化工安全生产，使化学工业能够稳定持续地健康发展，是中国化学工业面临的一个亟待解决且必须解决的重大问题。

(二) 化工生产中的重大危险源

1. 重大危险源的定义

由火灾、爆炸、毒物泄漏等所引起的重大事故，尽管其起因和后果的严重程度不尽相同，但它们都是因危险物质失控后引起的，并造成严重后果。危险的根源是贮存、使用、生产、运输过程中存在易燃、易爆及有毒物质，具有引发灾难性事故的能量。造成重大工业事故的可能性及后果的严重度既与物质的固有特性有关，又与设施或设备中危险物质的数量或能量的大小有关，重大危险源是指企业生产活动中客观存在的危险物质或能量超过临界值的设施、设备或场所。

重大危险源与重大事故隐患是有区别的，前者强调设备、设施或场所本质的、固有的物质能量的大小；后者则强调作业场所、设备及设施的不安全状态，人的不安全行为和管理上的缺陷。

2. 重大危险源的范围

凡能引发重大工业事故并导致严重后果的一切危险设备、设施或工作场所都应列入重大危险源的管理范围。

根据上述原则，重大危险源应包括以下七类。

（1）贮罐区（贮罐）　包括可燃液体、气体和毒性物质三种贮罐区（贮罐）。

（2）库区（库）　可分为火炸药、弹药库区（库），毒性物质库区（库），易燃、易爆物品库区（库）。

（3）生产场所　包括具有中毒危险的生产场所和具有爆炸、火灾危险的生产场所。

（4）企业危险建（构）筑物　限用于企业生产经营活动的建（构）筑物，如厂房、库房等，已确定为危险建筑物，且建筑面积≥1000m² 或经常有 100 人以上出入的建（构）筑物。

（5）压力管道　属于下列条件之一的压力管道应列入管理范围。

① 输送毒性等级为剧毒、高毒或火灾危险性为甲、乙类介质，公称直径为 100mm，工作压力为 10MPa 的工业管道。

② 公用管道中的中压或高压燃气管道，且公称直径≥200mm。

③ 公称压力≥0.4MPa，且公称直径≥400mm 的长输管道。

（6）锅炉

① 额定蒸汽压力≥2.45MPa。

② 额定出口水温≥120℃，且额定功率≥14MW 的热水锅炉。

（7）压力容器

① 贮存毒性等级为剧毒、高毒及中等毒性物质的三类压力容器。

② 最高工作压力≥0.1MPa，几何容积≥1000m³，贮存介质为可燃气体的压力容器（含总容积超过 100m³ 的压力容器群）。

③ 液化气体陆路罐车和铁路罐车。

3. 重大危险源的类型

从危险性物质的生产、贮运、泄漏等事故案例分析，根据事故类型重大危险源可分为泄放型危险源和潜在型危险源。

（1）泄放型危险源

① 连续性气体　包括气体管道、阀门、垫片、视镜、腐蚀孔、安全阀等的泄放，如果气体呈正压状态，泄放的基本形态为连续气体流。

② 爆炸性气体　包括气体贮罐、汽化器、气相反应器等爆炸性泄放，基本形态是大量气体瞬间释放并与空气混合形成云团。

③ 爆炸性压力液化气体　包括压力液化气贮罐、钢瓶、计量槽、罐车等爆炸性泄放，基本形态是大量液化气在瞬间泄放，由于闪蒸导致大量空气夹带，液化气液滴蒸发导致云团温度下降，形成冷云团。

④ 连续压力液化气体　包括压力液化气贮罐的液相孔、管道、阀门等的泄漏，基本形态是压力液化气迅速闪蒸，混入空气并形成低温烟云。

⑤ 非爆炸性压力液化气体　包括压力液化气贮罐气相、小口径管道和阀门等的泄放，基本形态是产生气体喷射，泄放速度随罐内压力而变化。

⑥ 非爆炸性冷冻压力液化气体　包括半冷冻液化气贮罐的液相通道和阀门等的泄放，基本形态是泄放物部分闪蒸，部分在地面形成液池。

⑦ 冷冻液化气体　包括冷冻液化气贮罐液位以下的孔、管道、阀门等的泄放，基本形态是地面形成低温液池。

⑧ 两相泄放型　包括压力液化气贮罐气相中等孔的泄放，基本形态是产生变化的"雾"状或泡沫流。

（2）潜在型危险源

① 阀门和法兰泄漏　因阀门和法兰加工缺陷、腐蚀、密封件失效、外部载荷或误操作引起的气体、压力液化气、冷冻液化气或其他液体的泄漏。

② 管道泄漏　因管道接头开裂、脱落、腐蚀、加工缺陷或外部载荷引起气体、压力液化气、冷冻液化气及其他液体的泄放。

③ 贮罐泄漏　因贮罐材质缺陷、附件缺陷、腐蚀或局部加工不良而引起的气体、压力液化气、冷冻液化气及其他液体泄放。

④ 爆炸性贮罐泄放　因贮罐加工和材质缺陷并超温、超压作业或外部载荷引起的压力液化气和冷冻液化气爆炸性泄放。

⑤ 钢瓶泄放　因超标充装、超温使用或附件缺陷引起的压力液化气或压力气体泄放。

二、防火防爆技术

（一）防火与防爆安全装置

1. 阻火装置

阻火装置的作用是防止外部火焰窜入有火灾爆炸危险的设备、管道、容器，或阻止火焰在设备或管道间蔓延。主要包括阻火器、安全液封、单向阀、阻火闸门等。

（1）阻火器　阻火器是用来阻止易燃气体和易燃液体蒸气的火焰蔓延的安全装置。一般安装在输送可燃气体的管道中，或者通风的槽罐上，阻止传播火焰（爆燃或爆轰）通过的装置，由阻火芯、阻火器外壳及附件构成。

阻火器的工作原理是使火焰在管中蔓延的速度随着管径的减小而减小，最后可以达到一个火焰不蔓延的临界直径。

阻火器有金属网、砾石和波纹金屑片等形式。

① 金属网阻火器　如图 1-1 所示，是用若干具有一定孔径的金属网把空间分隔成许多小孔隙。对一般有机溶剂采用 4 层金属网即可阻止火焰蔓延，通常采用 6～12 层。

② 砾石阻火器　如图 1-2 所示，是用砂粒、卵石、玻璃球等作为填料，这些阻火介质使阻火器内的空间被分隔成许多非直线性小孔隙，当可燃气体发生燃烧时，这些非直线性微孔能有效地阻止火焰的蔓延，其阻火效果比金属网阻火器更好。阻火介质的直径一般为 3～4mm。

③ 波纹金属片阻火器　如图 1-3 所示，壳体由铝合金铸造而成，阻火层由 0.1～0.2mm 厚的不锈钢带压制而成波纹型。两波纹带之间加一层同厚度的平带缠绕成圆形阻火层，阻火层

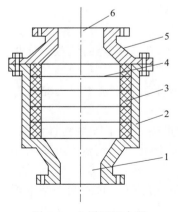

图 1-1　金属网阻火器
1—进口；2—壳体；3—垫圈；
4—金属网；5—上盖；6—出口

上形成许多三角形孔隙，孔隙尺寸为 0.45～1.5mm，其尺寸大小由火焰速度的大小决定，三角形孔隙有利于阻止火焰通过，阻火层厚度一般不大于 50mm。

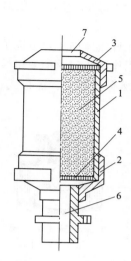

图 1-2　砾石阻火器
1—壳体；2—下盖；3—上盖；4—网格；
5—砂粒；6—进口；7—出口

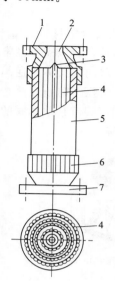

图 1-3　波纹金属片阻火器
1—上盖；2—出口；3—轴芯；4—波纹金属片；
5—外壳；6—下盖；7—进口

（2）安全液封　安全液封的阻火原理是液体封在进出口之间，一旦液封的一侧着火，火焰都将在液封处被熄灭，从而阻止火焰蔓延。安全液封一般安装在气体管道与生产设备或气柜之间。一般用水作为阻火介质。安全液封的结构型式常用的有敞开式和封闭式两种，如图1-4 所示。水封井是安全液封的一种，设置在有可燃气体、易燃液体蒸气或油污的污水管网上，以防止燃烧或爆炸沿管网蔓延，如图 1-5（a）、图 1-5（b）所示。安全液封的使用安全要求如下。

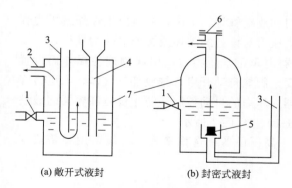

(a) 敞开式液封　　　(b) 封密式液封

图 1-4　安全液封示意图
1—验水栓；2—气体出口；3—进气管；4—安全管；
5—单向阀；6—爆破片；7—外壳

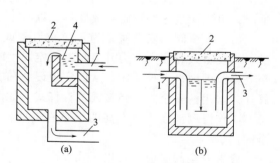

(a)　　　　　　(b)

图 1-5　水封井示意图
1—污水进口；2—井盖；3—污水出口；4—溢水槽

① 使用安全水封时，应随时注意水位不得低于水位阀门所标定的位置。但水位也不应过高，否则除了可燃气体通过困难外，水还可能随可燃气体一道进入出气管。每次发生火焰倒燃后，应随时检查水位并补足。安全液封应保持垂直位置。

② 冬季使用安全水封时，在工作完毕后应把水全部排出、洗净，以免冻结。如发现冻结现象，只能用热水或蒸汽加热解冻，严禁用明火烘烤。为了防冻，可在水中加少量食盐以降低冰点。

③ 使用封闭式安全水封时，由于可燃气体中可能带有黏性杂质，使用一段时间后容易黏附在阀和阀座等处，所以需要经常检查逆止阀的气密性。

（3）单向阀　单向阀又称止逆阀、止回阀，其作用是仅允许流体向一定方向流动，遇有回流即自动关闭。常用于防止高压物料窜入低压系统，也可用作防止回火的安全装置。如液化石油气瓶上的调压阀就是单向阀的一种。生产中用的单向阀有升降式、摇板式、球式等，如图1-6～图1-8所示。

图 1-6　升降式单向阀　　　　图 1-7　摇板式单向阀　　　　图 1-8　球式单向阀
1—壳体；2—升降阀　　　1—壳体；2—摇板；3—摇板支点　　　1—壳体；2—球阀

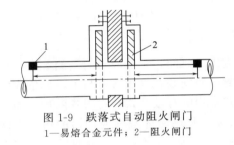

图 1-9　跌落式自动阻火闸门
1—易熔合金元件；2—阻火闸门

（4）阻火闸门　阻火闸门是为防止火焰沿通风管道蔓延而设置的阻火装置。如图1-9所示为跌落式自动阻火阀门。正常情况下，阻火闸门受易熔合金元件控制处于开启状态，一旦着火，温度高，会使易熔金属熔化，此时闸门失去控制，受重力作用自动关闭。也有的阻火闸门是手动的，在遇火警时由人迅速关闭。

2. 防爆泄压装置

防爆泄压装置包括安全阀、爆破片、防爆门和放空管等。系统内一旦发生爆炸或压力骤增时，可以通过这些设施释放能量，以减小巨大压力对设备的破坏或爆炸事故的发生。

（1）安全阀　安全阀是为了防止设备或容器内非正常压力过高引起物理性爆炸而设置的。当设备或容器内压力升高超过一定限度时安全阀能自动开启，排放部分气体，当压力降至安全范围内再自行关闭，从而实现设备和容器内压力的自动控制，防止设备和容器的破裂爆炸。常用的安全阀有弹簧式、杠杆式，如图1-10、图1-11所示。

工作温度高而压力不高的设备宜选杠杆式，高压设备宜选弹簧式。一般多用弹簧式安全阀。

设置安全阀时应注意以下几点。

① 压力容器的安全阀直接安装在容器本体上。容器内有气、液两相物料时，安全阀应装于气相部分，防止排出液相物料而发生事故。

② 一般安全阀可就地放空，放空口应高出操作人员1m以上且不应朝向15m以内的明火或易燃物。室内设备、容器的安全阀放空口应引出房顶，并高出房顶2m以上。

③ 安全阀用于泄放可燃及有毒液体时，应将排泄管接入事故贮槽、污油罐或其他容器；用于泄放与空气混合能自燃的气体时，应接入密闭的放空塔或火炬。

④ 当安全阀的入口处装有隔断阀时，隔断阀应为常开状态。

⑤ 安全阀的选型、规格、排放压力的设定应合理。

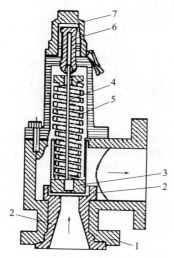

图 1-10　弹簧式安全阀
1—阀体；2—阀座；3—阀芯；4—阀杆；
5—弹簧；6—螺帽；7—阀盖

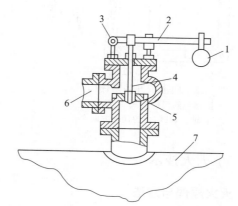

图 1-11　杠杆式安全阀
1—重锤；2—杠杆；3—杠杆支点；
4—阀芯；5—阀座；6—排出管；
7—容器或设备

（2）爆破片　爆破片又称防爆膜、防爆片，是通过法兰装在受压设备或容器上。当设备或容器内因化学爆炸或其他原因产生过高压力时，防爆片作为人为设计的薄弱环节自行破裂，高压流体即通过防爆片从放空管排出，使爆炸压力难以继续升高，从而保护设备或容器的主体免遭更大的损坏，使在场的人员不致遭受致命的伤亡。

防爆片一般应用在以下几种场合。

① 存在爆燃危险或异常反应使压力骤然增加的场合，这种情况下弹簧安全阀由于惯性而不适应。

② 不允许介质有任何泄漏的场合。

③ 内部物料易因沉淀、结晶、聚合等形成黏附物，妨碍安全阀正常动作的场合。

凡有重大爆炸危险性的设备、容器及管道，例如，气体氧化塔、进焦煤炉的气体管道、乙炔发生器等，都应安装防爆片。防爆片的安全可靠性取决于防爆片的材料、厚度和泄压面积。正常生产时压力很小或没有压力的设备，可用石棉板、塑料片、橡皮或玻璃片等作为防爆片；微负压生产的可采用 2～3cm 厚的橡胶板作为防爆片；操作压力较高的设备可采用铝板、铜板。铁片破裂时能产生火花，存在燃爆性气体时不宜采用。防爆片的爆破压力一般不超过系统操作压力的 1.25 倍（若防爆片在低于操作压力时破裂，就不能维持正常生产），若操作压力过高而防爆片不破裂，则不能保证安全。

（3）防爆门　防爆门一般设置在燃油、燃气或燃烧煤粉的燃烧室外壁上，以防止燃烧爆炸时，设备遭到破坏。防爆门的总面积一般按燃烧室内部净容积 $1m^3$ 不少于 $250cm^2$ 计算。为了防止燃烧气体喷出时将人烧伤，防爆门应设置在人们不常到的地方，高度不低于 2m。图 1-12、图 1-13 为两种不同类型的防爆门。

（4）放空管　在某些极其危险的设备上，为防止可能出现的超温、超压而引起爆炸的恶性事故的发生，可设置自动或手控的放空管以紧急排放危险物料。

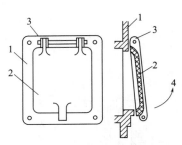

图 1-12　向上翻开的防爆门
1—防爆门的门框；2—防爆门；
3—转轴；4—防爆门动作方向

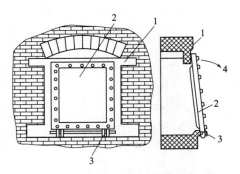

图 1-13　向下翻开的防爆门
1—燃烧室外壁；2—防爆门；
3—转轴；4—防爆门动作方向

（二）灭火技术

1. 灭火原理与方法

灭火方法主要包括窒息灭火法、冷却灭火法、隔离灭火法和化学抑制灭火法。

（1）窒息灭火法　窒息灭火法即阻止空气进入燃烧区或用惰性气体稀释空气，使燃烧因得不到足够的氧气而熄灭的灭火方法。

运用窒息法灭火时，可考虑选择以下措施：

① 用石棉布、浸湿的棉被、帆布、沙土等不燃或难燃材料覆盖燃烧物或封闭孔洞；

② 用水蒸气、惰性气体通入燃烧区域内；

③ 利用建筑物上原来的门、窗以及生产、贮运设备上的盖、阀门等，封闭燃烧区；

④ 在万不得已且条件许可的条件下，采用淹没（灌注）的方法灭火。

采用窒息灭火法，必须注意以下几个问题。

① 此法适用于燃烧部位空间较小，容易堵塞封闭的房间、生产及贮运设备内发生的火灾，而且燃烧区域内应没有氧化剂存在。

② 在采用水淹方法灭火时，必须考虑到水与可燃物质接触后是否会产生不良后果，如有则不能采用。

③ 采用此法时，必须在确认火已熄灭后，方可打开孔洞进行检查。严防因过早打开封闭的房间或设备，使新鲜空气进入，造成复燃或爆炸。

（2）冷却灭火法　冷却灭火法即将灭火剂直接喷洒在燃烧着的物体上，将可燃物质的温度降到燃点以下，终止燃烧的灭火方法。也可将灭火剂喷洒在火场附近未燃的易燃物上起冷却作用，防止其受热辐射作用而起火。冷却灭火法是一种常用的灭火方法。

（3）隔离灭火法　隔离灭火法即将燃烧物质与附近未燃的可燃物质隔离或疏散开，使燃烧因缺少可燃物质而停止。隔离灭火法也是一种常用的灭火方法。这种灭火方法适用于扑救各种固体、液体和气体火灾。

隔离灭火法常用的具体措施有：

① 将可燃、易燃、易爆物质和氧化剂从燃烧区移出至安全地点；

② 关闭阀门，阻止可燃气体、液体流入燃烧区；

③ 用泡沫覆盖已燃烧的易燃液体表面，把燃烧区与液面隔开，阻止可燃蒸气进入燃烧区；

④ 拆除与燃烧物相连的易燃、可燃建筑物；

⑤ 用水流或用爆炸等方法封闭井口，扑救油气井喷火灾。

（4）化学抑制灭火法　化学抑制灭火法是使灭火剂参与到燃烧反应中去，起到抑制反应的作用。具体而言就是使燃烧反应中产生的自由基与灭火剂中的卤素离子相结合，形成稳定分子或低活性的自由基，从而切断了氢自由基与氧自由基的连锁反应链，使燃烧停止。

需要指出的是，窒息、冷却、隔离灭火法，在灭火过程中，灭火剂不参与燃烧反应，因而属于物理灭火方法。而化学抑制灭火法则属于化学灭火方法。

上述四种灭火方法所对应的具体灭火措施是多种多样的，在灭火过程中，应根据可燃物的性质、燃烧特点、火灾大小、火场的具体条件以及消防技术装备的性能等实际情况，选择一种或几种灭火方法。一般情况下，综合运用几种灭火法效果较好。

2. 灭火剂

灭火剂是能够有效地破坏燃烧条件，终止燃烧的物质。选择灭火剂的基本要求是灭火效能高、使用方便、来源丰富、成本低廉、对人和物基本无害。灭火剂的种类很多，下面介绍常见的几种。

（1）水（及水蒸气）　水的来源丰富，取用方便，价格便宜，是最常用的天然灭火剂。它可以单独使用，也可与不同的化学剂组成混合液使用。

① 灭火原理　主要包括冷却作用、窒息作用和隔离作用。

a. 冷却作用　水的比热容较大，它的蒸发潜热达 $539.9cal/(g \cdot \text{℃})$ （$1cal=4.18J$，下同）。当常温水与炽热的燃烧物接触时，在被加热和汽化过程中，会大量吸收燃烧物的热量，使燃烧物的温度降低而灭火。

b. 窒息作用　在密闭的房间或设备中，此作用比较明显。水汽化成水蒸气，体积能扩大 1700 倍，可稀释燃烧区中的可燃气与氧气，使它们的浓度下降，从而使可燃物因"缺氧"而停止燃烧。

c. 隔离作用　在密集水流的机械冲击作用下，将可燃物与火源分隔开而灭火。此外水对水溶性的可燃气体（蒸气）还有吸收作用，这对灭火也有意义。

② 几种形式

a. 普通无压力水　用容器盛装，人工浇到燃烧物上。

b. 加压的密集水流　用专用设备喷射，灭火效果比普通无压力水好。

c. 雾化水　用专用设备喷射，因水成雾滴状，吸热量大，灭火效果更好。

③ 优缺点

a. 优点：与其他灭火剂相比，水的比热容及汽化潜热较大，冷却作用明显；价格便宜；易于远距离输送；水在化学上呈中性，对人无毒、无害。

b. 缺点：水在0℃下会结冰，当泵暂时停止供水时会在管道中形成冰冻造成堵塞；水对很多物品如档案、图书、珍贵物品等，有破坏作用；用水扑救橡胶粉、煤粉等火灾时，由于水不能或很难浸透燃烧介质，因而灭火效率很低。所以必须向水中添加润湿剂才能弥补以上不足。

④ 适用范围　除以下情况，都可以考虑用水灭火。

a. 忌水性物质，如轻金属、电石等不能用水扑救。因为它们能与水发生化学反应，生成可燃性气体并放热，扩大火势甚至导致爆炸。

b. 不溶于水，且密度比水小的易燃液体。如汽油、煤油等着火时不能用水扑救。但原油、重油等可用雾状水扑救。

c. 密集水流不能扑救带电设备火灾，也不能扑救可燃性粉尘聚集处的火灾。

d. 不能用密集水流扑救存放大量浓硫酸、浓硝酸场所的火灾，因为水流能引起酸的飞溅、流散，遇可燃物质后，又有引起燃烧的危险。

e. 高温设备着火不宜用水扑救，因为这会使金属机械强度受到影响。

f. 精密仪器设备、贵重文物档案、图书着火，不宜用水扑救。

（2）泡沫灭火剂　凡能与水相溶，并可通过化学反应或机械方法产生灭火泡沫的灭火药剂称为泡沫灭火剂。

① 泡沫灭火剂分类　根据泡沫生成机理，泡沫灭火剂可以分为化学泡沫灭火剂和空气泡沫灭火剂。

化学泡沫是由酸性或碱性物质及泡沫稳定剂相互作用而生成的膜状气泡群，气泡内主要是二氧化碳。化学泡沫虽然具有良好的灭火性能，但由于化学泡沫设备较为复杂、投资大、维护费用高，近年来多采用灭火简单、操作方便的空气泡沫。

空气泡沫又称机械泡沫，是由一定比例的泡沫液、水和空气在泡沫生成器中进行机械混合搅拌而生成的膜状气泡群，气泡内一般为空气。

空气泡沫灭火剂按泡沫的发泡倍数，又可分为低倍数泡沫（发泡倍数小于 20 倍）、中倍数泡沫（发泡倍数在 20～200 倍）和高倍数泡沫（发泡倍数在 200～1000 倍）三类。

② 泡沫灭火原理　由于泡沫中充填大量气体，相对密度小（0.001～0.5），可漂浮于液体的表面或附着于一般可燃固体表面，形成一个泡沫覆盖层，使燃烧物表面与空气隔绝，同时阻断了火焰的热辐射，阻止燃烧物本身或附近可燃物质的蒸发，起到隔离和窒息作用；泡沫析出的水和其他液体有冷却作用；同时泡沫受热蒸发产生的水蒸气可降低燃烧物附近的氧浓度。

③ 泡沫灭火剂适用范围　泡沫灭火剂主要用于扑救不溶于水的可燃、易燃液体，如石油产品等的火灾；也可用于扑救木材、纤维、橡胶等固体的火灾；高倍数泡沫可有特殊用途，如消除放射性污染等。由于泡沫灭火剂中含有一定量的水，所以不能用来扑救带电设备及忌水性物质引起的火灾。

（3）二氧化碳及惰性气体灭火剂

① 灭火原理　二氧化碳灭火剂在消防工作中有较广泛的应用。二氧化碳是以液态形式加压充装于钢瓶中。当它从灭火器中喷出时，由于突然减压，一部分二氧化碳迅速膨胀、汽化，吸收大量的热量，另一部分二氧化碳迅速冷却成雪花状固体（即"干冰"，"干冰"温度为 $-78.5\,^{\circ}\mathrm{C}$），喷向着火处时，立即汽化，起到稀释氧浓度的作用，同时又起到冷却作用；而且大量二氧化碳笼罩在燃烧区域周围，还能起到隔离燃烧物与空气的作用。因此，二氧化碳的灭火效率也较高，当二氧化碳占空气浓度的 30%～35% 时，燃烧就会停止。

② 二氧化碳灭火剂的优点及适用范围

a. 不导电、不含水，可用于扑救电气设备和部分忌水性物质的火灾；

b. 灭火后不留痕迹，可用于扑救精密仪器、机械设备、图书、档案等的火灾；

c. 价格低廉。

③ 二氧化碳灭火剂的缺点

a. 冷却作用较差，不能扑救阴燃火灾，且灭火后火焰有复燃的可能；

b. 二氧化碳与碱金属（钾、钠）和碱土金属（镁）在高温下会起化学反应，引起爆炸；

$$2Mg+CO_2 \longrightarrow 2MgO+C$$

c. 二氧化碳膨胀时，能产生静电而可能成为点火源；

d. 二氧化碳能导致救火人员窒息。

除二氧化碳外，其他惰性气体如氮气、水蒸气也可用作灭火剂。

（4）卤代烷灭火剂 卤代烷及烃类化合物中的氢原子完全地或部分地被卤族元素取代而生成的化合物，目前被广泛地应用来作灭火剂。烃类化合物多为甲烷、乙烷，卤族元素多为氟、氯、溴。国内常用的卤代烷灭火剂有1211（二氟一氯一溴甲烷）、1202（二氟二溴甲烷）、1301（三氟一溴甲烷）、2402（四氯二溴乙烷）。

卤代烷灭火剂的编号原则是：第一个数字代表分子中的碳原子数目；第二个数字代表氟原子数目；第三个数字代表氯原子数目；第四个数字代表溴原子数目；第五个数字代表碘原子数目。

① 灭火原理 主要包括化学抑制作用和冷却作用。

化学抑制作用是卤代烷灭火剂的主要灭火原理。即卤代烷分子参与燃烧反应，即卤素原子能与燃烧反应中的自由基结合生成较为稳定的化合物，从而使燃烧反应因缺少自由基而终止。

冷却作用是卤代烷灭火剂通常经加压液化贮存于钢瓶中，使用时因减压汽化而吸热，所以对燃烧物有冷却作用。

② 卤代烷灭火剂的优缺点及适用范围 优点如下。

a. 主要用来扑救各种易燃液体火灾；

b. 因其绝缘性能好，也可用来扑救带电电气设备火灾；c. 因其灭火后全部汽化而不留痕迹，也可用来扑救档案文件、图片资料、珍贵物品等的火灾。

缺点如下。

a. 卤代烷灭火剂的主要缺点是毒性较高。实验证明，短暂地接触（1min以内）时，1211体积含量在4%以上、1301含量在7%以上，人就有中毒反应。因此在狭窄的、密闭的、通风条件不好的场所，如地下室等，最好是用无毒灭火剂（如泡沫、干粉等）灭火。

b. 卤代烷灭火剂不能用来扑救阴燃火灾，因为此时会形成有毒的热分解产物。

c. 卤代烷灭火剂也不能扑救轻金属如镁、氯、钠等的火灾，因为它们能与这些轻金属起化学反应且发生爆炸。

由于卤代烷灭火剂的较高毒性及会破坏遮挡阳光中有害紫外线的臭氧层，因此应严格控制使用。

（5）干粉灭火剂 干粉灭火剂是一种干燥的、易于流动的微细固体粉末，由能灭火的基料和防潮剂、流动促进剂、结块防止剂等添加剂组成。在救火中，干粉在气体压力的作用下从容器中喷出，以粉雾的形式灭火。

① 分类 干粉灭火剂及适用范围，主要分为普通和多用两大类。

普通干粉灭火剂主要是适用于扑救可燃液体、可燃气体及带电设备的火灾。目前，它的品种最多，生产、使用量最大。共包括：

a. 以碳酸氢钠为基料的小苏打干粉（钠盐干粉）；

b. 以碳酸氢钠为基料，又添加增效基料的改性钠盐干粉；

c. 以碳酸氢钾为基料的钾盐干粉；

d. 以硫酸钾为基料的钾盐干粉；

e. 以氯化钾为基料的钾盐干粉；

f. 以尿素和以碳酸氢钾或以碳酸氢钠反应产物为基料的氨基干粉。

多用类型的干粉灭火剂不仅适用于扑救可燃液体、可燃气体及带电设备的火灾，还适用于扑救一般固体火灾。它包括：

a. 以磷酸盐为基料的干粉；

b. 以硫酸铵与磷酸铵盐的混合物为基料的干粉；

c. 以聚磷酸铵为基料的干粉。

② 灭火原理　主要包括化学抑制作用、隔离作用、冷却与窒息作用。

a. 化学抑制作用　当粉粒与火焰中产生的自由基接触时，自由基被瞬时吸附在粉粒表面，并发生如下反应：

$$M(粉粒)+OH \cdot \longrightarrow MOH$$

$$MOH+H \cdot \longrightarrow M+H_2O$$

由反应式可以看出，借助粉粒的作用，消耗了燃烧反应中的自由基（OH·和H·）。

b. 隔离作用　喷出的粉末覆盖在燃烧物表面上，能构成阻碍燃烧的隔离层。

c. 冷却与窒息作用　粉末在高温下，将放出结晶水或发生分解，这些都属于吸热反应，而分解生成的不活泼气体又可稀释燃烧区内的氧气浓度，起到冷却与窒息作用。

3. 消防设施

（1）消防站　大中型化工厂及石油化工联合企业均设有消防站。消防站是专门用于消除火灾的专业性机构，拥有相当数量的灭火设备和经过严格训练的消防队员。消防站的服务范围按行车距离计，不得大于2.5km，且应保证在接到火警后，消防车到达火场的时间不超过5min。超过服务范围的场所，应建立消防分站或设置其他消防设施，如泡沫发生站、手提式灭火器等。属于丁、戊类危险性场所的，消防站的服务范围可加大到4km。

消防站的规模应根据发生火灾时消防用水量、灭火剂用置、采用灭火设施的类型、高压或低压消防供水以及消防协作条件等因素综合考虑。

采用半固定或移动式消防设施时，消防车辆应按扑救工厂最大火灾需要的用水量及泡沫、干粉等用量进行配备，当消防车超过六辆时，宜设置一辆指挥车。

协作单位可供使用的消防车辆是指临近企业或城镇消防站在接到火警后，10min内能对相邻贮藏进行冷却或20min内能对着火贮罐进行灭火需要的消防车辆。特殊情况下，可向当地政府领导下的消防队报警，报警电话119，报警时应说清以下情况：火灾发生的单位和详细地址；燃烧物的种类名称；火势程度；附近有无消防给水设施；报警者姓名和单位。

（2）消防给水设施　专门为消防灭火而设置的给水设施，主要有消防给水管道和消火栓两种。

① 消防给水管道　消防给水管道简称消防管道，是一种能保证消防所需用水量的给水管道，一般可与生活用水或生产用水的上水管道合并。

消防管道有高压和低压两种。高压消防管道灭火时所需的水压是由固定的消防水泵提供的；低压消防管道灭火所需的水压是从室外消火栓用消防车或人力移动的水泵提供的。

室外消防管道应布置成环状，输水干管不应少于两条。环状管道应用阀门分为若干独立管段，每段内消火栓数量不宜超过5个。地下水管为闭合的系统，水可以在管内朝各个方向流动，如管网的任何一段损坏，不会导致断水。室内消防管道应有通向室外的支管，支管上应带有消防速合螺母，以备万一发生故障时，可与移动式消防水泵的水龙带连接。

消防管道喷涂成红色。

② 消火栓　消火栓是一种固定式消防设施。消火栓可供消防车吸水，也可直接连接水带放水灭火，是消防供水的基本设备。消火栓按其装置地点可分为室外和室内两类。室外消

火栓又可分为地上式和地下式两种。

室外消火栓应沿道路设置，距路边不应小于 0.5m，不得大于 2m，设置的位置应便于消防车吸水。室外消火栓的数量应按消火栓的保护半径和室外消防用水量确定，间距不应超过 120m。室内消火栓的配置，应保证两个相邻消火栓的充实水柱能够在建筑物最高、最远处相遇。室内消火栓一般设置在明显、易于取用的地点，离地面的距离应为 1.2m。

③ 化工生产装置区消防给水设施

a. 消防供水竖管。用于框架式结构的露天生产装置区内，竖管沿梯子一侧装设。每层平台上均设有接口，并就近设有消防水带箱，便于冷却和灭火使用。

b. 冷却喷淋设备。高度超过 30m 的炼制塔、蒸馏塔或容器，宜设置固定喷淋冷却设备，可用喷水头，也可用喷淋管，冷却水的供给强度可采用 $5L/(min \cdot m^2)$。

c. 消防水幕。设置于化工露天生产装置区的消防水幕，可对设备或建筑物进行分隔保护，以阻止火势蔓延。

d. 消防水炮。以水为介质，可以远距离扑灭火灾的设备。消防水炮流量大、射程远，可以非常迅速地扑灭早期火灾，在火灾危险性较大且高度较高的设备周围，应设置消防水炮，以保护重点部位的金属设备免受火灾热辐射的威胁。

4. 灭火器材

灭火器是指在内部压力作用下，将所充装的灭火剂喷出以扑救火灾，并且由人来移动的灭火器具；是扑救初期火灾常用的有效的灭火设备。在化工生产区域内，按照规范设置了一定的数量的灭火器材。常用的灭火器包括：泡沫灭火器、二氧化碳灭火器、干粉灭火器、卤代烷烃灭火器等。灭火器一般放置在明显、取用方便、又不易被损坏的地方，并应定期检查，过期更换，以确保正常使用，常用灭火器的性能及用途等如表 1-1 所示。

表 1-1　常用灭火器的性能及用途

灭火器类型	泡沫灭火器	二氧化碳灭火器	干粉灭火器	1211 灭火器
药剂	桶内装有碳酸氢钠、发泡剂和硫酸铝溶液	瓶内装有压缩成液体的二氧化碳	钢桶内装有钾盐（或钠盐）、干粉并备有盛装压缩气体的小钢瓶	钢桶内充装二氟一氯一溴甲烷，并充填压缩氮气
用途	扑救固体物质或其他易燃液体火灾	扑救电器、精密仪器、油类及酸类火灾	扑救石油、石油产品、涂料、有机溶剂、天然气设备火灾	扑救油类、电气设备、化工化纤原料等初期火灾
性能	10L 喷射时间 60s，射程 8m；65L 喷射时间 170s，射程 13.5m	接近着火地点保持 3m 距离	8kg 喷射时间 14～18s，射程＜4.5m；50kg 喷射时间 50～55s，射程 6～8m	1kg 喷射时间 6～8s，射程 2～3m
使用方法	倒置稍加摇动，打开开关，药剂即可喷出	一手拿喇叭筒对准火源，另一手打开开关	提起圆环，干粉即可喷出	拔出铅封或横销，用力压下压把即可喷出
保养及检查	放在使用方便的地方，注意使用期限，防止喷嘴堵塞，防冻防晒；一年检查一次，泡沫低于 4 倍应换药	每月检查一次，当小于原量 1/10 应充气	置于干燥通风处，防潮防晒，一年检查一次气压，若质量减少 1/10 应充气	置于干燥处，勿碰撞，每年检查一次质量

5. 常见初起火灾的扑救

从小到大、由弱到强是大多数火灾的规律。在生产过程中，及时发现并扑救初起火灾，对保护生产安全及生命财产安全具有重大意义，因此，在化工生产中，训练有素的现场人员一旦发现火情，除了迅速报告火警之外，应果断地运用配备的灭火器材把火灾消灭在初起阶段，或使其得到有效的控制，为专业消防队赶到现场赢得时间。

（1）生产装置初起火灾的扑救　当生产装置发生火灾爆炸事故时，在场人员应迅速采取如下措施。

① 迅速查清着火部位、着火物质的来源，及时准确地关闭阀门，切断物料来源及各种加热源；开启冷却水、消防蒸汽等，进行有效冷却或有效隔离；关闭通风装置，防止风助火势或沿通风管道蔓延。从而有效地控制火势以利于灭火。

② 带有压力的设备物料泄漏引起着火时，应切断进料并及时开启泄压阀门，进行紧急放空，同时将物料排入火炬系统或其他安全部位，以利于灭火。

③ 现场当班人员应迅速果断地做出是否停车的决定，并及时向厂调度室报告情况和向消防部门报警。

④ 装置发生火灾后，当班的班长应对装置采取准确的工艺措施，并充分利用现有的消防设施及灭火器材进行灭火。若火势一时难以扑灭，则要采取防止火势蔓延的措施，保护要害部位，转移危险物质。

⑤ 在专业消防人员到达火场时，生产装置的负责人应主动向消防指挥人员介绍情况，说明着火部位、物质情况、设备及工艺状况，以及已采取的措施等。

（2）易燃、可燃液体贮罐初起火灾的扑救

① 易燃、可燃液体贮罐发生着火、爆炸，特别是罐区某一贮罐发生着火、爆炸是非常危险的。一旦发现火情，应迅速向消防部门报警，并向厂调度室报告。报警和报告中需说明罐区的位置、着火罐的位号及贮存物料的情况，以便消防部门迅速赶赴火场进行扑救。

② 若着火罐尚在进料，必须采取措施迅速切断进料。如无法关闭进料阀，可在消防水枪的掩护下进行抢关，或通知送料单位停止送料。

③ 若着火罐区有固定泡沫发生站，则应立即启动该装置。开通着火罐的泡沫阀门，利用泡沫灭火。

④ 若着火罐为压力装置，应迅速打开水喷淋设施，对着火罐和邻近贮罐进行冷却保护，以防止升温、升压引起爆炸，打开紧急放空阀门进行安全泄压。

⑤ 火场指挥员应根据具体情况，组织人员采取有效措施防止物料流散，避免火势扩大，并注意对邻近贮罐的保护以及减少人员伤亡和火势的扩大。

（3）电气火灾的扑救

① 电气火灾的特点　电气设备着火时，着火场所的很多电气设备可能是带电的。扑救带电电气设备时，应注意现场周围可能存在着较高的接触电压和跨步电压；同时还有一些设备着火时是绝缘油在燃烧。如电力变压器、多油开关等设备内的绝缘油，受热后可能发生喷油和爆炸事故，进而使火灾事故扩大。

② 扑救时的安全措施　扑救电气火灾时，应首先切断电源。切断电源时应严格按照规程要求操作。

a. 火灾发生后，电气设备绝缘已经受损，应用绝缘良好的工具操作。

b. 选好电源切断点。切断电源地点要选择适当，夜间切断要考虑临时照明问题。

c. 若需剪断电线时。应注意非同相电线应在不同部位剪断，以免造成短路。剪断电线部位应选择有支撑物支撑电线的地方，避免电线落地造成短路或触电事故。

d. 切断电源时如需电力等部门配合，应迅速联系，报告情况，提出断电要求。

③ 带电扑救时的特殊安全措施　为了争取灭火时间，来不及切断电源或因生产需要不允许断电时，要注意以下几点。

a. 带电体与人体保持必要的安全距离。一般室内应大于 4m，室外不应小于 8m。

b. 选用不导电灭火剂对电气设备灭火，机体喷嘴与带电体的最小距离：10kV 及以下，大于 0.4m；35kV 及以下，大于 0.6m。

用水枪喷射灭火时，水枪喷嘴处应有接地措施。灭火人员应使用绝缘护具，如绝缘手套、绝缘靴等并采用均压措施。其喷嘴与带电体的最小距离：110kV 及以下，大于 3m；220kV 及以下，大于 5m。

c. 对架空线路及空中设备灭火时，人体位置与带电体之间的仰角不超过 45°，以防电线断落伤人。如遇带电导体断落地面时要划清警戒区，防止跨步电压伤人。

④ 充油设备的灭火

a. 充油设备中，油的闪点多在 130～140℃，一旦着火，危险性较大。如果在设备外部着火，可用二氧化碳、1211、干粉等灭火器带电灭火。如油箱破坏，出现喷油燃烧，且火势很大时，除切断电源外，有事故油坑的，应设法将油导入油坑。油坑中及地面上的油火，可用泡沫灭火器灭火。要防止油火进入电缆沟。如油火顺沟蔓延，这时电缆沟内的火，只能用泡沫灭火器扑灭。

b. 充油设备灭火时，应先喷射边缘，后喷射中心，以免油火蔓延扩大。

（4）人身着火的扑救　人身着火多数是由于工作场所发生火灾、爆炸事故或扑救火灾引起的。也有因用汽油、苯、酒精、丙酮等易燃油品和溶剂擦洗机械或衣物，遇到明火或静电火花而引起的。当人身着火时，应采取如下措施。

① 若衣服着火又不能及时扑灭，则应迅速脱掉衣服，防止烧坏皮肤，若来不及或无法脱掉应就地打滚，用身体压灭火种。切记不可跑动，否则风助火势会造成严重后果。就地用水灭火效果会更好。

② 如果人身溅上油类而着火，其燃烧速度很快。人体的裸露部分，如手、脸和颈部最易烧伤。此时伤疼难忍，神经紧张，人会本能地以跑动逃脱。在场的人应立即制止其跑动，将其搂倒，用石棉布、海草、棉衣、棉被等物覆盖，用水浸湿后覆盖效果更好。用灭火器扑救时，注意不要对着脸部。

在现场抢救烧伤患者时，应特别注意保护烧伤部位，不要碰破皮肤，以防感染。大面积烧伤患者往往会因为伤势过重而休克，此时伤者的舌头易收缩而堵塞咽喉，发生窒息而死亡。在场人员应将伤者的嘴撬开，将舌头拉出，保证呼吸畅通，同时用被褥将伤者轻轻裹起，送往医院治疗。

三、工业防毒技术

（一）工业毒物及其分类

1. 工业毒物与职业中毒

有些物质进入机体并累积到一定程度后，就会与机体组织和体液发生生物化学作用或生物物理作用，扰乱和破坏机体正常的生理功能，引起暂时性或持久性的病变，甚至危及生命，称该物质为毒物。在工业生产中使用的毒物称为工业毒物。如化工生产中所使用的原材料，生产过程中的产品、中间产品、副产品以及含于其中的杂质，生产中的"三废"排放物中的毒物等均属于工业毒物。

毒物侵入人体后与人体组织发生化学或物理化学作用，并在一定条件下破坏人体的正常生理机能，引起某些器官和系统发生暂时性或永久性的病变，这种病变称为中毒。在生产过程中由工业毒物引起的中毒即为职业中毒。因此判断是否为"职业中毒"首先应看三个要素是否同时具备，即"生产过程中"、"工业毒物"和"中毒"。上述三要素是必要条件。

应该指出，毒物的含义是相对的。首先，物质只有在特定条件下作用于人体才具有毒性。其次，物质只要具备了一定的条件，就可能出现毒害作用。如职业中毒的发生，不仅与毒物本身的性质有关，还与毒物侵入人体的途径及数量、接触时间及身体状况、防护条件等多种因素有关。因此在研究毒物的毒性影响时，必须考虑这些相关因素。再次，具体讲某种物质是否有毒，与它的数量及作用条件有直接关系。例如，在人体内，含有一定数量的铅、汞等物质，但不能说由于这些物质的存在就判定发生了中毒。通常一种物质只有达到中毒剂量时，才能称为毒物。如氯化钠日常可作为食用，但人一次服用 $200\sim250g$ 就可能会致死。除此外，毒物的作用条件也很重要，当条件改变时，甚至一般非毒性的物质也会具有毒性。如氯化钠溅到鼻黏膜上会引起溃疡，甚至使鼻中隔穿孔，氮在 $9.1MPa$ 下有显著的麻醉作用。

2. 工业毒物的分类

化工生产中，工业毒物是广泛存在的。据世界卫生组织的估计，全世界工农业生产中的化学物质约有 60 多万种。据国际潜在有毒化学物登记组织统计，1976～1979 年该组织就登记了 33 万种化学物，其中许多物质对人体有毒害作用。由于毒物的化学性质各不相同，因此分类的方法很多。以下介绍几种常用的分类。

（1）按物理形态分类

① 粉尘　粉尘为悬浮于空气中的固体微粒，其直径一般大于 $1\mu m$，多为固体物料经机械粉碎、研磨时形成或粉状物料在加工、包装、贮运过程中产生。如制造烧碱、尿素、水泥、耐火材料加工过程中产生的粉尘等。

② 烟尘　烟尘又称烟雾或烟气，为悬浮在空气中的固体微粒，其直径一般小于 $1\mu m$。有机物加热或燃烧时可产生烟，如橡胶、塑料进行热加工时产生的烟，无机材料生产时也可产生烟，如水泥、玻璃的生产。

③ 蒸气　指液体蒸发、固体升华而形成的气体。前者如苯、汽油蒸气等，后者如熔磷时的磷蒸气等。

④ 雾　雾为悬浮于空气中的液体微粒，多为蒸气冷凝或液体喷射所形成。如硫酸生产时炉气的净化产生的酸雾，喷漆作业时产生的漆雾等。

⑤ 气体　指在常温常压下呈气态的物质。如常见的一氧化碳、氯气、氨气、二氧化硫等。

（2）按化学类属分类

① 无机毒物　主要包括金属与金属盐、酸、碱及其他无机化合物。

② 有机毒物　主要包括脂肪族烃类化合物、芳香族烃类化合物及其他有机物。随着化学合成工业的迅速发展，有机化合物的种类日益增多，因此有机毒物的数量也随之增加。

（3）按毒作用性质分类

按毒物对机体的毒作用结合其临床特点大致可分为以下 4 类。

① 刺激性毒物　酸的蒸气、氯气、氨气、二氧化硫等均属此类毒物。

② 窒息性毒物　常见的如一氧化碳、硫化氢、氰化氢等。

③ 麻醉性毒物　芳香族化合物、醇类、脂肪族硫化物、苯胺、硝基苯等均属此类毒物。

④ 全身性毒物　其中以金属为多，如铅、汞等。

（二）急性中毒的现场救护

在化工生产和检修现场，有时由于设备突发性损坏或泄漏致使大量毒物外溢（逸）造成作业人员急性中毒。急性中毒往往病情严重，且发展变化快，因此必须全力以赴，争分夺秒地抢救。及时、正确地抢救化工生产或检修现场中的急性中毒事故，对于挽救重危中毒者，减轻中毒程度防止并发症的产生具有十分重要的意义。另外，争取了时间，为进一步治疗创造了有利条件。

急性中毒的现场急救应遵循下列原则。

1. 救护者的个人防护

作业人员进行事故处理、抢救、检修及正常生产工作中，为了保证健康与安全，防止意外事故的发生，需要采取个人防护措施。救护者在进入危险区抢救之前，首先要做好呼吸系统和皮肤的个人防护，佩戴好供氧式防毒面具或氧气呼吸器，穿好防护服。进入设备内抢救时要系上安全带，然后再进行抢救。否则，不但中毒者不能获救，救护者也会中毒，致使中毒事故扩大。

2. 切断毒物来源

救护人员进入现场后，除对中毒者进行抢救外，同时应侦查毒物来源，并采取果断措施切断其来源，如关闭泄漏管道的阀门、堵加盲板、停止加送物料、堵塞泄漏设备等，以防止毒物继续外溢（逸）。对于已经扩散出来的有毒气体或蒸气应立即启动通风排毒设施或开启门、窗，以降低有毒物质在空气中的含量，为抢救工作创造有利条件。

3. 采取有效措施防止毒物继续侵入人体

（1）救护人员进入现场后，应迅速将中毒者转移至有新鲜空气处，并解开中毒者的颈、胸部纽扣及腰带，以保持呼吸通畅。同时对中毒者要注意保暖和保持安静，严密注意中毒者神志、呼吸状态和循环系统的功能。在抢救搬运过程中，要注意人身安全，不能强硬拖拉以防造成外伤，致使病情加重。

（2）清除毒物，防止其沾染皮肤和黏膜。当皮肤受到腐蚀性毒物灼伤，不论其吸收与否，均应立即采取下列措施进行清洗，防止伤害加重。

① 迅速脱去被污染的衣服、鞋袜、手套等。

② 立即彻底清洗被污染的皮肤，清除皮肤表面的化学刺激性毒物，冲洗时间要达到15～30min。

③ 如毒物系水溶性，现场无中和剂，可用大量水冲洗。用中和剂冲洗时，酸性物质用弱碱性溶液冲洗，碱性物质用弱酸性溶液冲洗。

非水溶性刺激物的冲洗剂，必须用无毒或低毒物质。对于遇水能反应的物质，应先用干布或者其他能吸收液体的东西抹去污染物，再用水冲洗。

④ 对于黏稠的物质，如有机磷农药，可用大量肥皂水冲洗（敌百虫不能用碱性溶液冲洗），要注意皮肤皱褶、毛发和指甲内的污染物。

⑤ 较大面积的冲洗，要注意防止着凉、感冒，必要时可将冲洗液保持适当温度，但以不影响冲洗剂的作用和及时冲洗为原则。

⑥ 毒物进入眼睛时，应尽快用大量流水缓慢冲洗眼睛 15min 以上，冲洗时把眼睑撑开，让伤员的眼睛向各个方向缓慢移动。

4. 促进生命器官功能恢复

中毒者若停止呼吸，应立即进行人工呼吸。人工呼吸的方法有压背式、振臂式、口对口（鼻）式三种。最好采用口对口式人工呼吸法。其方法是，抢救者用手捏住中毒者鼻孔，以每分钟 12～16 次的速度向中毒者口中吹气，或使用苏生器。同时针刺人中、涌泉、太冲等穴位，必要时注射呼吸中枢兴奋剂（如"可拉明"或"洛贝林"）。

心跳停止应立即进行人工复苏胸外挤压。将中毒患者放平仰卧在硬地或木板床上。抢救者在患者一侧或骑在患者身上，面向患者头部，用双手以冲击式挤压胸骨下部部位，每分钟 60～70 次。挤压时注意不要用力过猛，以免造成肋骨骨折、血气胸等。与此同时，还应尽快请医生进行急救处理。

5. 及时解毒和促进毒物排出

发生急性中毒后应及时采取各种解毒及排毒措施，降低或消除毒物对机体的作用。如采用各种金属配位剂与毒物的金属离子配合成稳定的有机配合物，随尿液排出体外。

毒物经口引起的急性中毒，若毒物无腐蚀性，应立即用催吐或洗胃等方法清除毒物。对于某些毒物也可使其变为不溶的物质以防止其吸收，如氧化钡、碳酸钡中毒，可口服硫酸钠，使胃肠道尚未吸收的钡盐成为硫酸钡沉淀而防止吸收。氨、铬酸盐、铜盐、汞盐、羧酸类、醛类、酯类中毒时，可给中毒者喝牛奶、生鸡蛋等缓解剂。烷烃、苯、石油醚中毒时，可给中毒者喝一汤匙液体石蜡和一杯含硫酸镁或硫酸钠的水。一氧化碳中毒应立即吸入氧气，以缓解机体缺氧并促进毒物排出。

（三）个体防护措施

根据有毒物质进入人体的三条途径：呼吸道、皮肤、消化道，相应地采取各种有效措施保护劳动者个人。

1. 呼吸防护

正确使用呼吸防护器是防止有毒物质从呼吸道进入人体引起职业中毒的重要措施之一。需要指出的是，这种防护只是一种辅助性的保护措施，而根本的解决办法在于改善劳动条件，降低作业场所有毒物质的浓度。

用于防毒的呼吸器材，大致可分为过滤式防毒呼吸器和隔离式呼吸器两类。

（1）过滤式防毒呼吸器　过滤式防毒呼吸器主要有过滤式防毒面具和过滤式防毒口罩。它们的主要部件是一个面具或口罩、一个滤毒罐。它们的净化过程是先将吸入空气中的有害粉尘等物阻止在滤网外，过滤后的有毒气体在经滤毒罐时进行化学或物理吸附（吸收）。滤毒罐中的吸附（收）剂可分为以下几类：活性炭、化学吸收剂、催化剂等。由于罐内装填的活性吸附（收）剂是使用不同方法处理的，所以不同滤毒罐的防护范围是不同的，因此，防毒面具和防毒口罩均应选择使用。

过滤式防毒面具如图 1-14 所示，由面罩、吸气软管和滤毒罐组成，使用时要注意以下几点。

　　① 面罩按头型大小可分为五个型号，佩戴时要选择合适的型号，并检查面具及塑胶软管是否老化，气密性是否良好。

　　② 使用前要检查滤毒罐的型号是否适用（除表 1-2 中的 1 型滤毒罐外，其他各型号滤毒罐防止烟尘的效果均不佳），滤毒罐的有效期一般为两年，所以使用前要检查是否已失效。滤毒罐的进、出气口平时应盖严，以免受潮或与岗位低浓度有毒气体作用而失效。

　　③ 有毒气体含量超过 1% 或者空气中含氧量低于 18% 时，不能使用。

　　目前过滤式防毒面具以其滤毒罐内装填的吸附（收）剂类型、作用、预防对象进行系列性的生产，并统一编成 8 个型号，只要罐号相同，其作用与预防对象也相同。不同型号的罐制成不同颜色，以便区别使用。国产的不同类型滤毒罐的防护范围如表 1-2 所示。

表 1-2　国产的不同类型滤毒罐的防护范围

型号	滤毒罐的颜色	试验标准			防护对象（举例）
		气体名称	气体浓度/(mg/L)	防护时间/min	
1	黄绿白带	氰化氢	3±0.3	50	氰化物、砷与锑的化合物、苯、酸性气体（如氯气、硫化氢、二氧化硫、光气）
2	草绿	氰化氢 砷化氢	3±0.1 10±0.2	80 110	各种有机蒸气、磷化氢、路易斯气、芥子气
3	棕褐	苯	25±1.0	＞80	各种有机气体与蒸气,如苯、醇类、卤素有机物等
4	灰色	氨	2.3±0.1	＞90	氨、硫化氢
5	白色	一氧化碳	6.2±1.0	＞100	一氧化碳
6	黑色	砷化氢	10±0.2	＞100	砷化氢、磷化氢、汞等
7	黄色	二氧化硫 硫化氢	8.6±0.3 4.6±0.3	＞90	各种酸性气体,如卤化氢、光气、二氧化硫,三氧化硫
8	红色	一氧化碳 苯 氨	6.2±0.3 10±0.1 2.3±0.1	＞90	除惰性气体以外的全部有毒物的蒸气、烟尘

　　过滤式防毒口罩如图 1-15 所示。其工作原理与防毒面具相似，采用的吸附（收）剂也基本相同，只是结构形式与大小等方面有些差异，使用范围有所不同。由于滤毒盒容量小，一般用以防御低浓度的有害物质。

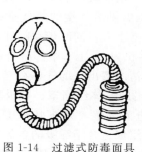

图 1-14　过滤式防毒面具　　　　　　图 1-15　过滤式防毒口罩

使用防毒口罩时要注意以下几点：

① 注意防毒口罩的型号应与预防的毒物相一致；

② 注意有毒物质的浓度和氧的浓度；

③ 注意使用时间。

国产防毒口罩的型号及防护范围如表 1-3 所示。

表 1-3 国产防毒口罩的型号及防护范围

型号	防护对象(举例)	试验标准			国家规定安全浓度/(mg/L)
		试验样品	浓度/(mg/L)	防护时间/min	
1	各种酸性气体(如氯气、二氧化硫、光气、氮氧化物、硝酸、硫氧化物、卤化氢等)	氯气	0.31	156	0.002
2	各种有机蒸气、苯、汽油、乙醚、二硫化碳、四乙基铅、丙酮、四氯化碳、醇类、溴甲烷、氯化氢、氯仿、苯胺类、卤素	苯	1.0	155	0.05
3	氨、硫化氢	氨	0.76	29	0.03
4	汞蒸气	汞蒸气	0.013	3160	0.00001
5	氰化氢、氯乙烷、光气、路易斯气	氢氰酸气体	0.25	240	0.003
6	一氧化碳、砷、锑、铅等化合物				0.02
101	各种毒物				
302	放射性物质				

(2) 隔离式呼吸器 隔离式是指供气系统和现场空气相隔绝，因此可以在有毒物质浓度较高的环境中使用。

隔离式呼吸器主要有各种空气呼吸器、氧气呼吸器和各种蛇管式防毒面具。

氧气呼吸器因供氧方式不同，可分为 AHG 型氧气呼吸器和隔绝式生氧器。前者由氧气瓶中的氧气供人呼吸（气瓶容量有 2h、3h、4h 之分，相应的型号为 AHG-2、AHG-3、AHG-4）；而后者是依靠人呼出的 CO_2 和 H_2O 与面具中的生氧剂发生化学反应，产生的氧气供人呼吸。前者安全，可用于检修设备或处理事故，但较为笨重；后者由于不携带高压气瓶，因而可以在高温场所或火灾现场使用。

AHG-2 型氧气呼吸器，如图 1-16 所示。

氧气瓶用于贮存氧气，容积为 1L，工作压力为 19.6MPa，工作时间为 2h。减压器是把高压氧气压力降至 294～245kPa，使氧气通过定量孔不断送入气囊中。当氧气瓶内压力从 19.6MPa 降至 1.96kPa 时，也能保持供给量在 1.3～1.1L/min 范围内。当定量孔的供氧量不能满足使用时，还可以从减压器腔室自动向气囊送气。清净罐内装 1.1kg 氢氧化钠，用于吸收从人体呼出的 CO_2。自动排气阀的作用是：当减压器供给气囊的氧气量超过了工作人员的需要时，或积聚在整个系统内的废气过量时，气囊壁上升，同时带动阀杆，使阀门自动打开，过量气体从气孔排入大气，使废气排出。气囊容积为 2.7L，中部有自动排气阀，上部装吸气阀和吸气管，下部与清净罐相连，新鲜氧气与清净罐出来的气体在气囊中混合。

AHG-2 型氧气呼吸器的工作原理：人体从肺部呼出的气体经面罩、呼吸软管、呼气阀进入清净罐，呼出气体中的 CO_2 被吸收剂吸收，然后进入气囊。另外由氧气瓶贮存的高压氧气经高压导管、减压器也进入气囊，互相混合，重新组成适合于呼吸的含氧气体。当吸气时，适当量的含氧气体由气囊经吸气阀、吸气软管、面罩而被吸入人体肺部完成了呼吸循环。由于呼气阀和吸气阀都是单向阀，因此整个气级的方向是一致的。

AHG-2 型氧气呼吸器使用及保管时的注意事项如下。

① 用氧气呼吸器的人员必须事先经过训练，能正确使用。

② 使用前氧气压力必须在 7.85MPa 以上。戴面罩前要先打开氧气瓶，使用中要注意检查氧气压力，当氧气压力降到 2.9MPa 时，应离开禁区，停止使用。

③ 使用时避免与油类、火源接触，防止撞击，以免引起呼吸器燃烧、爆炸。如闻到有酸味儿，说明清净罐吸收剂已经失效，应立即退出毒区，予以更换。

④ 在危险区作业时，必须有两人以上进行配合监护，以免发生危险。有情况应以信号或手势进行联系，严禁在毒区内摘下面罩讲话。

⑤ 使用后的呼吸器，必须尽快恢复到备用状态。若压力不足，应补充氧气。若吸收剂失效应及时更换，对其他异常情况，应仔细检查消除缺陷。

⑥ 必须保持呼吸器的清洁，放置在不受灰尘污染的地方，严禁油污污染，防止和避免日光直接照射。

国产 HSG-79 型生氧器如图 1-17 所示。

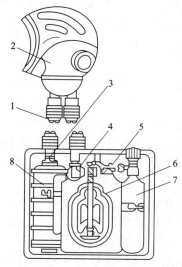

图 1-16　AHG-2 型氧气呼吸器
1—呼吸软管；2—面罩；3—呼气阀；
4—吸气阀；5—手动补给按钮；
6—气囊；7—氧气瓶；8—清净罐

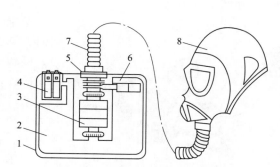

图 1-17　国产 HSG-79 型生氧器
1—外壳；2—气囊；3—生氧罐；4—快速供氧盒；
5—散热器；6—排气阀；7—导气管；8—面罩

生氧罐内装有特制的生氧药剂过氧化物（Na_2O_2 或 K_2O_2），快速供氧盒内装有快速启动药，以确保防护性能。

生氧器工作原理：生氧器是在与大气隔离的情况下进行工作的，人体呼出的二氧化碳和水分经导管进入生氧罐，与化学生氧剂发生化学反应产生氧气，贮存于气囊中，使人呼出的气体达到净化再生。当人吸气时，气体由气囊经散热器、导气管、面罩进入人体肺部，完成整个呼吸循环。

HSG-79 型生氧器使用时的注意事项如下。

① 使用前将面罩、导气管、生氧罐等部件连接起来，并装入启动药盒和玻璃瓶，然后检查气密性，确认良好时，存放在清洁、干燥、没有阳光直接照射的地方以备用。

② 备用期间应定期检查气密性、启动药盒和生氧罐内药物的情况，如表面有泡沫时就

不能使用，但平时不得任意打开生氧罐，以免药物受潮变质。

③ 使用时，打开面罩堵气塞，戴好面罩，面罩上部要紧贴鼻梁，下部应在下颌。如镜片上有雾水出现，说明面罩与面部贴合不够紧密，需调整重戴。

④ 戴好面罩后，立即用手按快速供氧盒供氧，即可进行工作。

⑤ 使用完毕，生氧罐因反应聚热而烫手，换取要小心。使用后的生氧罐、快速供氧盒以及玻璃瓶，需重新装新药或更换后才能第二次使用。

蛇管式防毒面具是利用长管将较远地点的新鲜空气导入以供人呼吸，这种面具又分为自吸式和送风式两种。前者是依靠使用人员自己吸入清洁空气，因此要求保证面具的气密性好，软管不能过长，不能发生吸气受阻现象，实际中使用很少。后者是将过滤后的压缩空气经减压再送入工作面盔，使面盔内气体保持正压状态，以供人呼吸。送风面盔常用于目前尚无法采取其他防毒措施的地方，如工人到油罐或反应釜中工作而又无法通风时。

RHZKF系列正压式空气呼吸器是一种自给开放式空气呼吸器，主要适用于消防、化工、船舶、石油、冶炼、厂矿等处。使消防员或抢险救护人员能够在充满浓烟、毒气、蒸气或缺氧的恶劣环境下安全地进行灭火、抢险救灾和救护工作。

该系列空气呼吸器配有视野广阔、明亮、气密良好的全面罩；供气装置配有体积较小、重量轻、性能稳定的新型供气阀；选用高强度背板和安全系数较高的优质高压气瓶；减压阀装置装有残气报警器，在规定气瓶压力范围内，可向佩戴者发出声响信号，提醒使用人员及时撤离现场。

RHZKF-6.8/30型正压式空气呼吸器由12个部件组成，现将其结构和各部件的特点介绍如下，如图1-18所示。

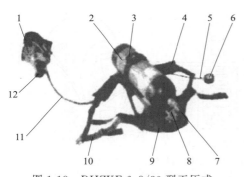

图1-18　RHZKF-6.8/30型正压式
空气呼吸器的结构

1—面罩；2—气瓶；3—瓶带组；4—肩带；
5—报警哨；6—压力表；7—气瓶阀；
8—减压器；9—背托；10—腰带组；
11—快速接头；12—供给阀

① 面罩　大视野面窗，面窗镜片采用聚碳酸酯材料，具有透明度高、耐磨性强、有防雾功能的特点，网状头罩式佩戴方式，佩戴舒适、方便，胶体采用硅胶，无毒、无味、无刺激，气密性很好。

② 气瓶　铝内胆碳纤维全缠绕复合气瓶，工作压力为30MPa，具有质量轻、强度高、安全性能好等特点。瓶阀具有高压安全防护装置。

③ 瓶带组　瓶带卡为一快速凸轮锁紧机构，并保证瓶带始终处于一闭环状态。气瓶不会出现翻转现象。

④ 肩带　由阻燃聚酯织物制成。背带采用双侧可调结构，使重量落于腰胯部位，减轻肩带对胸部的压迫，使呼吸顺畅并在肩带上设有宽大弹性衬垫，减轻对肩的压迫。

⑤ 报警哨　置于胸前，报警声易于分辨、体积小、重量轻。

⑥ 压力表　大表盘、具有夜视功能，配有橡胶保护罩。

⑦ 气瓶阀　具有高压安全装置，开启力矩小。

⑧ 减压器　体积小、流量大、输出压力稳定。

⑨ 背托　背托设计符合人体工程学原理。由碳纤维复合材料注塑成型，具有阻燃及防静电功能，质轻，坚固，在背托内侧衬有弹性护垫，可使佩戴者舒适。

⑩ 腰带组　卡扣锁紧、易于调节。

⑪ 快速接头　小巧、可单手操作、有锁紧防脱功能。

⑫ 供给阀　结构简单、功能性强、输出流量大、具有旁路输出、体积小。

空气呼吸器的工作原理：空气呼吸器是利用压缩空气的正压自给开放式呼吸器，工作人员从肺部呼出气体通过全面罩，呼吸阀排入大气中，当工作人员呼气时，有适量的新鲜空气由气体贮存气瓶开关，减压器中软导管供给阀，全面罩将气体吸入人体肺部，完成了整个呼吸循环过程，在这个呼吸循环过程中，由于在全面罩内设有两个吸气阀门和呼气阀，它们在呼吸过程中是单方向开启，因此，整个气流方向始终沿一个方向前进，构成整个的呼吸循环过程。打开气瓶阀，高压空气依次经过气瓶阀、减压器，进行一级减压后，输出约 0.7MPa 的中压气体，再经中压导气管送至供气阀，供气阀将中压气体按照佩戴者的吸气量，进行二级减压，减压后的气体进入面罩，供佩戴者呼吸使用，人体呼出的浊气经面罩上的呼气阀排到大气中，这样气体始终沿着一个方向流动而不会逆流。

空气呼吸器的使用方法如下。

① 用前检查

a. 打开空气瓶开关，气瓶内的贮存压力一般为 25～30MPa，随着管路、减压系统中压力的上升，会听到余压报警器报警。

b. 关闭气瓶阀，观察压力表的读数变化，在 5min 内，压力表读数下降应不超过 2MPa，表明供管系高压气密性好。否则，应检查各接头部位的气密性。

c. 通过供给阀的杠杆，轻轻按动供给阀膜片组，使管路中的空气缓慢的排出，当压力下降至 4～6MPa 时，余压报警器应发出报警声音，并且连续响到压力表指示值接近零。否则，就要重新校验报警器。

d. 压力表有无损坏，它的连接是否牢固。

e. 中压导管是否老化、有无裂痕、有无漏气处，它和供给阀、快速接头、减压器的连接是否牢固，有无损坏。

f. 供给阀的动作是否灵活、是否缺件，它和中压导管的连接是否牢固、是否损坏。供给阀和呼气阀是否匹配。带上呼气器，打开气瓶开关，按压供给阀杠杆使其处于工作状态。在吸气时，供给阀应供气，有明显的"咝咝"响声。在呼气或屏气时，供给阀停止供气，没有"咝咝"响声，说明匹配良好。如果在呼气或屏气时供给阀仍然供气，可以听到"咝咝"声，说明不匹配，应校验正型式空气呼气阀的通气阻力，或调换全面罩，使其达到匹配要求。

g. 检查全面罩的镜片、系带、环状密封、呼气阀、吸气阀是否完好，有无缺件和供给阀的连接位置是否正确，连接是否牢固。全面罩的镜片及其他部分要清洁、明亮和无污物。检查全面罩与面部贴合是否良好并检查气密性，方法是：关闭空气瓶开关，深吸数次，将空气呼吸器管路系统的余留气体吸尽。全面罩内保持负压，在大气压作用下全面罩应向人体面部移动，感觉呼吸困难，证明全面罩和呼气阀有良好的气密性。

h. 检查空气瓶和减压器的连接是否牢固、气密型是否良好。背带、腰带是否完好，有无断裂处等。

② 佩戴方法

a. 佩戴时，先将快速接头断开（以防在佩戴时损坏全面罩），然后将背托在人体背部（空气瓶开关在下方），根据身材调节好肩带、腰带并系紧，以合身、牢靠、舒适为宜。

b. 把全面罩上的长系带套在脖子上，使用前全面罩置于胸前，以便佩戴，然后将快速接头接好。

c. 将供给阀的转换开关置于关闭位置，打开空气瓶开关。

d. 戴好全面罩（可不用系带）进行 2～3 次深呼吸，应感觉舒畅。屏气或呼气时，供给阀应停止供气，无"呲呲"的响声。用手按压供给阀的杠杆，检查其开启或关闭是否灵活。一切正常时，将全面罩系带收紧，收紧程度以既要保证气密又感觉舒适、无明显的压痛为宜。

e. 撤离现场到达安全处所后，将全面罩系带卡松开，摘下全面罩。

f. 关闭气瓶开关，打开供给阀，拔开快速接头，从身上卸下呼吸器。

空气呼吸器使用时的注意事项如下。

① 正确佩戴面具，检查合格即可使用，面罩必须保证密封，面罩与皮肤之间无头发或胡须等，确保面罩密封。

② 供气阀要与面罩接口黏合牢固。

③ 使用过程中要注意报警器发出的报警信号，听到报警信号后应立即撤离现场。

2. 皮肤防护

皮肤防护主要依靠个人防护用品，如工作服、工作帽、工作鞋、手套、口罩、眼镜等，这些防护用品可以避免有毒物质与人体皮肤的接触。对于外露的皮肤，则需涂上皮肤防护剂。

由于工种不同，所以个人防护用品的性能也因工种的不同而有所区别。操作者应按工种要求穿用工作服等防护用品，对于裸露的皮肤，也应视其所接触的不同物质，采用相应的皮肤防护剂。

皮肤被有毒物质污染后，应立即清洗。许多污染物是不易被普通肥皂洗掉的，而应按不同的污染物分别采用不同的清洗剂。但最好不用汽油、煤油作清洗剂。

3. 消化道防护

防止有毒物质从消化道进入人体，最主要的是搞好个人卫生，其主要内容可查相关资料，此处不再赘述。

四、电气安全技术

（一）引起触电的三种情形

发生触电事故的情况是多种多样的，但归纳起来主要包括以下三种情形，即单相触电，两相触电，跨步电压、接触电压和雷击触电。

1. 单相触电

在电力系统的电网中，有中性点直接接地单相触电和中性点不接地单相触电两种情况。

（1）中性点直接接地　电网中的单相触电如图 1-19 所示。当人体接触导线时，人体承受相电压。电流经人体、大地和中性点接地装置形成闭合回路，触电电流的大小决定于相电压和回路电阻。

（2）中性点不接地　电网中的单相触电如图 1-20 所示。因为中性点不接地，所以有两个回路的电流通过人体。一个是从 W 相导线出发，经人体、大地、线路对地阻抗 Z 到 U 相导线；另一个是同样路径到 V 相导线。触电电流的数值决定于线电压、人体电阻和线路的对地阻抗。

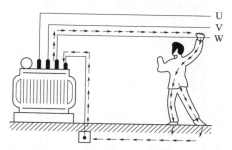

图 1-19 中性点直接接地系统的单相触电

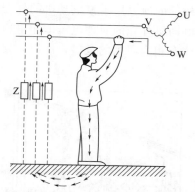

图 1-20 中性点不接地系统的单相触电

2. 两相触电

人体同时与两相导线接触时，电流就由一相导线经人体至另一相导线，这种触电方式称为两相触电，如图 1-21 所示。两相触电最危险，因施加于人体的电压为全部工作电压（即线电压），且此时电流将不经过大地，直接从 V 相经人体到 W 相，而构成了闭合回路。故不论中性点接地与否、人体对地是否绝缘，都会使人触电。

3. 跨步电压、接触电压和雷击触电

当一根带电导线断落地上时，落地点的电位就是导线所具有的电位，电流会从落地点直接流入大地。离落地点越远，电流越分散，地面电位也就越低。对地电位的分布曲线如图 1-22 所示。以电线落地点为圆心可划出若干同心圆，它们表示了落地点周围的电位分布。离落地点越近，地面电位越高。人的两脚若站在离落地点远近不同的位置上，两脚之间就存在电位差，这个电位差就称为跨步电压。落地电线的电压越高，距落地点同样距离处的跨步电压就越大。跨步电压触电如图 1-23 所示。

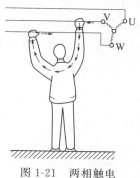

图 1-21 两相触电

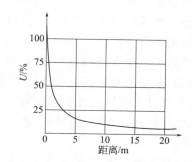

图 1-22 对地电位的分布曲线

此时由于电流通过人的两腿而较少通过心脏，故危险性较小。但若两脚发生抽筋而跌倒时，触电的危险性就显著增大。此时应赶快将双脚并拢或用单脚着地跳出危险区。

导线断落地面后，不但会引起跨步电压触电，还容易产生接触电压触电，如图 1-24 所示。图中当一台电动机的绕组绝缘损坏并碰外壳接地时，因三台电动机的接地线连在一起，故它们的外壳都会带电且都为相电压，但地面电位分布却不同。左边人体承受的电压是电动机外壳与地面之间的电位差，即等于零。右边人体所承受的电压却大不相同，因为他站在离

接地体较远的地方用手摸电动机的外壳，而该处地面电位几乎为零，故他所承受的电压实际上就是电动机外壳的对地电压即相电压，显然就会使人触电，这种触电称为接触电压触电，它对人体有相当严重的危害，所以，使用中每台电动机都要实行单独的保护接地。

图 1-23　跨步电压触电

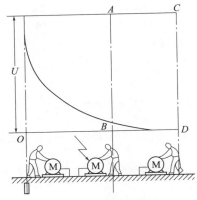

图 1-24　接触电压触电

此外，雷电时发生的触电现象称为雷击触电。人和牲畜也有可能由于跨步电压或接触电压而导致触电。

（二）电气安全技术措施

化工生产中所使用的物料多为易燃易爆、易导电及腐蚀性强的物质，且生产环境条件较差。对安全用电造成较大的威胁，为了防止触电事故，除了在思想上提高对安全用电的认识，树立"安全第一"的思想，严格执行安全操作规程，以及采取必要的组织措施外，还必须依靠一些完善的技术措施。

1. 隔离带电体的防护措施

有效隔离带电体是防止人体遭受直接电击事故的重要措施，通常采用以下几种方式。

（1）绝缘　绝缘是用绝缘物将带电体封闭起来的技术措施。良好的绝缘既是保证设备和线路正常运行的必要条件，也是防止人体触及带电体的基本措施。电气设备的绝缘只有在遭到破坏时才能除去。电工绝缘材料是指体积电阻率在 $10^7 \Omega \cdot m$ 以上的材料。

电工绝缘材料的品种很多，通常分为以下几种。

① 气体绝缘材料常用的有空气、氮气、二氧化碳等。

② 液体绝缘材料常用的有变压器油、开关油、电容器油、电缆油、十二烷基苯、硅油、聚丁二烯等。

③ 固体绝缘材料，常用的有绝缘漆胶、漆布、漆管、绝缘云母制品、聚四氟乙烯、瓷和玻璃制品等。

电气设备的绝缘应符合其相应的电压等级、环境条件和使用条件。电气设备的绝缘应能长时间耐受电气、机械、化学、热力以及生物等有害因素的作用而不失效。

应当注意，电气设备的喷漆及其他类似涂层尽管可能具有很高的绝缘电阻，但一律不能单独当作防止电击的技术措施。

（2）屏护　屏护是采用屏护装置控制不安全因素，即采用遮栏、护罩、护盖、箱（匣）等将带电体同外界隔绝开来的技术措施。

屏护装置既有永久性装置，如配电装置的遮栏、电气开关的罩盖等，也有临时性屏护装置，如检修工作中使用的临时性屏护装置。既有固定屏护装置，如线的护网；也有移动屏护装置，如跟随起重机移动的滑触线的屏护装置。

对于高压设备，不论是否有绝缘，均应采取屏护措施或其他防止人体接近的措施。

在带电体附近作业时，可采用能移动的遮栏作为防止触电的重要措施。检修遮栏可用干燥的木材或其他绝缘材料制成，使用时置于过道、入口或工作人员与带电体之间，可保证检修工作的安全。

对于一般固定安装的屏护装置，因其不直接与带电体接触，对所用材料的电气性能没有严格要求，但屏护装置所用材料应有足够的机械强度和良好的耐火性能。

屏护措施是最简单也是很常见的安全装置。为了保证其有效性，屏护装置必须符合以下安全条件。

① 屏护装置应有足够的尺寸。遮栏高度不应低于 1.7m，下部边缘离地面不应超过 0.1m。对于低压设备，网眼遮栏与导体距离不宜小于 0.15m；10kV 设备不宜小于 0.35m；20～30kV 设备不宜小于 0.6m。户内栅栏高度不应低于 1.2m，户外不应低于 1.5m。

② 保证足够的安装距离。对于低压设备，栅栏与裸导体距离不宜小于 0.8m，栏条间距离不应超过 0.2m。户外变电装置围墙高度一般不应低于 2.5m。

③ 接地。凡用金属材料制成的屏护装置，为了防止屏护装置意外带电造成触电事故，必须将屏护装置接地（或接零）。

④ 标志、遮栏、栅栏等屏护装置上，应根据被屏护对象挂上"高压危险"、"止步，高压危险"、"禁止攀登，高压危险"等警示牌。

⑤ 信号或联锁装置。应配合采用信号装置和联锁装置。前者一般是用灯光或仪表显示有电，后者是采用专门装置，当人体越过屏护装置可能接近带电体时，被屏护的装置自动断电。屏护装置上锁的钥匙应有专人保管。

（3）间距　间距是将可能触及的带电体置于可能触及的范围之外。为了防止人体及其他物品接触或过分接近带电体、防止火灾、防止过电压放电和各种短路事故及操作方便，在带电体与地面之间、带电体与其他设备设施之间、带电体与带电体之间均需保持一定的安全距离。如架空线路与地面、水面的距离，架空线路与有火灾爆炸危险厂房的距离等。安全距离的大小决定于电压的高低、设备的类型、安装的方式等因素。

2. 采用安全电压

安全电压值取决于人体允许电流和人体电阻的大小。我国规定工频安全电压的上限值，即在任何情况下，两导体间或导体与地之间均不得超过的工频有效值为 50V，这一限制是根据人体允许电流 36mA 和人体电阻 1700Ω 的条件下确定的。国际电工委员会还规定了直流安全电压的上限值为 120V。

我国规定工频有效值 42V、36V、24V、12V、6V 为安全电压的额定值。凡手提照明灯、特别危险环境的携带式电动工具，如无特殊安全结构或安全措施，应采用 42V 或 36V 安全电压；金属容器内、隧道内等工作地点狭窄、行动不便以及周围有大面积接地体的环境，应采用 24V 或 12V 安全电压。

3. 保护接地

保护接地就是把在正常情况下不带电、在故障情况下可能呈现危险的对地电压的金属部分同大地紧密地连接起来，把设备上的故障电压限制在安全范围内的安全措施，如图 1-25 所示。保护接地常简称为接地。保护接地应用十分广泛，属于防止间接接触电击的安全技术措施。

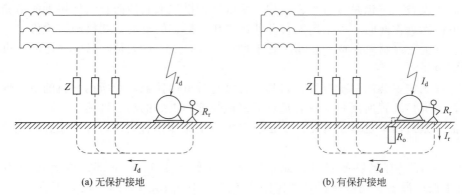

(a) 无保护接地　　　　　　　(b) 有保护接地

图 1-25　保护接地示意图

保护接地的作用原理是利用数值较小的接地装置电阻（低压系统一般应控制在 4Ω 以下）与人体电阻并联，将漏电设备的对地电压大幅度地降低至安全范围内。此外，因人体电阻远大于接地电阻，由于分流作用，通过人体的故障电流将远比流经接地装置的电流要小得多，对人体的危害程度也就极大地减小了。

采用保护接地的电力系统不宜配置中性线，以简化过电流保护和便于寻找故障。

（1）保护接地应用范围　保护接地适用于各种中性点不接地电网。在这类电网中，凡由于绝缘破坏或其他原因而可能呈现危险电压的金属部分，除另有规定外，均应接地。主要包括：

① 电机、变压器及其他电器的金属底座和外壳；

② 电气设备的传动装置；

③ 室内外配电装置的金属或钢筋混凝土构架以及靠近带电部分的金属遮栏和金属门；

④ 配电、控制、保护用的盘、台、箱的框架；

⑤ 交、直流电力电缆的接线盒、终端盒的金属外壳和电缆的金属护层、穿线的钢管；

⑥ 电缆支架；

⑦ 装有避雷针的电力线路杆塔；

⑧ 在非沥青地面的居民区内，无避雷针的小接地电流架空电力线路的金属杆塔和钢筋混凝土杆塔；

⑨ 装在配电线路杆上的电力设备。

此外，对所有高压电气设备，一般都是实行保护接地。

（2）接地装置　接地装置是接地体和接地线的总称。运行中电气设备的接地装置应始终保持在良好状态。

① 接地体　接地体有自然接地体和人工接地体两种类型。

自然接地体是指用于其他目的但与土壤保持紧密接触的金属导体。如埋设在地下的金属管道（有可燃或爆炸介质的管道除外）、与大地有可靠连接的建（构）筑物的金属结构等自然导体均可用作自然接地体。利用自然接地体不但可以节约钢材、节省施工经费，还可以降低接地电阻。因此，如果有条件应当先考虑利用自然接地体。自然接地体至少应有两根导体自不同地点与接地网相连（线路杆塔除外）。

人工接地体可采用钢管、圆钢、角钢、扁钢或废钢铁制成。人工接地体宜垂直埋设；多岩石地区可水平埋设。垂直埋设的接地体可采用直径 40～50mm 的钢管或（40mm×40mm×4mm）～（50mm×50mm×5mm）的角钢。垂直接地体的长度以 2.5m 左右为宜。垂直接地体一般由两根以上的钢管或角钢组成，可以成排布置，也可做环形布置。相邻钢管或角钢之间的距离以不超过 3～5m 为宜。钢管或角钢上端用扁钢或圆钢联结成一个整体。垂直接地体几种典型布置如图 1-26 所示。

水平埋设的接地体可采用 40mm×4mm 的扁钢或直径 16mm 的圆钢。水平接地体多呈放射状布置，也可成排布置或环状布置。

水平接地体几种典型布置如图 1-27 所示。

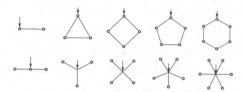

图 1-26　垂直接地体的典型布置

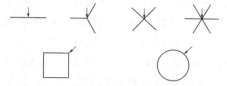

图 1-27　水平接地体的典型布置

② 接地线　接地线即连接接地体与电气设备应接地部分的金属导体。有自然接地线与人工接地线之分，接地干线与接地支线之分。交流电气设备应优先利用自然导体作接地线。如建筑物的金属结构及设计规定的混凝土结构内部的钢筋、生产用的金属结构、配线的钢管等均可用作接地线。对于低压电气系统，还可以利用不流经可燃液体或气体的金属管道作接地线。在非爆炸危险场所，如自然接地线有足够的截面积，可不再另行敷设人工接地线。如果生产现场电气设备较多，以敷设接地干线，如图 1-28 所示。必须指出，各电气设备外壳应分别与接地干线连接（各设备的接地支线不能串联），接地干线应经两条连接线与接地体连接。

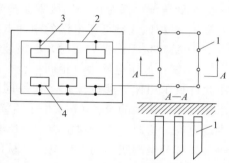

图 1-28　接地装置示意图
1—接地体；2—接地干线；
3—接地支线；4—电气设备

③ 接地装置的安装与连接　接地体宜避开人行道和建筑物出入口附近，如不能避开腐蚀性较强的地带，应采取防腐措施。为了提高接地的可靠性，电气设备的接地支线应单独与接地干线或接地体相连，而不允许串联连接。接地干线应有两处与接地体相连接，以提高可靠性。除接地体外，接地体的引出线亦应做防腐处理。

接地体与建筑物的距离不应小于 1.5m，与独立避雷针的接地体之间的距离不应小于 3m。为了减小自然因素对接地电阻的影响，接地体上端的埋入深度一般不应小于 0.6m，并应在冻土层以下。

接地线位置应便于检查，并应不妨碍设备的拆卸和检修。

接地线的涂色和标志应符合国家标准。不经允许，接地线不得做其他电气回路使用。必须保证电气设备至接地体之间导电的连续性，不得有虚接和脱落现象。接地体与接地线的连接应采用焊接，且不得有虚焊；接地线与管道的连接可采用螺丝连接，但必须防止锈蚀，在有震动的地方，应采取防护措施。

④ 保护接地的局限性　在中性点接地的低压配电网络中，假如电气设备发生了单相碰壳漏电故障，若实行了保护接地，由于电源电压为 220V，如按工作接地电阻为 4Ω、保护接地电阻为 4Ω 计算，则故障回路将产生 27.5A 的电流。为保证使熔丝熔断或自动开关跳闸，

一般规定故障电流必须分别大于熔丝或开关额定电流的2.5倍或1.25倍。因此，故障电流便只能保证使额定电流为11A的熔丝或22A的开关动作；若电气设备容量较大，所选用的熔丝与开关的额定电流超过了上述数值，则此时便不能保证切断电源，进而也就无法保障人身安全，所以，接地保护方式存在一定的局限性。

4. 保护接零

保护接零时将电气设备在正常情况下不带电的金属部分用导线与低压配电系统的零线相连接的技术防护措施，如图1-29所示，常简称为接零。

与保护接地相比，保护接零能在更多的情况下保证人身的安全，防止触电事故。

在实施上述保护接零的低压系统中，如果电气设备一旦发生了单相碰壳漏电故障，便形成了一个单相短路回路。因该回路内不包含工作接地电阻与保护接地电阻，整个回路的阻抗就很小，因此故障电流必将很大（远远超出27.5A），这就足以能保证在最短的时间内使熔丝熔断、保护装置或自动开关跳闸，从而切断电源，保障了人身安全。

保护接零适用于中性点直接接地的380/220V三相四线制电网。

在低压配电系统内采用接零保护方式时，应注意如下要求。

① 三相四线制低压电源的中性点必须接地良好，工作接地电阻应符合要求。

② 采用接零保护方式时，必须装设足够数量的重复接地装置。

③ 统一低压电网中（指同一台配电变压器的供电范围内），在采用保护接零方式后，便不允许再采用保护接地方式，如果同时采用了接地与接零两种保护方式，如图1-30所示，当实行保护接地的设备 M_2 发生了碰壳故障，则零线的对地电压将会升高到电源相电压的一半或更高，这时，实行保护接零的所有设备（如 M_1）都会带有同样高的电位，使设备外壳等金属部分呈现较高的对地电压，从而危及操作人员的安全。

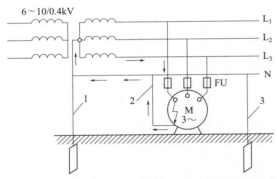

图1-29　保护接零、工作接地、重复接地示意图
1—工作接地；2—保护接零；3—重复接地

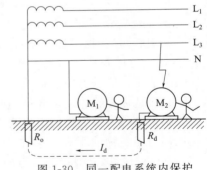

图1-30　同一配电系统内保护
接地与接零混用

④ 零线上不准装设开关和熔断器。零线的敷设要求与相线的一样，以免出现零线断线故障。

⑤ 零线截面应保证在低压电网内任何一处短路时，能够承受大于熔断器额定电流2.5~4倍及自动开关额定电流1.25~2.5倍的短路电流。

⑥ 所有电气设备的保护接零线，应以"并联"方式连接到零干线上。

必须指出，在实行保护接零的低压配电系统中，电气设备的金属外壳在其正常情况下有时也会带电。产生这种情况的原因不外乎有以下三种。

① 三相负载不均衡时，在零线阻抗过大（线径过小）或断线的情况下，零线上便可能会产生一个有麻电感觉的接触电压。

② 保护接零系统中有部分设备采用了保护接地时，若接地设备发生了单相碰壳故障，则接零设备的外壳便会因零线电位的升高而产生接触电压。

③ 当零线断线又同时发生了零线断开点之后的电气设备单相碰壳，这时，零线断开点后的所有接零线的电气设备都会带有较高的接触电压。

5. 采用漏电保护器

漏电保护器主要用于防止单相触电事故，也可用于防止有漏电引起的火灾，有的漏电保护器还具有过载保护、过电压和欠电压保护、缺相保护等功能。主要应用于1000V以下的低压系统和移动电动设备的保护，也可用于高压系统的漏电检测。漏电保护器按动作原理可分为电流型和电压型两大类。目前以电流型漏电保护器的应用为主。

电流型漏电保护器的主要参数为动作电流和动作时间。动作电流可分为0.006mA、0.01mA、0.015mA、0.03mA、0.05mA、0.075mA、0.1mA、0.2mA、0.5mA、1.3mA、5mA、10mA、20mA等15个等级。其中，30mA以下（包括30mA）的属于高灵敏度，主要用于防止各种人身触电事故；30mA以上及1000mA以下（包括1000mA）的属于中灵敏度，用于防止触电事故和漏电火灾事故；1000mA以上的属于低灵敏度，用于防止漏电火灾和监视一相接地事故。为了避免误动作，保护装置的动作电流不得低于额定动作电流的一半。

漏电保护器的动作时间是指动作时的最大分段时间。应根据保护要求确定，有快速型、定时限型和延时型之分。快速型和定时限型漏电保护器的动作时间应符合相关要求。延时型只能用于动作电流30mA以上的漏电保护器，其动作时间可选为0.2s、0.4s、0.8s、1s、1.5s及2s。防止触电的漏电保护，宜采用高灵敏度、快速型漏电保护器，其动作电流与动作时间的乘积不应超过30mA·s。

6. 正确使用防护用具

为了防止操作人员发生触电事故，必须正确使用相应的电气安全用具。常用电气安全用具主要有以下几种。

（1）绝缘杆 绝缘杆是一种主要的基本安全用具，又称绝缘棒或操作杆，如图1-31所示。绝缘杆在变配电所里主要用于闭合或断开高压隔离开关、安装或拆除携带型接地线以及进行电气测量和试验等工作。在带电作业中，则是使用各种专用的绝缘杆。使用绝缘杆时应注意握手部分不能超出护环，且要戴上绝缘手套、穿绝缘靴（鞋），绝缘杆每年要进行一次定期试验。

（2）绝缘夹钳 如图1-32所示，绝缘夹钳只允许在35kV及以下的设备上使用。使用绝缘夹钳夹熔断器时，工作人员的头部不可超过握手部分，并应戴护目镜、绝缘手套，穿绝缘靴（鞋）或站在绝缘台（垫）上，绝缘夹钳的定期试验为每年一次。

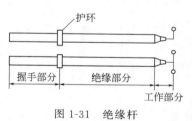

图1-31　绝缘杆

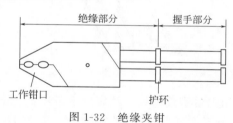

图1-32　绝缘夹钳

（3）绝缘手套　绝缘手套是在电气设备上进行实际操作时的辅助安全用具，也是在低压设备的带电部分上工作时的基本安全用具。绝缘手套一般分为12kV和5kV的两种，这都是以试验电压值命名的。

使用绝缘手套应注意以下事项：

① 使用前检查时可将手套朝手指方向卷曲，检查有无漏气或裂口等现象；

② 戴手套时应将外衣袖放入手套的伸长部分；

③ 绝缘手套使用后必须擦干净，并且要与其他工具分开放置；

④ 绝缘手套每半年应检查一次。

（4）绝缘靴（鞋）　绝缘靴（鞋）是在任何等级的电气设备上工作时，用来与地面保持绝缘的辅助安全用具，也是防跨步电压的基本安全用具。

使用绝缘靴（鞋）应注意以下事项：

① 绝缘靴（鞋）要存放在柜子里，并应与其他工具分开放置；

② 绝缘靴（鞋）使用期限，制造厂规定以大底磨光为止，即当大底露出黄色面胶（绝缘层）时就不适合在电气作业中使用了；

③ 绝缘靴（鞋）每半年试验一次。

（5）绝缘垫　绝缘垫是在任何等级的电气设备上带电工作时，用来与地面保持绝缘的辅助安全用具。使用电压在1000V及以上时，可作为辅助安全用具，1000V以下时可作为基本安全用具。绝缘垫的规格：厚度有4mm、6mm、8mm、10mm、12mm等5种，宽度为1m，长度为5m。

使用绝缘垫时应注意以下事项：

① 注意防止与酸、碱、盐类及其他化学品和各种油类接触，以免受腐蚀后老化、龟裂或变黏，降低绝缘性能；

② 避免与热源直接接触使用，应在空气温度为20～40℃的环境中使用；

③ 绝缘垫定期每两年试验一次。

（6）绝缘台　绝缘台是在任何等级的电气设备上带电工作时的辅助安全用具。其台面用干燥的、漆过绝缘漆的木板或木条做成，四角用绝缘瓷瓶作台角，如图1-33所示。绝缘台面的最小尺寸为800mm×800mm，为便于移动、清扫和检查，台面不宜做得太大，一般不超过1500mm×1000mm。绝缘台必须放在干燥的地方，绝缘台的定期试验为每三年一次。

（7）携带型接地线　携带型接地线可用来防止设备因突然来电如错误合闸送电而带电、消除临近感应电压或放尽已断开电源的电气设备上的剩余电荷，如图1-34所示。短路软导线与接地软导线应采用多股裸软铜线，其截面不应小于25m²。

图1-33　绝缘台

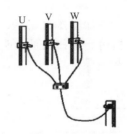

图1-34　携带型接地线

使用携带型接地线应注意以下事项：

① 电气设备上需安装接地线时，应安装在导电部分的规定位置，并保证接触良好。

② 装设携带型接地线必须两人进行，装设时应先接接地端，后接导体端，拆接地线的顺序与此相反。装设时应使用绝缘杆并戴绝缘手套。

③ 凡是可能送电至停电设备，或停电设备上有感应电压时，都应装设接地线，检修设备若分散在电气连接的几个部分时，则应分别验电并装设接地线。

④ 接地线和工作设备之间不允许连接刀闸或熔断器，以防它们断开时设备失去接地，使检修人员触电。

⑤ 装设时严禁用缠绕的方法进行接地或短路。这是由于缠绕接触不良，通过短路电流时容易产生过热而烧坏，同时还会产生较大的电压降作用于停电设备上。

⑥ 禁止用普通导线作为接地线或短路线。

⑦ 为了保存和使用好接地线，所有接地线都应编号，放置的处所亦应编号，以便对号存放。每次使用要做记录，交接班时要交接清楚。

（8）验电笔 验电笔有高压验电笔和低压验电笔两类。它们都是用来检验设备是否带电的工具。当设备断开电源、装设携带型接地线之前，必须用验电笔验明设备是否确已无电。

高压验电笔是一个用绝缘材料制成的空心管，管上装有金属制成的工作触头，触头里装有氖光灯和电容器。绝缘部分和握柄用胶木或硬橡胶制成，如图 1-35 所示。

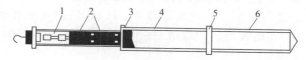

图 1-35　高压验电笔

1—氖光灯；2—电容器；3—接地螺丝；4—绝缘部分；5—护环；6—握柄

使用高压验电笔应注意以下事项。

① 必须使用额定电压和被检验设备电压等级一致的合格验电笔。验电前应将验电笔在带电的设备上验电，证实验电笔良好时，再在设备进出线两侧逐相进行验电（不能只验一相，因在实际工作中曾发生过开关故障跳闸后某一相仍然有电压的情况）。验明无电后再把验电笔在带电设备上复核它是否良好。上述操作顺序称为"验电三步骤"。

② 反复验证验电笔的目的，是防止使用中验电笔突然失灵而把有电设备判断为无电设备，以致发生触电事故。

③ 在没有验电笔的情况下，可用合格的绝缘杆进行验电。验电时要将绝缘杆缓慢地接近导体（但不准接触），以形成间隙放电并根据有无放电火花和噼叭声判断有无电压。

④ 在高压设备上进行验电工作时，工作人员必须戴绝缘手套。

⑤ 高压验电笔每六个月要定期试验一次。

低压验电笔是用来检查低压设备是否有电以及区别火线（相线）与地线（中性线）的一种验电工具。其外形通常为钢笔式或旋凿式，前端有金属探头，后端有金属挂钩（使用时，手必须接触金属挂钩），内部有发光氖泡、降压电阻及弹簧，如图 1-36 所示。

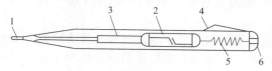

图 1-36　低压验电笔

1—工作触头；2—氖灯；3—炭精电阻；4—金属夹；5—弹簧；6—中心螺钉

使用低压验电笔应注意以下事项：

① 测试前应先在确认的带电体上试验以证明是否良好，防止因氖泡损坏而造成误判断；

② 日常工作中要养成使用验电笔的良好习惯，使用验电笔时一般应穿绝缘鞋（俗称电工鞋）；

③ 在明亮光线下测试时，往往不容易看清楚氖泡的辉光，此时，应采用避光观察并注意仔细测试；

④ 有些设备特别是测试仪表，其外壳常会因感应而带电，验电时氖泡也会发亮，但不一定构成触电危险。此时，可用万用表测量或用其他方法以判断是否真正带电。

（三）触电急救

1. 触电急救的要点与原则

触电急救的要点是抢救迅速与救护得法。发现有人触电后，首先要尽快使其脱离电源，然后根据触电者的具体情况，迅速对症救护。现场常用的主要救护方法是心肺复苏法，它包括口对口人工呼吸和胸外心脏按压法。

人触电后会出现神经麻痹、呼吸中断、心脏停止跳动等症状，外表呈现昏迷不醒状态，即"假死状态"，有触电者经过 4h 甚至更长时间的连续抢救而获得成功的先例。据资料统计，从触电后 1min 开始救治的约 90% 有良好效果；从触电后 6min 开始救治的约 10% 有良好效果；从触电后 12min 开始救治的，救活的可能性就很小了。所以，抢救及时并坚持救护是非常重要的。

对触电人（除触电情况轻者外）都应进行现场救治。在医务人员接替救治前，切不能放弃现场抢救，更不能只根据触电人当时已没有呼吸或心跳，便擅自判定伤员为死亡，从而放弃抢救。

触电急救的基本原则是在现场对症采取积极措施保护触电者生命，并使其减轻伤情、减少痛苦。具体而言应遵循：迅速（脱离电源）、就地（进行抢救）、准确（姿势）、坚持（抢救）的"八字原则"。同时应根据伤情的需要，迅速联系医疗部门救治。尤其对于触电后果严重的人员，急救成功的必要条件是动作迅速、操作正确。任何迟疑拖延和操作错误都会导致触电者伤情加重或造成死亡。此外，急救过程中要认真观察触电者的全身情况，以防止伤情恶化。

2. 解救触电者脱离电源的方法

使触电者脱离电源，就是要把触电者接触的那一部分带电设备的开关或其他断路设备断开；或设法将触电者与带电设备脱离接触。

（1）触电者脱离电源的安全注意事项

① 救护人员不得采用金属和其他潮湿的物品作为救护工具。

② 在未采取任何绝缘措施前，救护人员不得直接触及触电者的皮肤和潮湿衣服。

③ 在使触电者脱离电源的过程中，救护人员最好用一只手操作，以防再次发生触电事故。

④ 当触电者站立或位于高处时，应采取措施防止脱离电源后触电者的跌倒或坠落。

⑤ 夜晚发生触电事故时，应考虑切断电源后的事故照明或临时照明，以利于救护。

（2）触电者脱离电源的方法

① 触电者若是触及低压带电设备，救护人员应设法迅速切断电源，如拉开电源开关、

拔出电源插头等；或使用绝缘工具、干燥的木棒、绳索等不导电的物品解脱触电者；也可抓住触电者干燥而不贴身的衣服将其脱离开（切记要避免碰到金属物体和触电者的裸露身躯）；也可戴绝缘手套或将手用干燥衣物等包起来去拉触电者，或者站在绝缘垫等绝缘物体上拉触电者使其脱离电源。

② 低压触电时，如果电流通过触电者入地，且触电者紧握电线，可设法用干木板塞进其身下，使触电者与地面隔开；也可用干木把斧子或有绝缘柄的钳子等将电线剪断（剪电线时要一根一根地剪，并尽可能站在绝缘物或干木板上）。

③ 触电者若是触及高压带电设备，救护人员应迅速切断电源，或用适合该电压等级的绝缘工具（戴绝缘手套、穿绝缘靴并用绝缘棒）去解脱触电者（抢救过程中应注意保持自身与周围带电部分必要的安全距离）。

④ 如果触电发生在杆塔上，若是低压线路，凡能切断电源的应迅速切断电源，不能立即切断时，救护人员应立即登杆（系好安全带），用戴绝缘胶柄的钢丝钳或其他绝缘物使触电者脱离电源。如是高压线路且又不可能迅速切断电源时，可用抛铁丝等办法使线路短路，从而导致电源开关跳闸。抛掷前要先将短路线固定在接地体上，另一段系重物（抛掷时应注意防止电弧伤人或因其断线危及人员安全）。

⑤ 不论是高压或低压线路上发生的触电，救护人员在使触电者脱离电源时，均要预先注意防止发生高处坠落和再次触及其他有电线路的可能。

⑥ 若触电者触及了断落在地面上的带电高压线，在未确认线路无电或未做好安全措施（如穿绝缘靴等）之前，救护人员不得接近断落线地点8～12m范围内，以防止跨步电压伤人（但可临时将双脚并拢蹦跳地接近触电者）。在使触电者脱离带电导线后，也应迅速将其带至8～12m外并立即开始紧急救护。只有在确认线路已经无电的情况下，才可在触电者倒地现场就地立即进行对症救护。

3. 脱离电源后的现场救护

抢救触电者使其脱离电源后，应立即就近移至干燥与通风场所，且勿慌乱和围观，首先应进行情况判别，再根据不同情况进行对症救护。

（1）情况判别

① 触电者若出现闭目不语、神志不清情况，应让其就地仰卧平躺，且确保气道通畅。可迅速呼叫其名字或轻拍其肩部（时间不超过5s），以判断触电者是否丧失意识。但禁止摇动触电者头部进行呼叫。

② 触电者若神志昏迷、意识丧失，应立即检查是否有呼吸、心跳，具体可用"看、听、试"的方法尽快（不超过10s）进行判定。看，即仔细观看触电者的胸部和腹部是否还有起伏动作；听，即用耳朵贴进触电者的口鼻与心房处，细听有无微弱呼吸声和心跳声；试，即用手指或小纸条测试触电者口鼻处有无呼吸气流，再用手指轻按触电者左侧或右侧喉结凹陷处的颈动脉有无搏动，以判定是否还有心跳。

（2）对症救护　触电者除出现明显的死亡症状外，一般可按以下三种情况分别进行对症处理。

① 伤势不重、神志清醒但有点心慌、四肢发麻、全身无力；或触电过程中曾一度昏迷、但已清醒过来。此时应让触电者安静休息，不要走动，并严密观察。也可请医生前来诊治，或必要时送往医院。

② 伤势较重、已失去知觉，但心脏跳动和呼吸存在，应使触电者舒适、安静地平卧不

要围观，让空气流通，同时解开其衣服包括领口与裤带以利于呼吸。若天气寒冷则还应注意保暖，并速请医生诊治或送往医院。若出现呼吸停止或心跳停止，应随即分别施行口对口人工呼吸法或胸外心脏按压法进行抢救。

③ 伤势严重、呼吸或心跳停止，甚至都已停止，即处于所谓"假死状态"，则应立即施行口对口人工呼吸及胸外心脏按压进行抢救，同时速请医生或送往医院。应特别注意，急救要尽早进行，切不能消极地等待医生到来，在送往医院途中，也不应停止抢救。

4. 心肺复苏法简介

心肺复苏法包括人工呼吸法与胸外按压法两种急救方法。对于抢救触电者生命来说，既至关重要又相辅相成。所以，一般情况下两法要同时施行。因为心跳和呼吸相互联系，心跳停止了，呼吸很快就会停止，呼吸停止了，心脏跳动也维持不了多久。所以，呼吸和心脏跳动是人体存活的基本特征。

采用心肺复苏法进行抢救，以维持触电者生命的基本措施是通畅气道、口对口人工呼吸和胸外心脏按压。

（1）通畅气道　触电者呼吸停止时，最主要的是要始终确保其气道通畅；若发现触电者口内有异物，则应清理口腔阻塞。即将其身体及头部同时侧转，并迅速用一个或两个手指从口角处插入以取出异物。操作中要防止将异物推向咽喉深处。

采用使触电者鼻孔朝天头后仰的"仰头抬颌法"通畅气道，如图 1-37 所示。具体做法是用一只手放在触电者前额，另一只手的手指将触电者下颌骨向上抬起，两手协同将头部推向后仰，此时舌根随之抬起，气道即可通畅，如图 1-38 所示。禁止用枕头或其他物品垫在触电者头下，因为头部太高更会加重气道阻塞，且使胸外按压时流向脑部的血流减少。

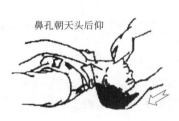

图 1-37　仰头抬颌法

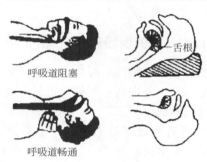

图 1-38　气道阻塞与通畅

（2）口对口人工呼吸　正常的呼吸是由呼吸中枢神经支配的，由肺的扩张与缩小，排出二氧化碳，维持人体的正常生理功能。一旦呼吸停止，机体不能建立正常的气体交换，最后便导致人的死亡。口对口人工呼吸就是采用人工机械的强制作用维持气体交换，并使其逐步地恢复正常呼吸。

具体操作方法如下。

① 在保持气道畅通的同时，救护人员用放在触电者额上那只手捏住其鼻翼，深深地吸足气后，与触电者口对口接合并贴近吹气，然后放松换气，如此反复进行，如图 1-39 所示。开始时，可先快速连续而大口地吹气 4 次（每次用 1~1.5s），经 4 次吹气后观察触电者胸部有无起伏状，同时测试其颈动脉，若仍无搏动，便可判断为心跳已停止，此时应立即同时施行胸外按压。

 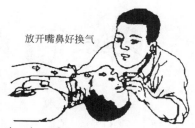

贴嘴吹气胸扩张　　　　　放开嘴鼻好换气

图 1-39　口对口人工呼吸法

② 除开始施行时的 4 次大口吹气外，此后正常的口对口吹气量均不需过大（但应达 800～1200mL），以免引起胃膨胀。施行速度每分钟 12～16 次；对儿童为每分钟 20 次。吹气和放松时，应注意触电者胸部要有起伏状呼吸动作。吹气中如遇有较大阻力，便可能是头部后仰不够，气道不畅，要及时纠正。

③ 触电者如牙关紧闭且无法弄开时，可改为口对鼻人工呼吸，口对鼻人工呼吸时，要将触电者嘴唇紧闭以防止漏气。

（3）胸外心脏按压（人工循环）　心脏是血液循环的"发动机"。正常的心脏跳动是一种自主行为，同时受交感神经、副交感神经及体液的调节。由于心脏的收缩与舒张，把氧气和养料输送给机体，并把机体的二氧化碳和废料带回。一旦心脏停止跳动，机体因血液循环中止，将缺乏供氧和养料而丧失正常功能，最后导致死亡。胸外心脏按压法就是采用人工机械的强制作用维持血液循环，并使其逐步过渡到正常的心脏跳动。

正确的按压位置称"压区"，是保证胸外按压效果的重要前提。确定正确按压位置的步骤如图 1-40（a）所示如下。

① 右手食指和中指沿触电者右侧肋弓下缘向上，找到肋骨和胸骨结合处的中点。

② 两手指并齐，中指放在切迹中点（剑突底部），食指平放在胸骨下部。

③ 另一手的掌根紧挨食指上缘，置于胸骨上，此处即为正确的按压位置。

正确的按压姿势是达到胸外按压效果的基本保证，其按压姿势如下。

① 使触电者仰面躺在平硬的地方，救护人员立或跪在伤员一侧肩旁，两肩位于伤员胸骨正上方，两臂伸直，肘关节固定不屈，两手掌根相叠，如图 1-40（b）所示。此时，贴胸手掌的中指尖刚好抵在触电者两锁骨间的凹陷处，然后再将手指翘起，不触及触电者胸壁，或者采用两手指交叉抬起法，如图 1-41 所示。

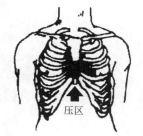 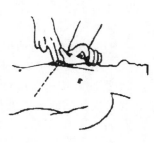

压区

（a）确定正确的按压位置

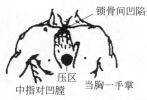 

锁骨间凹陷处

压区

中指对凹膛　　当胸一手掌　　　　掌根用力向下压

（b）压区和叠掌

图 1-40　胸外按压的准备工作

② 以髋关节为支点，利用上身的重力，垂直地将成人的胸骨压陷 4～5cm（儿童和瘦弱者酌减，为 2.5～4cm，对婴儿则为 1.5～2.5cm）。

③ 按压至要求程度后，要立即全部放松，但放松时救护人员的掌根不应离开胸壁，以免改变正确的按压位置，如图 1-42 所示。按压时正确地操作是关键。尤应注意，抢救者双臂应绷直，双肩在患者胸骨上方正中，垂直向下用力按压。按压时应利用上半身的体重和肩、臂部肌肉力量，如图 1-43 所示，避免不正确的按压，如图 1-44 所示。

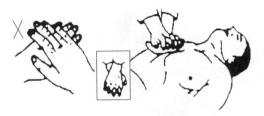

图 1-41　两手交叉抬起法

(a) 下压

(b) 放松

图 1-42　胸外心脏按压法

图 1-43　正确的按压姿势

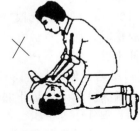

图 1-44　不正确的按压姿势

按压救护是否有效的标志，是在施行按压急救过程中再次测试触电者的颈动脉，看其有无搏动。由于颈动脉位置靠近心脏，容易反映心跳的情况。此外，因颈部暴露，便于迅速触摸，且易于学会与记牢。

胸外按压的方法：

① 胸外按压的动作要平稳，不能冲击式地猛压。而应以均匀速度有规律地进行，每分钟 80～100 次，每次按压和放松的时间要相等（各用约 0.4s）。

② 胸外按压与口对口人工呼吸两法同时进行时，其节奏为，单人抢救时，按压 15 次，吹气 2 次，如此反复进行；双人抢救时，每按压 5 次，由另一人吹气 1 次，可轮流反复进行，如图 1-45 所示。

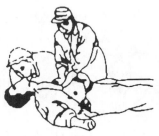

(a) 单人操作

(b) 双人操作

图 1-45　胸外按压与口对口人工呼吸同时进行

五、灼伤及其防治技术

（一）灼伤及其分类

人体（或动物体）受热源或化学物质的作用，引起局部组织损伤，并进一步导致病理和生理改变的过程称为灼伤。灼伤按发生原因的不同分为化学灼伤、热力灼伤和复合性灼伤。

1. 化学灼伤

由于直接接触化学物质所造成皮肤的损伤，均属于化学灼伤。导致化学灼伤的物质形态有固体（如氢氧化钠、氢氧化钾、硫酸酐等）、液体（如硫酸、硝酸、高氯酸、过氧化氢等）和气体（如氟化氢、氮氧化合物等）。化学物质与皮肤或黏膜接触后产生化学反应并具有渗透性，对细胞组织产生吸水、溶解组织蛋白质和皂化脂肪组织的作用，从而破坏细胞组织的生理机能而使皮肤组织致伤。

2. 热力灼伤

由于接触火焰、炙热物体、高温表面、过热蒸汽等所造成的损伤称为热力灼伤。此外，在化工生产中还会发生由于液化气体、干冰接触皮肤后迅速蒸发或升华，大量吸收热量，以致引起皮肤表面冻伤。

3. 复合性灼伤

由化学灼伤和热力灼伤同时造成的伤害，或化学灼伤兼有的中毒反应等都属于复合性灼伤。如磷落在皮肤上引起的灼伤为复合性灼伤。由于磷的燃烧造成热力灼伤，而磷燃烧后生成磷酸会造成化学灼伤，当磷通过灼伤部位侵入血液和肝脏时，会引起全身磷中毒。

（二）化学灼伤的现场急救

由于化学物质的腐蚀作用，发生化学灼伤时如不及时将其除掉，就会继续腐蚀下去，从而加剧灼伤的严重程度。某些化学物质如氢氟酸的灼伤初期无明显的疼痛，往往不受重视而贻误处理时机，加剧了灼伤程度。及时进行现场急救和处理，是减少伤害、避免严重后果的重要环节。

化学灼伤的程度也同化学物质与人体组织接触时间的长短有密切关系，接触时间越长所造成的灼伤就会越严重。因此，当化学物质接触人体组织时，应迅速脱去衣服，立即用大量清水冲洗创伤面，不应延误，冲洗时间不得小于15min，以利于将渗入毛孔或黏膜内的物质清洗出去。清洗时要遍及各受害部位，尤其要注意眼、耳、鼻、口腔等处，对眼睛的冲洗一般用生理盐水或用清洁的自来水，冲洗时水流不宜正对角膜方向，不要揉搓眼睛，也可将面部浸入在清洁的水盆里，用手把上下眼皮撑开，用力睁大两眼，头部在水中左右摆动。其他部位的灼伤，先用大量水冲洗，然后用中和剂洗涤或湿敷，用中和剂时间不宜过长，并且必须再用清水冲洗掉，然后视病情予以适当处理。

化学灼伤程度同化学物质的物理、化学性质有关。酸性物质引起的灼伤，其腐蚀作用只在当时发生，经急救处理，伤势往往不再加重；碱性物质引起的灼伤会逐渐向周围和深部组织蔓延。因此现场急救应首先判明化学致伤物质的种类、侵害途径、致伤面积及深度，采取有效的急救措施。某些化学致伤，可以从被致伤皮肤的颜色加以判断，如苛性钠和石炭酸的致伤表现为白色，硝酸致伤表现为黄色，氯磺酸致伤表现为灰白色，硫酸致伤表现为黑色，磷致伤局部皮肤呈现特殊气味，有时在暗处可看到磷光。

抢救时必须考虑现场具体情况，在有严重危险的情况下，应首先使伤员脱离现场，送到空气新鲜和流通处，迅速脱除污染的衣着及佩戴的防护用品等。

小面积化学灼伤创伤面经冲洗后，如确实致伤物已消除，可根据灼伤部位及灼伤深度采取包扎疗法或暴露疗法；中、大面积化学灼伤，经现场抢救处理后应送往医院处理。常见的化学灼伤急救处理方法如表 1-4 所示。

表 1-4　常见化学灼伤急救处理方法

灼伤物质名称	急救处理方法
氢氧化钠、氢氧化钾、氨、碳酸钠、碳酸钾、氧化钙等碱类	立即用大量水冲洗,然后用 2% 乙酸溶液洗涤中和,也可用 2% 以上的硼酸水湿敷。氧化钙灼伤时,可用植物油洗涤
硫酸、盐酸、硝酸、高氯酸、磷酸、乙酸、甲酸、草酸、苦味酸	立即用大量水冲洗,再用 5% 碳酸氢钠水溶液洗涤中和,然后用干净水冲洗
碱金属、氰化物、氢氰酸	用大量的水冲洗后,0.1% 高锰酸钾溶液冲洗后再用 5% 硫化铵溶液冲洗
溴	用水冲洗后,再以 10% 硫代硫酸钠溶液洗涤,然后涂碳酸氢钠糊剂或用其 1 体积(25%)+1 体积松节油+10 体积乙醇(95%)的混合液处理
铬酸	先用大量的水冲洗,然后用 5% 硫代硫酸钠溶液或 1% 硫酸钠溶液洗涤
氢氟酸	立即用大量水冲洗,直至伤口表面发红,再用 5% 碳酸氢钠溶液洗涤,再涂以甘油与氧化镁(2∶1)悬浮剂,或调上如意金黄散,然后用消毒纱布包扎
磷	如有磷颗粒附着在皮肤上,应将局部浸入水中,用刷子清除。不可将创伤面暴露在空气中或用油脂涂抹,再用 1%～2% 硫酸铜溶液冲洗数分钟,然后以 5% 碳酸氢钠溶液洗去残留的硫酸铜,最后用生理盐水湿敷,用绷带扎好
苯酚	用大量水冲洗。或用 4 体积乙醇(7%)与 1 体积氯化铁(0.33mol/L)混合液洗涤,再用 5% 碳酸氢钠溶液洗涤
氯化锌、硝酸银	用水冲洗,再用 5% 碳酸氢钠溶液洗涤,涂油膏及磺胺粉
焦油、沥青(热烫伤)	以棉花蘸乙醚或二甲苯,消除粘在皮肤上的焦油或沥青,然后涂上羊毛脂

(三)化学灼伤的预防措施

化学灼伤常常是伴随生产中的事故或由于设备发生腐蚀、开裂、泄漏等造成的,与安全管理、操作、工艺和设备等因素有密切关系。因此,为避免发生化学灼伤,必须采取综合性管理和技术措施,防患于未然。

制订完善的安全操作制度。对生产中所使用的原料、半成品和成品的物理化学性质,它们与人体接触时可造成的伤害作用及处理方法都应明确说明并做出规定。使所有作业人员都了解和掌握并严格执行。

在使用危险物品的作业场所,必须采取有效的技术措施和设施,这些措施和设施主要包括以下几个方面。

1. 采用有效的防腐措施

在化工生产中,由于强腐蚀介质的作用及生产过程中高温、高压、高流速等条件对机器设备会造成腐蚀,所以加强防腐,杜绝"跑、冒、滴、漏"也是预防灼伤的重要措施。

2. 改革工艺和设备结构

在使用具有化学灼伤危险物质的生产场所,在设计时就应预先考虑防止物料外喷或飞溅的合理工艺流程、设备布局、材质选择及必要的控制、输导和防护装置。

① 物料输送实现机械化、管道化。

② 贮槽、贮罐等容器采用安全溢流装置。

③ 改革危险物质的使用和处理方法,如用蒸汽溶解氢氧化钠代替机械粉碎,用片状物代替块状物。

④ 保持工作场所与通道有足够的活动余量。

⑤ 使用液面控制装置或仪表，实行自动控制。

⑥ 装设各种型式的安全联锁装置，如保证未卸压前不能打开设备的联锁装置等。

3. 加强安全性预测检查

如使用超声波测厚仪、磁粉与超声探伤仪、X 射线仪等定期对设备进行检查，或采用将设备开启进行检查的方法，以便及时发现并正确判断设备的损伤部位与损坏程度，及时消除隐患。

4. 加强安全防护措施

① 所有贮槽上部敞开部分应高于车间地面 1m 以上，若贮槽与地面等高时，其周围应设护栏并加盖，以防工人跌入槽内。

② 为使腐蚀性液体不流洒在地面上，应修建地槽并加盖。

③ 所有酸贮槽和酸泵下部应修筑耐酸基础。

④ 禁止将危险液体盛入非专用的和没有标志的桶内。

⑤ 搬运贮槽时要两人抬，不得单人背负运送。

5. 加强个人防护

在处理有灼伤危险的物质时，必须穿戴工作服和防护用具，如眼镜、面罩、手套、毛巾、工作帽等。

思考题

1. 化工生产中存在哪些不安全因素？

2. 如何认识安全在化工生产中的重要性？

3. 化学危险物质按其危险性质划分为哪几类？

4. 化学危险物质贮存的安全要求是什么？

5. 燃烧的三要素是什么？

6. 简答灭火的原理及常见灭火剂的使用条件。

7. 爆炸极限是如何定义的？初始温度和压力如何影响物质的爆炸极限？

8. 简答毒性物质侵入人体的途径。在工业上防止职业中毒有哪些技术措施？

9. 说明常见的触电防护技术和措施有哪些？

10. 皮肤或眼睛被化学物质灼伤后应如何急救？

项目二 多功能膜分离实训

一、概述

本项目讨论的膜分离是指利用固体薄膜对混合物组分选择性透过的性能使混合物分离的过程。

膜分离技术是在 20 世纪 60 年代后迅速崛起的一门新的分离技术。它具有分离、浓缩、纯化和精制的功能，还有高效、节能、环保、分子级过滤及过滤过程简单、易于控制等优良的特性，因此，目前已被广泛应用于食品、医药、生物、环保、化工、冶金、能源、石油、水处理、电子、仿生等领域，也产生了巨大的经济效益和社会效益，已成为当今分离科学中最重要的手段之一。

（一）膜分离的分类和特点

1. 膜分离的分类

按照分离膜孔径和成膜材料分类，应用较多的膜分离技术主要有微滤、超滤、纳滤、反渗透以及气体分离等。各种膜过程具有不同的分离机理，可满足不同的分离条件和分离对象。

按分离原理及被分离物质的大小区分的膜分离种类如表 2-1 所示，可见几乎所有的膜分离技术均可应用于任何分离、提纯和浓缩领域。

表 2-1　膜分离的分类

种类	膜的功能	推动力	透过物质	被截流物质	膜孔径
微滤	多孔膜、溶液的微滤、脱微粒子	压力差	水、溶剂和溶解物	悬浮物、细菌类、微粒子、大分子有机物	$0.05\sim5\mu m$
超滤	脱除溶液中的胶体、各类大分子	压力差	溶剂、离子和小分子	蛋白质、各类酶、细菌、病毒、胶体、微粒子	$0.01\sim0.1\mu m$
反渗透纳滤	脱除溶液中的盐类及低分子物质	压力差	水和溶剂	无机盐、糖类、氨基酸、有机物等	$0.1\sim1nm$ $1\sim10nm$
透析	脱除溶液中的盐类及低分子物质	浓度差	离子、低分子物、酸、碱	无机盐、糖类、氨基酸、有机物等	
电渗析	脱除溶液中的离子	电位差	离子	无机、有机离子	

种类	膜的功能	推动力	透过物质	被截流物质	膜孔径
渗透汽化	溶液中的低分子及溶剂间的分离	压力差、浓度差	蒸气	液体、无机盐、乙醇溶液	
气体分离	气体、气体与蒸汽分离	浓度差	易透过气体	不易透过液体	

其中反渗透和纳滤作为主要的水及其他液体分离膜之一，在分离膜领域内占重要地位，也是本章实训学习的重点。

无论是工业生产用水或是生活用水均对水的硬度、含盐量有一定的要求。比如让含有硬度、盐类的水进入锅炉，会在锅炉内生成水垢，降低传热效率、增大燃料消耗，甚至因金属壁面局部过热而烧损部件。因此，对于低压锅炉，一般要进行水的软化处理，对于中、高压锅炉，则要求进行水的软化与脱盐处理。除盐处理的基本方法就是膜分离（反渗透、电渗析）法。

2. 膜分离的特点

膜分离技术因低能耗、高效率的优良特点被认为是理想的分离技术之一。利用膜分离技术进行分离所具有的特点如下。

① 膜分离过程中不发生相变化，分离过程可以保持产品原有的性质，能耗极低，其费用约为蒸发浓缩或冷冻浓缩的 $1/3 \sim 1/8$，因此膜分离技术是一种节能技术。

② 膜分离过程是常温下进行，在压力的驱动下分离，非常适用于对热敏性物质，如抗生素、果汁、酶、蛋白的分离与浓缩。

③ 膜分离过程中不发生化学变化，是典型的物理分离过程，不用化学试剂和添加剂，产品不受污染。

④ 膜分离技术适用分离的范围极广，选择性较好，从微粒级别的物质到微生物菌体，甚至离子级别都有其用武之地，关键在于选择不同的膜类型，具有普遍滤材无法取代的卓越性能。

⑤ 膜分离技术是以压力差作为驱动力，采用装置简单，操作方便，处理规模可大可小，可以续进行也可以间歇进行，工艺简单，易于自动化。

（二）膜材料

膜材料应具有良好的成膜性、热稳定性、化学稳定性，耐酸、碱、微生物侵蚀和耐氧化性能。反渗透、超滤、微滤用膜最好为亲水性（用于气体过滤的膜要求有很好的疏水性），以得到高水通量和抗污染能力。电渗析用膜则特别强调膜的耐酸、碱和热稳定性。气体分离，特别是渗透汽化，要求膜材料对透过组分有优先溶解、扩散能力。若用于有机溶剂分离，还要求膜材料能耐溶剂。

1. 高分子膜材料

用作膜材料的主要聚合物如表 2-2 所示。

表 2-2　用作膜材料的主要聚合物

材料类别	主要聚合物
纤维素类	二乙酸纤维素（CA），三乙酸纤维素（CTA），乙酸丙酸纤维素（CAP），再生纤维素（RCE），硝酸纤维素（CN），纤维素乙酸、丁酸混合酯（CAB）

材料类别	主要聚合物
聚砜类	双酚 A 型聚砜（PSF），聚芳醚砜（PES），酚酞型聚砜（PES-C），酚酞型聚醚酮（PEK-C），聚醚醚酮（PEEK）
聚酰胺类	尼龙（6-NY-6），尼龙（66-NY-66），芳香聚酰胺（芳香尼龙）
聚酰亚胺类	脂肪族二酸聚酰亚胺（PEI），全芳香聚酰亚胺（Kapton）
聚酯类	涤纶（PET），聚对苯二甲酸丁二醇酯（PBT），聚碳酸酯（PC）
聚烯烃类	低密度聚乙烯（LDPE），高密度聚乙烯（HDPE），聚丙烯（PP），聚 4-甲基-1-戊烯（PMP）
乙烯类聚合物	聚丙烯腈（PAN），聚乙烯醇（PVA），聚氯乙烯（PVC），聚偏氯乙烯（PVDC），乙烯-乙酸乙烯酯聚合物（EVA）
含硅聚合物	聚二甲基硅氧烷（PDMS），聚三甲基硅烷丙炔（PTMSP）
含氟聚合物	聚偏氟乙烯（PVDE），聚四氟乙烯（PTFE）
其他	甲壳素类，聚电解质配合物

2. 无机膜材料

无机膜可以分为致密膜和多孔膜两大类。致密膜一类主要有各类金属及其合金膜，如金属钯膜、金属银膜以及钯-镍、钯-金、钯-银合金膜。另一类致密膜则是氧化物膜，主要有三氧化二钇稳定膜、钙钛矿型氧化物膜、二氧化锆膜、三氧化二铝膜、氢氧化锆膜等。多孔膜按孔径范围可分为三类，即孔径大于 50mm 为粗孔膜，孔径介于 2～50mm 为过渡孔膜，孔径小于 2mm 为微孔膜。

按材料无机膜又可分为金属膜、合金膜、陶瓷膜、高分子金属配合膜、分子筛复合膜、沸石膜、玻璃膜等。

工业用无机多孔膜主要由三层结构构成，即多孔载体、过渡层和活性分离层。多孔载体的孔径一般在 $10～15\mu m$，过渡层的孔径在 $0.2～5\mu m$，分离层孔径为 $4～5\mu m$，厚度一般为 $0.5～10\mu m$。

（1）无机膜的优点

① 高温下的稳定性好。

② 当膜两侧有很大压力梯度时，膜力学性能稳定好（不可压缩，不蠕变）。

③ 化学性质稳定好，特别耐有机溶剂。

④ 不会老化、寿命长。

⑤ 允许使用条件苛刻的清洗操作（如蒸汽灭菌，高温反冲洗）。

⑥ 容易实现电催化和电化学活化。

⑦ 物料透过量大，污染少。

⑧ 容易控制孔径大小和孔径尺寸分布。

（2）无机膜的缺点

① 膜脆，易碎，需特殊构型和组装。

② 设备费相对较高。

③ 在有缺陷时，整修费用较高。

④ 高温应用，密封较复杂。

3. 对膜的基本要求

首先要求膜的分离透过特性好，通常用膜的截留率、透过通量、截留分子量等参数表示。不同的膜分离过程，习惯上使用不同的参数以表示膜的分离透过特性。

（1）截留率 R　其定义式为：

$$R = \frac{c_1 - c_2}{c_1} \times 100\% \tag{2-1}$$

式中，c_1，c_2 分别表示料液主体和透过液中被分离物质（盐、微粒或大分子等）的浓度，mol/L。

（2）透过速率（通量）J　指单位时间、单位膜面积的透过物量，常用单位为 $kmol/(m^2 \cdot s)$。由于操作过程中膜的压密、堵塞等多种原因，膜的透过速率将随时间增长而衰减。透过速率与时间的关系一般服从下式：

$$J = J_0 \tau^m \tag{2-2}$$

式中　J_0——操作初始时的透过速率；

　　　τ——操作时间，s；

　　　m——衰减指数。

（3）截留物的分子量　当分离溶液中的大分子物质时，截留物的分子量在一定程度上反映膜孔的大小。但是通常多孔膜的孔径大小不一，被截留物的分子量将分布在某一范围内。所以，一般取截留率为 90% 的物质的分子量称为膜的截留分子量。

截留率大、截留分子量小的膜往往透过通量低。因此，在选择膜时需在两者之间做出权衡。

此外，还要求分离用膜有足够的机械强度和化学稳定性。

（三）膜组件

膜组件是按一定技术要求将膜及其支撑材料封装在一起的组合构件。它与相应的构架或容器、泵、阀门、仪表及管路等组成膜分离装置。膜组件是膜装置的核心部件。

膜组件的基本要求如下。

① 流体流动速率均匀，无静水区。

② 具有良好的机械强度、化学稳定性和热稳定性。

③ 具有尽可能高的装填密度。

④ 制造成本低。

⑤ 膜或膜组件的装拆、更换方便，并容易维护。

⑥ 压力损失小，能耗低。

常用的膜组件主要有：板框式、圆管式、卷绕式、中空纤维式和集装式等五种类型。

1. 板框式

板框式膜组件是最早问世的一种膜组件形式，其外观与板框式压滤机很相似，所不同的是板框式膜组件的过滤介质是膜而不是帆布。按结构可分为平板式、圆盘式（系紧螺栓式）和耐压容器式三种。

系紧螺栓式膜组件如图 2-1 所示。

圆形承压板、多孔支撑板和膜经过黏结密封构成脱盐板，再将一定数量的这种脱盐板多层堆积起来，用 O 形密封圈密封，最后再将上下盖（法兰）以螺栓固定系紧而得。原水由上盖进口流经脱盐板的分配孔，在诸多脱盐板的膜面上逐层流动，最后从下盖的出口流出。透过膜的淡水流经多孔支撑板后，于承压板的侧面管口处被导出。承压板由耐压、耐腐蚀材料制成。支撑材料可选用各种工程塑料、金属烧结板等，其主要作用是支撑膜和提供淡水通道。

2. 圆管式

圆管式膜组件是在圆筒形支撑体的内侧或外侧配制薄膜，再将一定数量的这种膜管以一定方式连成一体而组成，外形与列管式换热器相似。按结构可分为内压型单管式、内压型管束式、外压型单管式和外压型管束式，外压型由于需要耐高压的外壳，应用较少。内压型管束式反渗透膜组件如图 2-2 所示。

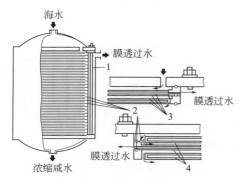

图 2-1　圆盘式（系紧螺栓式）膜组件
1—系紧螺栓；2—O 形密封环；3—膜；4—多孔板

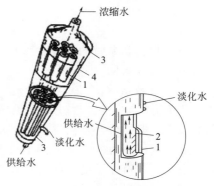

图 2-2　内压型管束式反渗透膜组件
1—玻璃纤维管；2—反渗透膜；
3—末端配件；4—PVC 淡化水搜集外套

在多孔耐压管内壁上直接喷注成膜壁，再把耐压管装配成相连的管束，然后把管束装在一个大的收集管内，构成管束式淡化装置。原水由装配端的进口流入，经耐压管内壁的膜管，于另一端流出，淡水透过膜后由收集管汇集。

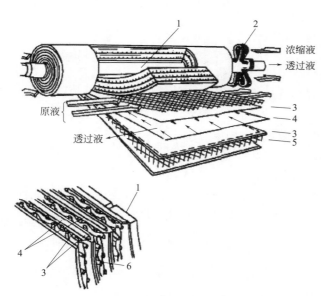

图 2-3　卷绕式膜组件
1—收集水管；2—抗伸缩装置；3—膜；
4—多孔支撑体；5—隔网；6—黏合剂

3. 卷绕式

卷绕式膜组件的结构是由中间为多孔支撑材料，两边是膜的"双层结构"装配组成。其中三个边沿被密封而黏结成信封状的膜袋，开口与中心集水管密封连接，然后再衬上隔网，并连同膜袋一起绕中心集水管紧密地卷成一个膜卷（或称膜元件），再装入圆筒形压力容器内，构成一个卷绕式膜组件，如图 2-3 所示。

4. 中空纤维式

中空纤维式膜组件是将大量的（可以是几十万根以上）中空纤维膜管（外径为 $50\sim200\mu m$，内径为 $25\sim42\mu m$）弯成 U 形装入圆筒形压力容器内，如图 2-4 所示。

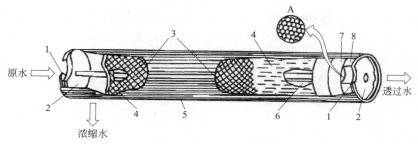

图 2-4　中空纤维式膜组件

1—O 形密封环；2—端板；3—流动网格；4—中空纤维膜；5—外壳；6—原水分布管；

7—环氧树脂管板；8—支撑管；A—中空纤维膜放大截面图

纤维束的开口端用环氧树脂浇铸成管板。纤维束的中心轴部安装一根原料液分布管，使原液径向均匀流过纤维束。纤维束的外部包以网布使纤维束固定并促进原液的湍流状态。淡液透过纤维的管壁后，沿纤维的中空内腔，经管板放出，被浓缩的原水则在容器的另一端排出。

二、超滤技术

（一）超滤分离原理及特点

1. 超滤分离的原理

超滤是以压差为推动力、用固体多孔膜截留混合物中的微粒和大分子溶质而使溶剂透过膜孔的分离操作。超滤的操作原理如图 2-5 所示。

超滤的机理是指由膜表面机械筛分、膜孔阻滞和膜表面及膜孔吸附的综合效应，以筛滤为主。超滤（简称 UF）对溶质的截留被认为主要是机械筛分作用。即超滤膜有一定大小和

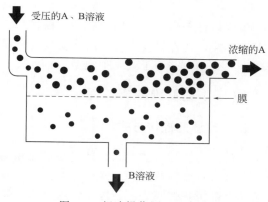

图 2-5　超滤操作原理示意图

形状的孔，在压力的作用下，溶剂和小分子的溶质透过膜，而大分子的溶质被膜截留。超滤膜的孔径范围为 $0.01 \sim 0.1 \mu m$，可截留水中的微粒、胶体、细菌、大分子的有机物和部分的病毒，但无法截留无机离子和小分子的物质。

超滤目的是将溶质通过一层具有选择性的薄膜，从溶液中分离出来。分离时的推动力都是压强，由于被分离物质的分子量和直径大小差别及膜孔结构不同，其采用的压强大小不同。

2. 超滤技术的特点

超滤技术具有以下特点。

① 过程是在常温下进行，条件温和无成分破坏，因而特别适宜对热敏感的物质，如药物、酶、果汁等的分离、分级、浓缩与富集。

② 物质不发生相变化，无需加热，能耗低，无需添加化学试剂，无污染，是一种节能

环保的分离技术。

③ 分离效率高，对稀溶液中的微量成分的回收、低浓度溶液的浓缩均非常有效。

④ 由于超滤过程仅采用压力作为膜分离的动力，因此分离装置简单、流程短、操作简便、易于控制和维护。

⑤ 超滤法也有一定的局限性，它不能直接得到干粉制剂。对于蛋白质溶液，一般只能得到 10％～50％ 的浓度。

⑥ 超滤与传统的预处理工艺相比，系统简单、操作方便、占地小、投资省、且水质极优，可满足各类反渗透装置的进水要求。

（二）超滤膜的结构、组件及种类

1. 超滤膜的结构

超滤膜大体上可分为两种：一种是各向同性膜，常用于超滤技术的微孔薄膜，它具有无数微孔贯通整个膜层，微孔数量与直径在膜层各处基本相同，正反面都具有相同的效应；另一种是各向异性膜，它是由一层极薄的表面"皮层"和一层较厚的起支撑作用的"海绵层"组成的薄膜，也称为非对称膜。

前一种滤膜透过滤液的流量小，后者则较大且不易被堵塞。

2. 膜组件及种类

膜组件是指将膜、固定膜的支撑材料、间隔物或管式外壳等通过一定的黏合或组装构成基本单元，在外界压力的作用下实现对杂质和水的分离。如前所述超滤膜组件有板框式、管式、卷式和中空纤维式 4 种类型。

（三）超滤膜分离过程

1. 超滤的操作方式

超滤有两种过滤模式，即终端过滤和错流过滤。

终端过滤为待处理的水在压力的作用下全部透过膜，水中的微粒被膜截留。由于截留的杂质全部沉积在膜表面，因此终端过滤的通量下降较快，膜容易堵塞，需周期性地反冲洗以恢复通量。

错流过滤是在过滤过程中，部分水透过膜，而一部分水沿膜面平行流动。错流过滤中，由于平行膜面流动的水不断将沉积在膜面的杂质带走，通量下降缓慢，但由于一部分能量消耗在水的循环上，错流过滤的能量消耗较终端过滤大。

2. 超滤膜污染及其控制

膜污染指处理物料中的微粒、胶体粒子或溶质大分子，由于与膜存在物理化学相互作用或机械作用而引起的在膜表面或膜孔内吸附、沉积造成膜孔径变小或堵塞，使膜产生透过流量与分离特性的不可逆变化。此时，根据体系的不同，膜的渗透流率的衰退过程可能是一步完成的，也可能是几步完成的。

（1）引起膜污染的主要因素　导致膜污染的因素很多，因膜所应用体系的不同而不同。主要的因素如下。

① 膜的物理化学结构，如膜孔结构、表面粗糙度、膜材料的亲水性、荷电性等。

② 溶质性能。

③ 膜材料、溶质和溶剂之间的相互作用。

④ 操作参数，如温度、压力和料液流速。

污染物的种类包括无机物（如 $CaSO_4$、$CaCO_3$、铁盐或凝胶、磷酸钙复合物、无机胶体等）和有机物（如蛋白质、脂肪、糖类化合物、微生物、有机胶体及凝胶、腐殖酸、多羟基芳香化合物等）。

（2）膜污染的控制及恢复通量的方法　针对膜污染产生的原因，采用合适的方法可以很好地控制膜的污染，恢复膜的通量，常用的方法如下。

① 膜材料及膜组件的选择　根据溶质性质不同选择合适的膜及膜组件。一般来讲孔径分布窄、亲水性强且表面光滑的膜以及采用不同形式的湍流促进器的膜组件具有较好的抗污染性。

② 料液预处理　为了减少污染首先要确定适当的预处理方法。一般在超滤组件前均装有精度为 $5\sim10\mu m$ 的过滤器，以去除固体悬浮物及铁铝等胶体。对于含蛋白质料液应调节 pH 值，避免等电点。

为了使超滤组件长期运行，可以采用其他物理和化学的方法对料液进行预处理，如絮凝沉淀、机械过滤、离心分离、软化、热处理、杀菌消毒、活性炭吸附、化学净化和微滤等。

③ 物理方法

a. 水力学方法　降低操作压力，提高料液循环量，有利于提高通量。采用液流脉冲的形式可以很快将膜污染清除，特别是洗液脉冲同反冲洗结合起来，将会得到令人满意的效果。采用压缩空气通向膜组件的处理液侧的鼓泡操作方式，能减轻膜的浓差极化与膜的污染，提高膜的渗透速率。通过膜片旋转和振动等方式也是控制膜污染的有效方法。

b. 反冲洗法　采用纯净液体在压力下反向透过膜，除去沉积在膜表面及内壁的污染物，注意洗涤液中不得含有悬浮物以防止中空纤维膜的海绵状层被堵塞。这种方法的效果取决于沉积层的性质，例如，胶体沉积物和可溶性大分子类凝胶层的清洗效果就差一点。另外，如果膜孔被污染，这种方法的清洗效果就不明显，结果使膜的通量逐步降低。

c. 气-液脉冲　往膜组件内间隙通入高压气体（空气或氮气）就形成气-液脉冲。气体脉冲使膜上的孔道膨胀，从而使污染物能被液体冲走。此法效果较好，气体的压力一般为 $0.2\sim0.5MPa$，可以使膜通量恢复到 90% 以上。

d. 恒定跨膜压差操作方式　一般来讲，为了减少膜的污染采用增加流体的膜面流速和降低膜的跨膜压差。然而这两种方法往往是矛盾的。增加流体的膜面流速将可能增加膜的跨膜压差，为了既能增加流体的膜面流速又能降低且恒定膜的跨膜压差，可采用透过液并行流动的方法，该方法将透过液用泵在一定压力下循环，从而在能保持料液膜面高流速条件下，又能降低膜的跨膜压差并保持恒定。

e. 临界或亚临界渗透通量操作法　临界渗透通量是指使膜保持长期稳定运行的最大渗透通量。低于临界渗透通量运行，跨膜压差变化缓慢，膜的过滤阻力随时间缓慢上升。对于颗粒来讲，颗粒的反极化率高于对流率，因此无滤饼形成。膜的临界渗透通量与料液的错流速率及膜的本身性质有关。由于不同的体系溶质与膜的相互作用不同，临界渗透通量难于事先得到，一般通过实验确定。

此外还有电场过滤、脉冲电脉清洗、脉冲电解清洗、电渗透反洗、超声波清洗、海绵球机械擦洗等物理方法。

④ 化学清洗　当采用物理方法不能使膜性能恢复时，必须用化学清洗剂清洗。常用的

化学清洗剂主要包括：酸类、碱类、表面活性剂、活性氯、含酶清洗剂、杀菌剂等。

（四）超滤的工业应用

超滤技术是一种应用最广泛的膜分离技术，该技术在水处理、废水深度处理及水资源回收利用、饮品发酵、果汁浓缩、生物制药等工业领域有着广阔的应用前景。超滤技术的应用领域及应用情况如表 2-3 所示。

表 2-3　超滤技术的应用领域及应用情况

应用领域	具体应用实例
食品发酵工业	乳品工业中乳清蛋白的回收；脱脂牛奶的浓缩；酒的澄清、除菌和催熟；酱油、醋的除菌澄清与脱色；发酵液的提纯精制；果汁的澄清；明胶的浓缩；糖汁和糖液的回收
医药工业	抗生素、干扰素的提纯精制；针剂用水除热源；血浆、生物高分子处理；腹水浓缩；蛋白、酶的分离、浓缩和纯化；中草药的精制与提纯
金属加工工业	延长电浸渍涂漆溶液的停留时间；油/水乳浊液的分离；脱脂溶液的处理
汽车工业	电泳漆回收
水处理	市政饮用水处理：去除水中悬浮物、细菌、病毒，生产优质饮用水，饮用水达到国标要求。工业用水的初级纯化，用于电渗析、离子交换及反渗透系统的预处理：去除水中悬浮物、胶体、大分子有机物、菌类及藻类等，达到反渗透进水水质的要求。超纯水系统的终端处理：作为反渗透系统制备半导体、显像管、集成电路等清洗用高纯水的把关设备。矿泉水饮料配水的净化：除去水中悬浮物、大分子有机物、细菌、大肠杆菌等有害物质，保留水中矿物质。医药用水的制备：除浊、除菌、除热源体及大分子有机物，达到药典规定的水质标准
各种废水处理及再生回用	电镀废水处理：回收重金属；造纸废水处理：回收磺化要质素；涤纶短纤维油剂废水：回收油剂；乳胶废水：回收乳胶；放射性废水如核电站中含钸的废水：回收放射性元素钸

三、反渗透技术

（一）反渗透分离原理

1. 渗透现象

只能透过溶剂而不能透过溶质的膜称为半透膜。用只能让水分子透过，而不允许溶质透过的半透膜把纯水和咸水分开，则水分子将从纯水一侧通过膜进入咸水一侧，结果使咸水一侧的液面上升，直到某一高度，处于平衡状态，这一现象称为渗透现象。

渗透在自然界是非常常见的一种现象，如把一根黄瓜放入盐水当中浸泡，黄瓜就会因为失水而变小。黄瓜中的水分子进入盐水溶液的过程就是渗透过程。如果用一个只有水分子才能透过的薄膜将一个水池隔断成两部分，在隔膜两边分别注入纯水和盐水并且达到同一高度。过一段时间就可以发现纯水液面会有所降低，而盐水的液面升高了，把水分子透过隔膜往盐水方向迁移的现象叫做渗透现象。也就是说渗透是指稀溶液中的溶剂（水分子）自发地透过半透膜（反渗透膜或纳滤膜）进入浓溶液（浓水）侧的溶剂（水分子）流动现象。

2. 渗透压

当盐水液面达到了一定高度时就会处于平衡点。这时隔膜两端液面差所代表的压力被称为渗透压。

渗透压的大小与盐水的浓度是直接相互关联的。定义为某溶液在自然渗透的过程中，浓溶液侧液面不断升高，稀溶液侧液面相应降低，直到两侧形成的水柱压力抵消了溶剂分子的迁移，溶液两侧的液面不再变化，渗透过程达到平衡点，此时的液柱高差称为该浓溶液的渗透压。

3. 反渗透分离原理

渗透现象是一种自发过程，但要有半透膜才能表现出来。从化学位考虑，纯水的化学位高于咸水中水的化学位，所以水分子向化学位低的一侧渗透。渗透现象是一种质量传递，半透膜两侧水的化学位的大小决定着质量传递的方向。当咸水一侧施加的压力大于该溶液的渗透压，可迫使渗透反向，实现反渗透过程。此时，在高于渗透压的压力作用下，咸水中水的化学位升高并超过纯水的化学位，水分子从咸水一侧反向地透过膜进入纯水一侧，这种渗透过程与正常的自然渗透方向相反，故称为反渗透。

反渗透膜分离技术就是利用反渗透原理进行分离的方法，所谓反渗透过程即加在溶液上的压力超过了渗透压，则使溶液中的溶剂向纯溶剂方向流动。反渗透膜分离技术广泛应用于海水淡化和苦咸水处理等工程中，在解决水源和环境保护方面有广阔的前景。反渗透膜原理如图 2-6 所示。

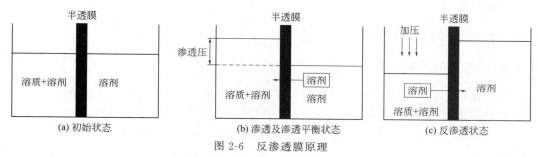

图 2-6　反渗透膜原理

4. 反渗透技术特点

反渗透技术是当今最先进和最节能有效的膜分离技术。其原理是在高于溶液渗透压的作用下，依据其他物质不能透过半透膜而将这些物质和水分离开来。由于反渗透膜的膜孔径非常小（仅为 1nm 左右），因此能够有效地去除水中的溶解盐类、胶体、微生物、有机物等（去除率高达 97%～98%）。此系统具有水质好、耗能低、无污染、工艺简单、操作简便等优点。

反渗透膜分离装置主要技术特点如下。

① 在常温下不发生相变化的条件下，可以将溶质和水进行分离，适用于热敏物质的分离、浓缩。

② 杂质去除范围广，不仅可去除溶解的无机盐类，而且还可以去除各类有机物杂质。

③ 具有较高的脱盐率和水的回收率，可截留粒径几个纳米以上的溶质。

④ 压力为膜分离的推动力，分离装置简单，易操作和维修。

⑤ 需配备高压泵和耐压管路。采用一定的预处理措施及定期清洗，可以延长膜的使用寿命。

（二）反渗透膜及组件

反渗透膜是实现反渗透的核心元件，是一种模拟生物半透膜制成的具有一定特性的人工半透膜。一般用高分子材料制成。如乙酸纤维素膜、芳香族聚酰肼膜、芳香族聚酰胺膜。表面微孔的直径一般在 $0.5\sim10nm$，透过性的大小与膜本身的化学结构有关。有的高分子材料对盐的排斥性好，而水的透过速率并不好。有的高分子材料化学结构具有较多亲水基团，因而水的透过速率相对较快。因此反渗透膜应具有适当的渗透量或脱盐率。

反渗透膜的结构，有非对称膜和均相膜两类。当前使用的膜材料主要为乙酸纤维素和芳香聚酰胺类。其组件有中空纤维式、卷式、板框式和管式。可用于分离、浓缩、纯化等化工单元操作，主要用于纯水制备和水处理行业中。

反渗透膜具有以下特征。

① 在高流速下具有高效脱盐率。

② 具有较高机械强度和使用寿命。

③ 能在较低操作压力下发挥功能。

④ 能耐受化学或生化作用的影响。

⑤ 受 pH 值、温度等因素影响较小。

⑥ 制膜原料来源容易，加工简便，成本低廉。

常用的反渗透装置有板框式、管式、螺旋卷式及中空纤维式等几种类型。

（三）反渗透膜分离过程

1. 反渗透膜的污染与浓差极化

自然界中的水并不是静止不动的，而是不断地发生相态转换以及周而复始的运动，即水的自然循环。同时，人类为满足生活和生产的需求，不断地取用天然水体中的水，产生大量的生活污水和生产废水，排放后重新进入天然水体。自然界中的水中含有各类杂质，按其在水中的存在状态可分为三类，即悬浮物质、溶解物质和胶体物质。天然水源中的杂质种类和数量各不相同，即使同一水源中的水，其杂质成分与含量也随着时间、地点和气候而变化。当用反渗透膜对水和溶质进行分离时，尽管对原水进行了适当的预处理，但水的杂质仍会聚集在膜的表面使膜污染，结果使膜的分离率或透水速度下降，或兼而有之。膜的污染类型通常有：水中难溶盐在膜表面结垢，金属氧化物及胶体、微生物形成污垢。

膜污染是膜使用中必然产生的现象。另外，在膜分离过程中，由于水的不断透过，使膜表面溶质的浓度高于主体溶液中溶质的浓度，这种现象称为膜的浓差极化，界面上比主体溶液高的区域称为浓差极化层。膜的浓差极化在实际的膜分离过程中是不可避免的，也是不容忽视的，由于浓差极化层溶质浓度的增加，溶质会以固体形式析出。

需要指出的是，当使用条件（压力、温度、进水 pH 值、游离氯等）控制不当，可能会导致膜本身性能的恶化，引起膜的损害。

2. 反渗透的工艺操作方式

水经预处理后，经高压泵加压进入膜组件，水分子通过膜渗透到产水管流出，其余进水通过浓水管排出。

在实际生产中，一个系统所需组件数量及其排列方式必须根据进水成分及产水量等参数而做个别的设计，要对膜组件进行组合连接。组件的配置方式有一级和多级（通常为二级）配置。所谓一级是指进料液经一次反渗透膜组件分离。若产品水经过多次膜组件处理，就称为多级。当膜组件的浓水再通过下一膜组件处理，流经几组膜组件，即称为几段。在大多数情况下，为了得到较高的产品质量、较大的产率和回收率，常常设计多级多段的装置。

反渗透膜分离技术处理水的一级一段连续式工艺流程如图2-7所示。

在一级一段分离系统中，水经过高压泵加压进入膜组件，在组件中经膜分离的透过水和浓水连续地流出。这种方式水的回收率不高，为了得到高的回收率，可采用一级多段工艺，如图2-8所示。

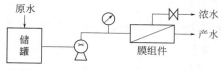

图2-7　一级一段连续式工艺流程图

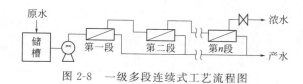

图2-8　一级多段连续式工艺流程图

该系统是把前一段的浓水作为下一段的进水，各段的透过水连续排出，这种方式随着水的回收率增加，进水的溶质浓度逐渐升高，一些难溶盐则会在膜表面沉积出来，从而限制系统回收率的进一步提高。在这种配置方式中，各段的膜组件中水的流速不同，其随着段数的增加而下降，容易使浓差极化加大，可将多个组件并联成段，而且随着段数的增加使组件的个数减少，使其近于锥形排列。这种方式的浓水由于经过多段流动压力损失较大，生产效率下降，为了防止这一点，可增设高压泵来解决。

组件的多级多段可分为连续式和循环式，图2-9为多级多段循环式的工艺流程图。

这种系统是将上一级透过水作为下一级的进水再次进行膜分离，如此延续，将最后一级的透过水引出系统，而浓水由第一级排出，而后面各级浓水从后级向前一级返回，与前一级的进料液混合后，进入膜组件进行分离。这种方式既提高了水的回收率，又提高了透过水的水质。

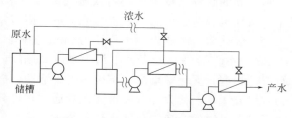

图2-9　多级多段循环式工艺流程图

不同的生产任务对工艺设计的要求各不相同，对体系进行试验，并且逐步放大所设计的工艺系统应根据具体情况而定，采用实际的工艺物料，以考察和完善所制订的工艺设计。

（四）反渗透技术在水处理中的应用

反渗透技术通常用于海水、苦咸水的淡水，水的软化处理，废水处理以及食品、医药工业、化学工业的提纯、浓缩、分离等方面。此外，反渗透技术应用于预除盐处理也取得较好的效果，能够使离子交换树脂的负荷减轻90%以上，树脂的再生剂用量也可减少90%。因此，不仅节约费用，而且还有利于环境保护。反渗透技术还可用于除去水中的微粒、有机物质、胶体物，对减轻离子交换树脂的污染，延长使用寿命都有着良好的作用。

反渗透技术的应用领域及应用情况如表2-4所示。

表2-4　反渗透技术的应用领域及应用情况

应用领域	处理对象	处理目的及实施效果
水处理	海水淡化	海水、苦咸水脱盐制取优质饮用水，除了把水中大部分盐截留在浓水中外，还能使水中致癌、致突变有机物、病毒、细菌均截留，产水水质优于国家饮用水标准
	苦咸水淡化	
	高压锅炉补给水制备 电子工业用超纯水制备 医疗用水制备 制冷机循环水制取	用自来水制取高品质超纯水，有效去除水中溶解性无机物、有机物、细菌、病毒，产水中电导率≤0.2μS/cm，硬度接近0。不但提高产水水质，还能降低生产成本，防止环境污染

应用领域	处理对象	处理目的及实施效果
食品工业	牛奶、果汁、氨基酸、茶饮料等浓缩	代替蒸发浓缩工艺,常温操作,无相变发生,防止物质变性,保住色、香、味,保住有效成分,降低能耗,节约成本
医药工业	抗生素浓缩	
废水处理及资源回收	电镀废水	废水深度处理,使水资源再生利用。回收工业废水中有用物质
	纺织废水	
	焦化废水	
	生活污水	

四、纳滤技术

(一)纳滤分离原理及特点

1. 分离原理

纳滤是介于反渗透和超滤之间的一种新型的膜分离技术,是从反渗透技术中分离出来的一种独立的膜分离技术,是超低压反渗透技术的延续和发展分支,已经广泛应用于海水淡化、超纯水制造、食品工业、环境保护等诸多领域,成为膜分离技术中的一个重要的分支。

一般认为,纳滤膜的膜孔径为 1nm 左右,在原料侧施加一定的压力下,能截留分子量为 200~2000,适宜分离大小约为 1nm 的溶质组分,故称为纳滤。纳滤过程可在常温下进行,无相变,无化学反应,不破坏生物活性,能有效截留二价及高价离子、分子量高于 200 的有机分子,而使大部分一价无机盐通过,可分离同类氨基酸和蛋白质,实现高分子量和低分子量有机物的分离,且成本比传统工艺还要低。纳滤膜的推动力是膜两侧的压力差。

纳滤膜具有特殊孔径范围和制备时的特殊处理(如复合化、荷电化),使其具有较特殊的分离性能。纳滤膜的一个重要特征是膜表面或膜中存在带电基团,因此纳滤分离具有两个特性,即筛分效应和电荷效应。分子量大于膜的截留分子量(MWCO)的物质,将被膜截留,反之则透过,这就是膜的筛分效应(也称为位阻效应)。另外,纳滤膜的分离层一般由聚电解质构成,使膜表面带有一定的电荷,离子与膜所带电荷的静电作用相互作用使纳滤膜产生电荷效应(Donnan 效应)。对不带电荷的不同分子量物质的分离主要是靠筛分效应;而对带有电荷的物质的分离主要靠电荷效应。大多数纳滤膜的表面带有负电荷,它们通过静电相互作用,阻碍多价离子的渗透。

2. 纳滤的特点

纳滤技术作为一种新型的分离技术,具有以下的特点。

(1)具有纳米级孔径　纳滤膜的相对截留分子量介于反渗透膜和超滤膜之间,为 200~2000。

(2)纳滤膜对无机盐有一定的脱除率　大多数纳滤膜是复合膜,其表皮层由聚电解质构成,膜的分离性能与原料液的 pH 值之间有较强的依赖关系;对不同价态离子截留效果不同,对单价离子的截留率低,对二价和多价离子的截留率明显高于单价离子。对阴离子的截留率按下列顺序递增: NO_3^- , Cl^- , OH^- , SO_4^{2-} , CO_3^{2-} ;对阳离子的截留率按下列顺序递增: H^+ , Na^+ , K^+ , Mg^{2+} , Ca^{2+} , Cu^{2+} 。对离子截留受共离子影响,在分离同种离子时,共离子价数相等,共离子半径越小,膜对该离子的截留率越小,共离子价数越大,膜对该离子的截留率越高。

（3）对疏水型胶体、油、蛋白质和其他有机物有较强的抗污染性　相比于 RO，NF 具有操作压力低、水通量大的特点，纳滤膜的操作压力一般低于 1MPa，故有"低压反渗透"之称，操作压力低使得分离过程动力消耗低，对于降低设备的投资费用和运行费用是有利的。相比于 MF，NF 截留分子量界限更低，对许多中等分子量的溶质，如消毒副产物的前驱物、农药等微量有机物、致突变物等杂质能有效去除。

（二）纳滤膜

1. 纳滤膜

允许溶剂分子或某些低分子量溶质或低价离子透过的一种功能性的半透膜称为纳滤膜；在过去的很长一段时间里，纳滤膜被称为超低压反渗透膜（LPRO），或称选择性反渗透膜或松散反渗透膜（LRO）。

2. 纳滤膜组件

纳滤膜组件形式有卷式、中空纤维式、板框式及管式等。卷式、中空纤维式膜组件由于膜的装填密度大、单位体积膜组件处理量大，常常用于脱盐软化处理过程。而对含悬浮物、黏度较高的溶液则主要采用管式及板框式膜组件。工业上应用最多的是卷式膜组件，它占据了大多数陆地水脱盐和超纯水制备市场，此外也采用管式和中空纤维式的纳滤膜组件。有关膜组件的结构已在前面介绍过，在此不再赘述。

（三）纳滤的操作模式

1. 纳滤技术的基本过程

纳滤膜由于通量大、易污染，故在实际应用中必须严格控制膜的通量，通常纳滤过程的三种形式如图 2-10 所示。

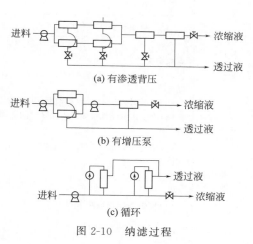

图 2-10　纳滤过程

2. 纳滤技术的主要影响因素

（1）操作压力　操作压力越高，透过膜的水通量越大，但应注意压力升高会导致膜的致密化，从而导致水通量降低。通常纳滤膜操作压力控制有两种操作方法，即恒压操作法和恒流量操作法。前者保持操作压力一定，膜的水通量随着膜面污染而减少，导致实际流通量不断降低；后者为了保持膜的水通量恒定，伴随膜面污染升高，操作压力不断升高，操作压力则可导致膜的致密化，当操作压力超过某一数值时，就需对膜进行清洗。

（2）操作温度　温度对透过膜的水通量影响较大，有关研究表明，温度升高流体黏度降低，据推测每升高 1℃，水通量可增加 2.5%。但是需注意的是温度升高也可能导致膜的致密化加重。

（3）操作流量　卷式膜分离系统需根据膜组件内膜与膜之间的间距，确定适宜的操作流量。例如卷式膜内膜间距为 0.7mm，膜面流速 8～12cm/s。提高膜面流速有利于抑制膜面的浓差极化，但流速提高将会增大膜组件原料的进出口压力差，从而使得膜的有效操作压力降低。

（四）纳滤技术的应用

纳滤技术的应用领域、处理对象、目的及效果如表 2-5 所示。

表 2-5　纳滤技术的应用领域、处理对象、目的及效果

应用领域	处理对象	处理目的及实施效果
各种水处理及水软化	（1）市政饮用水处理	去除水中的小分子有机污染物，生产优质饮用水，水中致突变物质的去除率大于 90%
	（2）水的软化	降低水的硬度，替代传统石灰软化和离子交换工艺
	（3）矿泉水纯化	除去水中有机污染物，保留一价离子有效成分
	（4）直饮水生产	
染料工业	（1）制备高强度活性黑	以 KN-B 为基本原料开发高强度活性黑 KN-G2RC、活性黑 BES 等新品种
	（2）活性染料生产过程中除盐，除副染料，未反应完全的中间体杂质	① 提高活性染料的溶解度，如活性艳蓝 KN-R、KN-3R、P-3R 等品种溶解度提高一倍多 ② 提高染料的纯度，使产品色光稳定
	（3）活性蓝 222 生产中，用纳滤处理替代传统盐析—压滤—打浆工艺	减少用盐量，降低单耗 30% 左右，降低生产成本
	（4）活性黑 KN-B、艳红 KE-7B、蓝 K-GR 等生产中染料液的浓缩	节省喷雾造粒干燥的能量，提高产品收率
制药工业	（1）多肽浓缩，脱盐	提高产品浓度及纯度，节省能源
	（2）氨基酸和多肽的分离	制取氨基酸及多肽产品
	（3）抗生素解析液浓缩、脱盐，如头孢 C、氨基酸苷类、克林霉素等	① 常温操作，解决热敏物质受热分解、失活的问题，提高产品回收率和产品质量
	（4）半合成抗生素 6-APA、7-ACA、7ADCA 等的浓缩提纯	② 节省能耗，包括真空浓缩的加热蒸汽、冰盐水和电能
	（5）结晶母液回收如阿莫西林、头孢拉定等	③ 降低操作费用
	（6）维生素浓缩如维生素 C、维生素 B_2、维生素 B_{12} 等	④ 节省化学添加剂
中药生产	（1）中药注射液、口服液、浸膏等生产中药液提取精制和浓缩	① 去除中药中非药用成分及药用性较差的成分 ② 克服药剂量大、制剂粗糙、质量不稳定的缺点 ③ 解决传统浓缩工艺中能耗高、效率低的问题
	（2）从中药中提取皂苷	① 膜对皂苷的截留率在 99.5% 以上 ② 浓缩倍数高，能耗低，生产周期短 ③ 产品质量稳定
废水处理及资源回收	（1）大豆乳清废水处理（超滤＋纳滤＋反渗透）	废水中低聚糖与水的分离，大豆低聚糖截留率达到 90%，水可回用生产线
	（2）镀铬废水处理，含镍废水处理（微滤＋纳滤）	去除废水中的重金属离子，铬离子截留率 98%，镍的截留率大于 99%，回收金属，水回用生产线
	（3）造纸废水处理及水回用（生化法＋纳滤）	废水经处理后水达到生产回用标准
	（4）印染废水（超滤＋纳滤）	脱除水中盐、色度及有机物（芳烃及杂环化合物），水达到排放标准，浓缩液再回到生产线上使用
	（5）炼油厂综合废水处理（混凝＋气浮＋两级多介质＋两级氧化＋生物活性炭＋纳滤）	废水处理及回用，水回收率为 75%

纳滤是一种新型膜分离技术，该技术可以广泛应用于水的软化和有机污染物的脱除；制药工业中医药中间体浓缩，母液回收，氨基酸和多肽的分离，中药的分离及有效成分的提取、浓缩，可以促进产品质量的提高。

五、滤前预处理设备

（一）石英砂过滤器

石英砂过滤器一般作为反渗透过滤设备，超级过滤设备，纳滤设备，微滤设备等的前期预处理，用于去除水中的悬浮物质及颗粒较大物质，例如对泥沙、胶体、金属离子以及有机物进行截留、吸附，延长后级过滤设备的使用寿命。

石英砂过滤器是利用石英砂作为过滤介质，在一定的压力下，把浊度较高的水通过一定厚度的粒状或非粒状的石英砂过滤，有效的截留除去水中的悬浮物、有机物、胶质颗粒、微生物、氯、臭味及部分重金属离子等，使水澄清的水处理设备。根据不同的产水量，需配备不同目数（不同直径的石英砂颗粒）的石英砂，都是用于水处理除浊，软化水，以及纯水的前级预处理等。石英砂过滤器作为多介质过滤器中的一种过滤方式，常常与活性炭过滤器一起搭配使用，因为石英砂过滤器可以除去水中的悬浮物质、固体颗粒、悬浮固体以及水中不溶解的非胶态的固体物质。而活性炭过滤器则可以除臭、去色、脱氯、去除有机物、重金属、合成洗涤剂、病毒及放射性物质等。属水质深度处理的一种常规设备。

（二）活性炭过滤器

在水质预处理系统中，活性炭过滤器是利用活性炭作为过滤介质，能够吸附前级过滤中无法去除的余氯以防止后级反渗透膜受其氧化降解，同时还吸附从前级泄漏过来的小分子有机物等污染性物质，对水中异味、胶体及色素、重金属离子等有较明显的吸附去除作用，还具有降低化学需氧量的作用。

活性炭是由木材、果壳、无烟煤、泥炭等多种来自植物的碳前驱体原材料在高温下炭化后再经活化后制成，即木材、煤、树脂、沥青等经过热分解，氢、氧大部分呈气体脱离，碳以石墨微晶形态残存并在温度升高后相互结合，变成结晶状形态。最后经过活化而打通非晶质碳堵塞的通道，使孔隙结构发达，制成具有很大比表面积、孔隙结构均匀的活性炭。

活性炭过滤器主要利用含碳量高、分子量大、比表面积大的活性炭有机絮凝体对水中杂质进行物理吸附，达到水质要求，当水流通过活性炭的孔隙时，各种悬浮颗粒、有机物等在范德华力的作用下被吸附在活性炭孔隙中；同时，吸附于活性炭表面的氯（次氯酸）在炭表面发生化学反应，被还原成氯离子，从而有效地去除了氯，确保出水余氯量小于 0.1×10^{-6}，满足反渗透膜的运行条件。随时间推移活性炭的孔隙内和颗粒之间的截留物逐渐增加，使滤器的前后压差随之升高，直至失效。在通常情况下，根据过滤器的前后压差，利用逆向水流反洗滤料，使大部分吸附于活性炭孔隙中的截留物剥离并被水流带走，恢复吸附功能；当活性炭达到饱和吸附容量彻底失效时，应对活性炭再生或更换活性炭，以满足工程要求。

饮料行业选用净水炭，可改善产品口感。活性炭过滤器主要用于矿泉水、各种纯水工艺、游泳池和其他工艺中水质净化作用。具有除臭、除异味、去除水中氯离子等有机物功能。外壳采用不锈钢或碳钢制，填料采用净水活性炭。

（三）精密过滤器

精密过滤器又称保安过滤器。壳体采用优质不锈钢制作而成，滤芯采用成型的滤材（聚丙烯纤维熔喷或线绕蜂房），在压力的作用下，使原液通过滤材，滤渣留在滤材上，滤液透过滤材流出，能有效去除水中杂质、沉淀物和悬浮物、细菌，从而达到过滤的目的。

精密过滤是采用成型的滤材，在压力的作用下，使原液通过滤材，滤渣留在滤材壁上，滤液透过滤材流出，从而达到过滤目的。成型的滤材有：滤布、滤网、滤片、烧结滤管、线绕滤芯、熔喷滤芯、微孔滤芯及多功能滤芯。

因滤材的不同，过滤孔径也不相同。精密过滤是介于砂滤（粗滤）与超滤之间的一种过滤，过滤孔径一般在 $0.01\sim120\mu m$ 范围。同种形式的滤材，按外形尺寸又分为不同的规格。

精密过滤可去除水中的悬浮物、某些胶体物质和细小颗粒物等。精密过滤器有以下性能特点。

① 过滤精度高，滤芯孔径均匀。
② 过滤阻力小，通量大、截污能力强，使用寿命长。
③ 滤芯材料洁净度高，对过滤介质无污染。
④ 耐酸、碱等化学溶剂。
⑤ 强度大，耐高温，滤芯不易变形。
⑥ 价格低廉，运行费用低，易于清洗，滤芯可更换。

六、多功能膜分离装置实训

本装置由中空纤维膜、反渗透膜（RO 膜）组件、纳滤膜（NF 膜）组件、增压泵、高压泵、低压保护开关等组成，可用于脱除水中杂质而将水提纯，用于脱除水中无机盐效果最为突出。本装置分别将两支反渗透膜组件、两支纳滤膜组件串联操作，提高了水的回收率。反渗透系统、纳滤系统两者可单独操作。

（一）实训目的

通过本装置的实训使学生能够掌握多功能膜分离装置制脱盐水的基本原理、认识工艺流程图，相关设备的结构、工作过程，设备的开车、停车及事故处理的方法。为学生以后进入工厂打下坚实的操作基础。

（二）主要设备介绍

（1）多介质过滤器　过滤介质为不同粒度的石英砂，1 个；规格 $\phi250mm\times1400mm$，玻璃钢材质，带全自动控制阀。

（2）活性炭过滤器　过滤介质为活性炭，1 个；规格 $\phi250mm\times1400mm$，玻璃钢材质，带全自动控制阀。

（3）精密过滤器　滤芯为聚砜，过滤精度为 $5\sim10\mu m$；规格 $\phi195mm\times500mm$。

（4）中空纤维超滤膜　膜组件为内压式，规格 $\phi90mm\times1000mm$，膜材料为聚丙烯腈，截留分子量 $6000\sim100000$，3 个。

（5）美国海德能公司进口 RO 膜型号 4040　RO 膜脱盐率≥99％，不锈钢膜壳，最高使用压力≥1.0MPa。

（6）美国海德能公司进口 NF 膜型号 4040　NF 膜脱盐率≥70％，不锈钢膜壳，最高使用压力≥1.0MPa。

（7）增压泵　SZ037 射流式自吸离心泵，最大流量 3m³/h，最大扬程 35m。

（8）高压泵　格兰富立式多级离心泵，型号：CR1。

（三）面板布置图

面板布置如图 2-11 所示。

（四）工艺流程示意图

工艺流程如图 2-12 所示。

（五）操作规程

1. 开车操作规程

① 将自来水进水管接入设备进口转子流量计，打开自来水开关和设备总电源；

② 打开活性炭滤罐与增压泵连接的阀门和中空纤维超滤膜进出口阀门，并将增压泵回流阀和中空纤维超滤膜浓水出口阀完全打开；

③ 开启增压泵电源，等中空纤维超滤膜出口有水流出时，缓慢调节增压泵回流调节阀及超滤膜浓水出口调节阀，达到所需流量即可；

④ 待中间水箱水量达到要求后，可开启高压泵；

⑤ 开启高压泵之前要选择本次实验所需用的膜；

⑥ 完全打开与膜相对应的进出口阀门及高压泵回流调节阀；

⑦ 开启增压泵后，缓慢调节膜浓水出口调节阀和高压泵回流调节阀，达到实验所需要的压力即可（调节阀一定要缓慢关闭）。

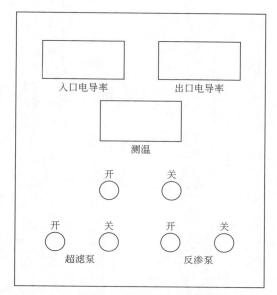

图 2-11　多功能膜分离实训装置面板布置图

2. 停车操作规程

① 一个实验结束时，缓慢调节浓水出口调节阀及高压泵的回流调节阀全开。

② 然后关闭高压泵。

③ 最后关闭增压泵。

④ 实验全部结束时，切断电源。

（六）滤膜清洗步骤

① 在正常运行一段时间后，中空纤维超滤膜会受到在给水中可能存在的悬浮物质或难溶物质的污染，应定期进行清洗。

清洗时，在原水箱中加入清洗液，将高压泵的回流调节阀全开，浓水调节阀全开，让清洗液在系统中循环（不开高压泵），然后浸泡一段时间，再循环。最后，将清洗液排放，原水箱中加入自来水，继续进行循环清洗，直至中性为止。

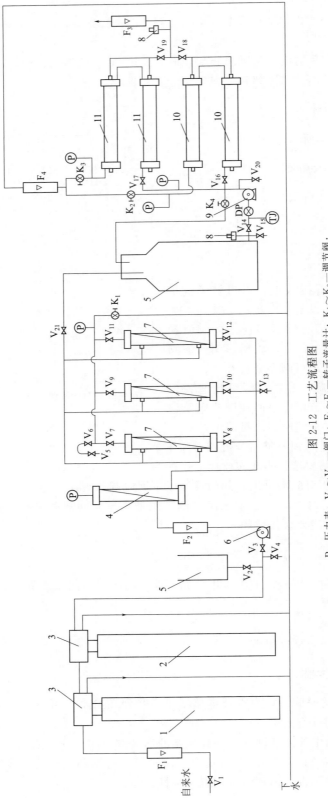

图 2-12 工艺流程图

P—压力表; V₁~V₂₁—阀门; F₁~F₄—转子流量计; K₁~K₃—调节阀;
1—石英砂过滤器; 2—活性炭过滤器; 3—自动控制阀; 4—精密过滤器; 5—贮罐; 6—泵;
7—超滤膜; 8—进水产水电导率仪; 9—高压泵; 10—纳滤膜 (NF); 11—反渗透膜 (RO)

② 中空纤维超滤膜长期停用时，应用保护液进行保护。本系统可选用浓度为 $0.1\% \sim 1.0\%$ 的甲醛溶液或 1% 的亚硫酸氢钠作为其保护液。将保护液加入原水箱中，用增压泵将保护液加入整个系统中，然后关闭所有的进出水阀门。

（七）活性炭、石英砂过滤器更换滤料步骤

（1）更换石英砂、活性炭之前先要对设备进行全面的检查　看设备是否有已坏的零件没有发现的，如有应记录各运行参数，特别是石英砂、活性炭的进水压力。

（2）停运设备　首先停掉反渗透的主机泵，再停掉原水泵，然后关闭原水泵的进水。

（3）换活性炭　一般是先换活性炭再换石英砂，因为刚装入的活性炭，先要用水浸泡，使其充分润湿，排除活性炭粒间及内部空隙的空气，使活性炭粒不浮于水上，也是为了节约时间。

首先在活性炭滤罐底部放少量的水，然后把活性炭装入。活性炭的装填体积是活性炭滤罐总体积的 6% 左右。以便留下足够的反洗空间。装完活性炭后往活性炭罐进水，使水完全能浸泡住活性炭。

（4）换石英砂　首先也应在石英砂罐里注入少量的水，按大石英砂在下面，小石英砂在上面的顺序装填石英砂，石英砂的装填体积是石英砂罐的 80% 左右。

（5）洗石英砂　砂炭装填完毕后，重新装好设备。先洗石英砂，在洗之前要确认阀门是否开启正确即进水阀和上排阀，关闭活性炭的进水阀。然后开原水泵，先正洗，再反洗。然后正反洗交替进行。直到废水阀出来的水澄清为止。

（6）洗活性炭　确认石英砂已洗干净，开原水泵清洗活性炭，先正洗再反洗，洗至出水透明无色，无微细颗粒后即可投入使用。清洗活性炭时要关闭软化器的进水。

（八）事故处理及注意事项

① 设备通电之前，必须要仔细检查电源线是否可靠接地，可靠接地后方可通电使用。

② 系统压力不足，原因是系统漏或气体无排净，仔细查找漏点并解决或继续排气，直至符合要求为止。

③ 若脱盐率低可能是膜元件性能低下或老化，需更换新的膜元件。

④ 如果系统阻力大或流量偏小，需检查系统阀门、变频器状态、高压泵旁路系统阀门。

⑤ 当系统处理不同的料液时，需先将系统清洗干净。

⑥ 注意：任何情况下，膜元件均不允许出现反压，即透过水的压力大于给水/浓水侧的压力。

（九）实验数据处理

1. 水中总含盐量与电导率和水温之间关系的经验公式

据大量实测数据经统计分析整理得出不同水型总含盐量（C）（mg/L）与电导率（σ）（μS/cm）和水温（t）（℃）之间存在下列关系式：

Ⅰ-Ⅰ价型水：$C = 0.5736 e^{(0.0002281 t^2 - 0.03322 t)} \sigma^{1.0713}$

Ⅱ-Ⅱ价型水：$C = 0.5140 e^{(0.0002071 t^2 - 0.03385 t)} \sigma^{1.1342}$

重碳酸盐型水：$C = 0.8382 e^{(0.0001828 t^2 - 0.03200 t)} \sigma^{1.0809}$

不均齐价型天然水：$C = 0.4381 e^{(0.0001800 t^2 - 0.03206 t)} \sigma^{1.1351}$

对于不清楚水的离子组成，暂不能确定其水型时，可做如下考虑。

① 当常温下电导率小于 $1200\mu S/cm$ 时，可按重碳酸盐型水处理。

② 电导率小于 $1500\mu S/cm$ 时，可按 I-I 价型水处理。

③ 其余则按不均齐价型水处理。

2. 实验举例

（1）RO 系统操作压力为 0.8MPa 时，产水流量 4.8L/min，排水 18L/min，水温 20℃。

① 原水电导率 $293\mu S/cm$。

② 纯水电导率 $1.37\mu S/cm$。

（2）NF 系统操作压力为 0.8MPa 时，产水流量 9.5L/min，排水 15L/min，水温 20℃。

① 原水电导率 $237\mu S/cm$。

② 纯水电导率 $23.9\mu S/cm$。

（十）多功能膜分离实训装置电路原理图

多功能膜分离实训装置电路原理图如图 2-13 所示。

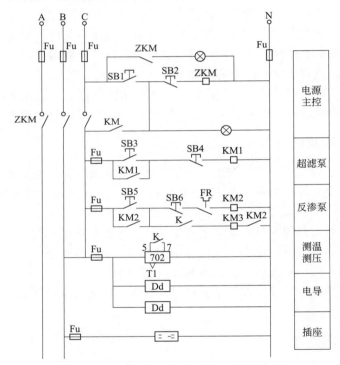

图 2-13　多功能膜分离实训装置电路原理图

思考题

1. 什么是膜分离，常用的膜分离过程有哪几种？

2. 膜分离有哪些特点？分离过程对膜有哪些要求？

3. 常用的膜分离器有哪些类型？

4. 简述膜分离的原理。

5. 什么是膜的浓差极化？预防浓差极化的措施有哪些？

6. 什么是超滤膜污染？如何减轻膜的污染？

7. 反渗透的基本原理是什么？

8. 超滤的分离机理是什么？

9. 简述纳滤分离的原理。

项目三 离子交换制纯碱实训

一、概述

离子交换是应用离子交换剂进行混合物分离和其他过程的技术。

早在 19 世纪中叶人们就认识到离子交换现象，20 世纪初人们开始用天然和合成沸石软化水，30 年代发明磺化煤用于水的软化。1935 年英国人 Adams 和 Holmas 首先合成以酚醛树脂为骨架的离子交换树脂，40 年代研制出交联苯乙烯型离子交换树脂。由于离子交换树脂的高交换容量与良好稳定性，引起人们的普遍重视，使离子交换技术得到很快发展。60 年代出现大孔结构的离子交换树脂，它既有离子交换性能又有吸附功能，为离子交换树脂的应用开辟了新的前景，进一步促进了离子交换技术的发展。今天离子交换技术已成为在水溶液中分离金属与非金属离子的重要方法，广泛用于水的纯化和生产科研的各个领域。

离子交换剂是一种带有可交换离子的不溶性固体，带有可交换的阳离子的交换剂称为阳离子交换剂，带有可交换的阴离子的交换剂称为阴离子交换剂。在水溶液中，离子交换剂中可交换的离子与水溶液中的离子发生离子交换反应。

典型的阳离子交换反应是：

$$Ca^{2+}（水溶液）+2NaRc（固相）\longrightarrow CaRc_2（固相）+2Na^+（水溶液）$$

典型的阴离子交换反应是：

$$SO_4^{2-}（水溶液）+2RaCl（固相）\longrightarrow Ra_2SO_4（固相）+2Cl^-（水溶液）$$

式中，Rc 与 Ra 分别代表阳离子交换剂与阴离子交换剂中不溶的骨架和固定基团。

利用离子交换剂与不同离子结合力的强弱，可以将某些离子从水溶液中分离出来，或者使不同的离子进行分离。

可用作离子交换剂的物质有离子交换树脂、无机离子交换剂（如天然与合成沸石）和某些天然有机物质经化学加工而得的交换剂（如磺化煤等），其中应用最广的是离子交换树脂，在此将围绕它进行讨论。除了上述固体离子交换剂外，还有液体离子交换剂，它们不溶于水，其操作过程与液液萃取类似。

离子交换过程是液固两相间的传质与化学反应过程，通常在离子交换剂表面进行的离子交换反应很快，过程速率主要由离子在液固两相间的传质过程决定。作为液固相间的传质过程，离子交换与液固相间的吸附过程相似。例如过程均包括物质从液相主体到固体外表面的外扩散和由固体外表面到内表面的内扩散，与吸附剂一样，离子交换剂使用一定时间而达到接近饱和时也需要再生，再生后再重新投入使用。

二、离子交换树脂及离子交换的基本原理

离子交换法是液相中的离子和固相中的离子间所进行的一种可逆性化学反应,当液相中的某些离子较为离子交换固体所喜好时,会被离子交换固体吸附,为维持水溶液的电中性,所以离子交换固体必须释放出等价离子回溶液中。

(一)离子交换树脂及其性能

1. 离子交换树脂

(1)离子交换树脂的组成　离子交换树脂主要由以下三个部分组成。

① 单体　它是能聚合成高分子化合物的低分子有机物,是离子交换树脂的主要成分,所以也称为母体。例如

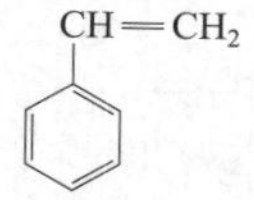

苯乙烯 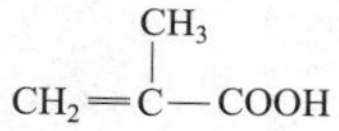　　　　　甲基丙烯酸

② 交联剂　它是能在线性结构分子缩聚时起架桥作用,而使其分子中的基团相互键合成不溶的网状体结构的物质。常用离子交换树脂的交联剂是二乙烯苯,其结构式为:

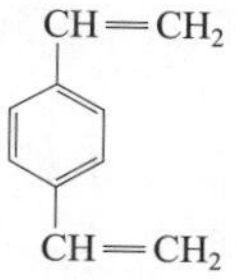

二乙烯苯

交联剂在离子交换树脂内的质量分数,称为交联度。即

$$交联度 = \frac{树脂内交联剂含量(g)}{树脂的量(g)} \times 100\% \tag{3-1}$$

锅炉水处理中应用的离子交换树脂的交联度,一般在 $7\% \sim 12\%$ 范围内。

③ 交换基团　它是连接在单体上的具有活性离子(可交换离子)的基团。它可以由有离解能力的低分子,如硫酸 H_2SO_4、有机胺 $N(CH_3)_3$ 等,通过化学反应引接到树脂内;也可由带有离解基团的单体(如甲基丙烯酸)直接聚合。

(2)离子交换树脂的合成　以苯乙烯系磺酸型阳离子交换树脂的合成为例进行介绍。苯乙烯系磺酸型阳离子交换树脂的合成,通常分为以下两步进行。

① 高分子骨架的合成　用苯乙烯为单体,二乙烯苯为交联剂,合成聚苯乙烯树脂,作为苯乙烯系离子交换树脂的骨架。其反应为:

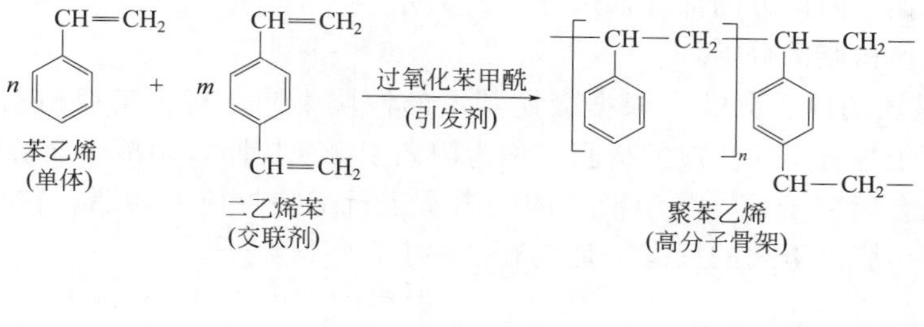

苯乙烯　　　　二乙烯苯　　　　　　　聚苯乙烯
(单体)　　　　(交联剂)　　　　　　　(高分子骨架)

② 交换基团的引入　由苯乙烯和二乙烯苯制得的聚苯乙烯，还没有可供进行离子交换的基团。因此，需要将聚苯乙烯用浓硫酸处理而引入活性基团磺酸基（—SO₃H），其磺化反应为：

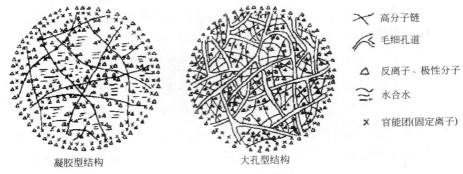

聚苯乙烯　　　　　　　　　　　　　　　聚苯乙烯磺酸型阳树脂

如果磺化程度足够，则每个苯乙烯的苯环上均有一个磺酸基团。

（3）离子交换树脂的结构　离子交换树脂的内部结构如图 3-1 所示，可分为三个部分。

凝胶型结构　　　　　　　　大孔型结构

✕ 高分子链

⌒ 毛细孔道

△ 反离子、极性分子

〰 水合水

✕ 官能团(固定离子)

图 3-1　离子交换树脂的内部结构

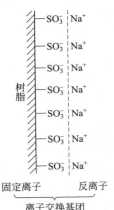

图 3-2　离子交换
基团结构

① 高分子骨架　高分子骨架由交联的高分子聚合物组成，如交联的聚苯乙烯、聚丙烯酸等。

② 离子交换基团　离子交换基团连在高分子骨架上，带有可交换的离子（称为反离子）的离子型官能团，—SO₃Na、—COOH、—N(CH₃)₃Cl 等，或带有极性的非离子型官能团，如—N(CH₃)₂、—N(CH₃) H 等，如图 3-2 所示。

③ 孔　它是在干态和湿态的离子交换树脂中都存在的高分子结构中的孔（凝胶孔）和高分子结构之间的孔（毛细孔）。由图 3-2 可以看出，在交联结构的高分子基体（骨架）上，以化学键结合着许多交换基团，这些交换基团也是由两部分组成，即固定部分和活动部分。交换基团中的固定部分被束缚在高分子的基体上，不能自由移动，所以称为固定离子；交换基团的活动部分则是与固定离子以离子键结合的符号相反的离子，称为反离子或可交换离子。反离子在溶液中可以离解成自由移动的离子，在一定条件下，它能与符号相同的其他反离子发生交换反应。为了书写方便，除了离子交换树脂中交换基团以外的部分都用符号 R 表示。

（4）离子交换树脂的分类

① 按交换基团的性质分类　根据交换基团的性质不同，离子交换树脂可分为两大类：凡与溶液中阳离子进行交换反应的树脂，称为阳离子交换树脂，阳离子交换树脂可电离的反离子是氢离子及金属离子；凡与溶液中的阴离子进行交换反应的树脂，称为阴离子交换树脂，阴离子交换树脂可电离的反离子是氢氧根离子和酸根离子。

离子交换树脂同低分子酸碱一样，根据它们的电离度不同又可将阳离子交换树脂分为强酸性树脂和弱酸性树脂；可将阴离子交换树脂分为强碱性树脂和弱碱性树脂。表 3-1 中归纳了离子交换树脂的类别。

表 3-1　离子交换树脂的类别

树脂名称	交换基团		酸碱性
	化学式	名称	
阳离子交换树脂	$-SO_3^- H^+$	磺酸基	强酸性
	$-COO^- H^+$	羧酸基	弱酸性
阴离子交换树脂	$\equiv N^+ OH^-$	季铵基	强碱性
	$\equiv NH^+ OH^-$	叔氨基	弱碱性
	$=NH_2^+ OH^-$	仲氨基	
	$-NH_3^+ OH^-$	伯氨基	

此外，还可以根据交换基团中反离子的不同，将离子交换树脂冠以相应的名称。例如，氢型树脂—SO_3H、钠型树脂—SO_3Na，钙型树脂—$(SO_3)_2Ca$，氢氧型树脂$\equiv NOH$、氯型树脂$\equiv NCl$。离子交换树脂由钠型变成氢型或者由氯型变成氢氧型称为树脂转型。

② 按离子交换树脂的孔型分类　由于制造工艺的不同，离子交换树脂内部形成不同的孔型结构。常见的产品有凝胶型树脂和大孔型树脂两种。

a. 凝胶型树脂　这种树脂是均相高分子凝胶结构，所以统称凝胶型离子交换树脂。在它所形成的球体内部，由单体聚合成的链状大分子在交联剂的连接下，组成了空间结构。这种结构像排布错乱的蜂巢，存在着纵横交错的"巷道"，离子交换基团分布在巷道的各个部位，由巷道所构成的空隙，称为化学孔或凝胶孔。其孔径的大小与树脂的交联度和膨胀程度有关。交联度越大，孔径就越小。当树脂处于水合状态时，大分子链舒伸，链间距离增大，凝胶孔就扩大；树脂干燥失水时，凝胶孔就缩小。反离子的性质、溶液的浓度及 pH 值的变化都会引起凝胶孔径的改变。

凝胶孔的特点是孔径极小，一般在 3nm 以下。当直径较大的分子通过时，容易堵塞孔道而影响树脂的交换能力，因此，它只能通过直径很小的离子。

b. 大孔型树脂　这种树脂在制造过程中，由于加入了致孔剂，因而形成大量的毛细孔道，所以称为大孔树脂。在大孔树脂的球体中，高分子的凝胶骨架被毛细孔道分割成非均相凝胶结构，同时存在着凝胶孔和毛细孔。其中毛细孔的体积一般为 0.5mL/g（孔/树脂）左右，孔径从几纳米到上千纳米，比表面积从几到几百平方米每克。由于这样的结构，大孔型树脂可以使直径较大的分子通行无阻，所以用它去除水中高分子有机物具有良好的效果。

大孔型树脂由于孔隙占据一定的空间，骨架的实体部分就相对减少，离子交换基团含量也相应减少，所以交换能力比凝胶型树脂低。大孔型树脂的吸附能力强，与交换的离子结合较牢固，不容易充分恢复其交换能力。

（5）离子交换树脂产品的型号　离子交换树脂产品的型号是根据《离子交换树脂命名系统和基本规范》（GB/T 1631—2008）而制定的。离子交换树脂的命名和规格按照下列标准模式，如表 3-2 所示。

表 3-2　离子交换树脂的命名和规格标准模式

		命名					
		标识字组					
国家标准号	基本名称	单项组					
		字符组 1	字符组 2	字符组 3	字符组 4	字符组 5	字符组 6

本命名由国家标准号、基本名称和单项组组成。基本名称：离子交换树脂，凡分类属酸性的，应在基本名称前面加"阳"字；分类属碱性的，在基本名称前加"阴"字，为了命名明确，单项组又分为包含下列信息的 6 个字符组。

字符组 1：离子交换树脂的型态分凝胶型和大孔型两种。凡具有物理孔结构的称为大孔型树脂，在全名称前加"D"以示区别。

字符组 2：以数字代表产品的官能团分类，官能团的分类代号如表 3-3 所示。

表 3-3　字符组 2 中产品的官能团的分类及所用的代号

数字代号	分类名称	
	名称	官能团
0	强酸	磺酸基
1	弱酸	羧酸基、磷酸基等
2	强碱	季铵基等
3	弱碱	伯、仲、叔氨基等
4	螯合	胺酸基等
5	两性	强酸-弱酸；弱碱-弱酸
6	氧化还原	硫醇基；对苯二酚基等

字符组 3：以数字代表的骨架的分类和代号，如表 3-4 所示。

表 3-4　字符组 3 代表产品的骨架分类所用的代号

代号	骨架名称	代号	骨架名称
0	苯乙烯系	4	乙烯吡啶系
1	丙烯酸系	5	脲醛系
2	酚醛系	6	氯乙烯系
3	环氧系		

字符组 4：顺序号，用以区别基团、交联剂等的差异。交联度用"×"号连接阿拉伯数字表示。如遇到二次聚合或交联度不清楚时，可采用近似值表示或不予表示。

字符组 5：不同床型应用的树脂代号如表 3-5 所示。

表 3-5　不同用途的树脂代号

用途	牌号	用途	牌号
软化床	R	凝结水混床	MBP
双层床	SC	凝结水单床	P
浮动床	FC	三层床混床	TR
混合床	MB		

字符组 6：特殊用途树脂代号如表 3-6 所示。

表 3-6　特殊用途树脂牌号

特殊用途树脂	代码
核级树脂	NR
电子级树脂	ER
食品级树脂	FR

命名示例：如大孔型苯乙烯系强酸性阳离子混床用核级离子交换树脂表示如表 3-7 所示。

表 3-7　大孔型苯乙烯系强酸性阳离子混床用核级离子交换树脂表示

国家标准号	基本名称	单项组					
		字符组 1	字符组 2	字符组 3	字符组 4	字符组 5	字符组 6
	离子交换树脂	大孔	强酸	苯乙烯系	顺序号	不同床型树脂代号	特殊用途树脂代号
GB 1631	阳离子交换树脂	D	0	0	1×7	MB	NR

命名：D001×7MB-NR

目前，应用于工业锅炉水处理的离子交换树脂，绝大多数是苯乙烯与二乙烯苯的共聚体，或丙烯酸与二乙烯苯的共聚体。

一些离子交换树脂的孔型、分类、全名称、结构式和型号如表 3-8 所示。

表 3-8　离子交换树脂的孔型、分类、全名称、结构式与型号

孔型	分类	全名称	结构式	型号
凝胶型	强酸性	强酸性苯乙烯系阳离子交换树脂	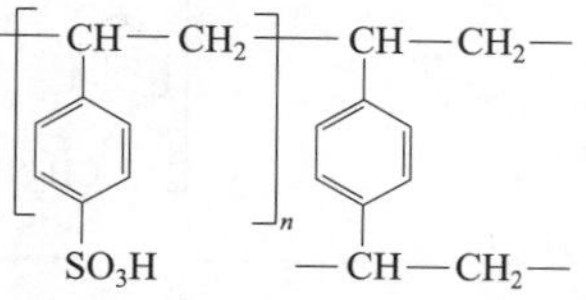	001
	弱酸性	弱酸性丙烯酸系阳离子交换树脂	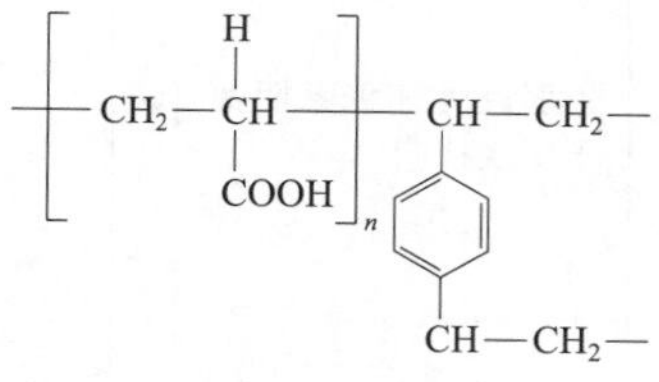	111
			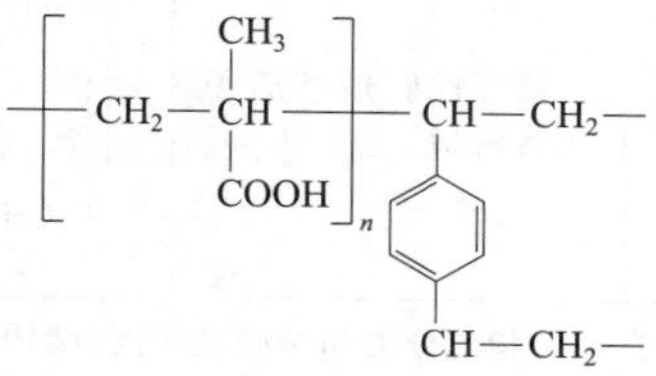	112

孔型	分类	全名称	结构式	型号
凝胶型	弱酸性	弱酸性酚醛系阳离子交换树脂	$\left[-CH_2-\overset{OH}{\underset{\underset{COOH}{\overset{\mid}{\diagup}}}{\diagdown}}-CH_2-\overset{OH}{\underset{\underset{CH_2}{\mid}}{\diagdown}}-CH_2-\right]_n$	122
	强碱性	强碱性季铵Ⅰ型阴离子交换树脂	$\left[-CH-CH_2-\ \ -CH_2-N^+(CH_3)_3\atop Cl^-\right]_n\ \ -CH-CH_2-\ \ -CH-CH_2-$	201
		强碱性季铵Ⅱ型阴离子交换树脂	$\left[-CH-CH_2-\ \ -CH_2-N^+\overset{C_2H_4OH}{\underset{(CH_3)_2}{\diagup}}\ Cl^-\right]_n\ \ -CH-CH_2-\ \ -CH-CH_2-$	202
	弱碱性	弱碱性苯乙烯系阴离子交换树脂	$\left[-CH-CH_2-\ \ -CH_2-N(CH_3)_2\right]_n\ \ -CH-CH_2-\ \ -CH-CH_2-$	301
			$\left[-CH-CH_2-\ \ -CH_2NHCH_2CH_2NH_2\right]_n\ \ -CH-CH_2-\ \ -CH-CH_2-$	303
		弱碱性环氧系阴离子交换树脂	$\left[-NH-C_2H_4-N-C_2H_4-NH-C_2H_4-\atop \underset{CH_2}{\overset{\mid}{CH_2}}-C-HOH\ -C_2H_4-N^+-C_2H_4-\ \underset{CH_2}{\mid}\ Cl^-\right]_n$	331
	螯合性	螯合性胺羧基离子交换树脂	$\left[-CH-CH_2-\ \ -CH_2-N(CH_2COOH)_2\right]_n\ \ -CH-CH_2-\ \ -CH-CH_2-$	401
大孔型			大孔离子交换树脂的分类和凝胶型相同,结构相同时,在全名称前冠以"大孔"二字,型号前冠以"D"字	

2. 离子交换树脂的性能

(1) 离子交换树脂的物理性能

① 外观

(a) 形状　离子交换树脂均制成球形，且要求树脂的圆球率（球状颗粒数占总颗粒数的百分率）应达到 90％以上。对离子交换水处理而言，树脂的圆球率越高越好，这样的树脂通水性好，即水流阻力小，且球形树脂在一定容积内装载量最大。

(b) 颜色　离子交换树脂按其组成不同，呈现的颜色也各不相同。苯乙烯系均呈黄色，其他有赤褐色、黑色等。一般交联剂多的，原料中杂质多的，制出的树脂颜色就深些。凝胶型树脂呈透明或半透明状态；大孔型树脂由于毛细孔道对光的折射，则呈不透明状态。

② 粒度　离子交换树脂通常为粒状，粒径一般为 $0.3\sim1.2mm$。特殊用途的树脂粒径可小到 $0.04mm$。

③ 密度　单位体积树脂的质量称为离子交换树脂的密度。对于树脂密度，必须区分干、湿树脂真密度与湿树脂表观密度的差异，这种差异与测定方法及所取基准有关。现取离子交换设备（或树脂容器）一部分进行讨论，如图 3-3 所示。

根据上述规定，显然

$$V_S = V_R + V_P$$
$$V_B = V_S + V_F$$

(a) 干树脂的真密度

$$\rho_R = \frac{W_R}{V_R} \qquad (3-2)$$

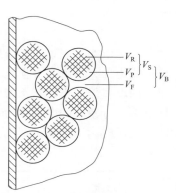

图 3-3　树脂床中的各种体积
V_R—树脂本身的体积；
V_P—树脂颗粒中的孔隙体积；
V_S—溶胀湿树脂颗粒体积；
V_F—树脂颗粒之间的体积，
即床层空隙体积；V_B—床层体积

式中　W_R——干燥恒重后的树脂质量，g。

实际干树脂颗粒中含有一定的微孔，这种微孔体积可用压汞法测出。通常，ρ_R 的数值为 $1.2\sim1.4g/mL$。

湿溶胀树脂真密度

$$\rho_S = \frac{W_S}{V_R} \qquad (3-3)$$

式中　W_S——湿树脂的量，g。

其中除树脂本身的量外，还包括树脂孔隙中水的量。ρ_S 的数值影响到操作中树脂床的流化行为，即床层的膨胀、混合与分离。

(b) 湿树脂的表观密度　树脂的表观密度也称视密度、堆积密度或松装密度，以 ρ_a 来表示。

$$\rho_a = \frac{W_S}{V_B} \qquad (3-4)$$

式中　V_B——湿树脂体积 V_S 与床层空隙体积 V_F 之和，mL。

ρ_a 的数值反映了树脂床的堆积状况，也就决定了树脂床的流体力学行为。通常树脂的 ρ_a 为 $0.6\sim0.8g/mL$。

④ 含水率　树脂的含水率是指在水中充分膨胀的湿树脂中所含水分的质量分数。

$$含水率 = \frac{湿树脂质量(W_S) - 干树脂质量(W_R)}{湿树脂质量(W_S)} \times 100\% \qquad (3-5)$$

含水率和树脂的类别、结构、酸碱性、交联度、交换容量及离子型态等有关，它可以反映离子交换树脂的交联度和网眼中的孔隙率。树脂含水率越大，表示树脂的孔隙率越大，其交联度越小，因此，在树脂的使用过程中，可通过含水率变化了解树脂性能的变化。一般树脂的含水率为$40\%\sim60\%$。所以，在贮存树脂时，冬季应注意防冻。

⑤ 转型膨胀率　转型膨胀率指离子交换树脂从一种单一离子型转为另一种单一离子型时体积变化的百分数。例如，树脂在交换和再生时，体积都会发生变化，经长时间不断的胀缩，树脂会发生老化现象，从而影响树脂的使用寿命。

⑥ 耐磨性　树脂颗粒在使用中，由于相互摩擦和胀缩作用，会产生破裂现象，所以耐磨性是影响其实用性能的指标之一。一般树脂应能保证每年的耗损不超过$3\%\sim7\%$。

（2）离子交换树脂的化学性能

① 酸碱性　离子交换树脂是一种不溶性的高分子电解质，在水溶液中能发生电离。例如，各种离子交换树脂在水溶液中电离时发生的反应如下。

$$RSO_3H \longrightarrow RSO_3^- + H^+$$
$$RCOOH \longrightarrow RCOO^- + H^+$$
$$RNOH \longrightarrow RN^+ + OH^-$$
$$RNHOH \longrightarrow RNH^+ + OH^-$$

上述电离过程，使水溶液呈酸性或碱性。其中强型（强酸性或强碱性）离子交换树脂的电离能力大，其离子交换能力不受溶液 pH 值的影响；而弱型（弱酸性或弱碱性）离子交换树脂的电离能力小，在水溶液 pH 值低时，弱酸性树脂不仅能电离或部分电离，该树脂在碱性溶液中有较高的电离能力；相反，弱碱性树脂在酸性溶液中有较高的电离能力。不同类型离子交换树脂能有效进行电离交换反应的 pH 值范围如表 3-9 所示。

表 3-9　各类树脂有效 pH 值范围

树脂类型	强酸性阳离子交换树脂	弱酸性阳离子交换树脂	强碱性阴离子交换树脂	弱碱性阴离子交换树脂
有效 pH 值范围	$0\sim14$	$4\sim14$	$0\sim14$	$0\sim7$

离子交换树脂也能进行水解反应，若其水解后树脂的交换基团为弱酸或弱碱时，则该树脂的水解度就较大。例如：

$$RCOONa + H_2O \longrightarrow RCOOH + NaOH$$
$$RNH_2Cl + H_2O \longrightarrow RNH_2OH + HCl$$

所以，具有弱酸性基团和弱碱性基团的离子交换树脂的类型，容易水解。

② 选择性　离子交换树脂对水中各种离子的交换能力是不相同的，即有些离子易被离子交换树脂吸着，但吸着后要把它解吸下来就比较困难；反之，有些离子则难被离子交换树脂吸着，但易被解吸，这种性能称为离子交换的选择性。一般情况下，离子交换树脂优先交换那些化合价高的离子，即化合价越大的离子被交换（吸附）的能力越强；在同价离子中则优先交换原子序数大的离子，即通常在碱金属及碱土金属的离子中，其原子序数越大，则被交换（吸附）的能力越强。

在常温、低浓度水溶液中，各种离子交换树脂对一些常见离子的选择性顺序如下。

强酸性阳离子交换树脂 $Fe^{3+} > Al^{3+} > Ca^{2+} > Mg^{2+} > K^+ > Na^+ > H^+$

弱酸性阳离子交换树脂 $H^+ > Fe^{3+} > Al^{3+} > Ca^{2+} > Mg^{2+} > K^+ > Na^+$

强碱性阴离子交换树脂 $SO_4^{2-} > NO_3^- > Cl^- > OH^- > F^- > HCO_3^- > HSiO_3^-$

弱碱性阴离子交换树脂 $OH^- > SO_4^{2-} > NO_3^- > Cl^- > HCO_3^- > HSiO_3^-$

选择性会影响树脂的交换和再生过程，实际应用中是一个重要的化学性能。

③ 交换容量　交换容量表示离子交换树脂的交换能力，即可交换离子量的多少，通常用单位质量或单位体积的树脂所能交换离子的物质的量表示。交换容量是离子交换树脂最重要的性能指标，有三个不同的概念，即总交换容量（或理论交换容量）、再生交换容量和工作交换容量。总交换容量指单位质量（或体积）的树脂中可以交换的化学基团的总数，也称理论交换容量。树脂一次交换后需再生以重新使用，再生时使用含反离子 B 的溶液进行上述反应的逆反应。与正反应一样，再生反应也不可能完全，树脂中总有一部分 RA 不能转变为 RB，所以再生后的树脂能被反离子 A 交换的基团数小于总交换容量，称它为再生交换容量。实际反应时溶液中 A 与树脂上 B 的交换量称为工作交换容量。因为树脂上总有一部分 B 不能完全被取代，所以工作交换容量小于总交换容量。工作交换容量与树脂结构和溶液组成、温度、流速、流出液组成以及再生条件等操作因素有关。一般情况下总交换容量、再生交换容量与工作交换容量的关系如下。

再生交换容量＝0.5～1.0 总交换容量

工作交换容量＝0.3～0.9 再生交换容量

工作交换容量与再生交换容量之比为离子交换树脂的利用率。

④ 热稳定性　离子交换树脂的热稳定性表示在受热作用下树脂保持理化性能不变的能力。

a. 强碱性阴离子交换树脂　其中的强碱基团在受热时易发生分解反应，结果使树脂的交换容量降低。不同强碱性阴离子交换树脂的最高使用温度如表 3-10 所示。

表 3-10　不同强碱阴离子交换树脂的最高使用温度

树脂		最高使用温度/℃
聚苯乙烯系	OH 型（Ⅰ型）	60
	OH 型（Ⅱ型）	40
	Cl 型	80
聚丙烯酸系 OH 型		40

b. 弱碱性阴树脂　弱碱基团在受热时会发生脱落现象，但其热稳定性比强碱基团的高。通常规定，聚苯乙烯系弱碱树脂的最高使用温度为 100℃，而聚丙烯酸系弱碱树脂则为60℃。一些常用离子交换树脂的基本性能如表 3-11 所示。

c. 强酸性阳树脂　强酸性阳树脂的最高使用温度为 100～120℃，在更高的温度下，如高于 150℃时，则强酸性阳树脂上的磺酸基将脱落下来。

d. 弱酸性阳树脂　弱酸性阳树脂的热稳定性更高一些。即使工作温度高达 200℃，短时间内弱酸性阳树脂的交换容量损失并不高。

各种树脂的热稳定性顺序为：

弱酸性＞强酸性＞弱碱性＞Ⅰ型强碱性＞Ⅱ型强碱性

表 3-11　一些常用离子交换树脂的基本性能

型态	凝胶型				大孔型			
型号	001×7	111	201×7	301	D001	D111	D201	D301
颜色	淡黄至金黄色透明	乳白色透明	淡黄至金黄色透明	透明淡黄色	灰褐色或深褐色不透明	白色不透明	白色或淡黄色不透明	乳白色不透明

型态	凝胶型				大孔型			
全交换容量（干树脂）/(mmol/g)	4.2~4.5	9.0~10.0	3.0~4.0	5~9	4.0	9.0	3.0	≥4.0
工作交换容量（mmol/mL）	1.5~2.0	2.0~3.5	1.0~1.2	1.0~2.0	1.0~1.4	2.0	0.5	0.9~1.1
湿真密度/(g/cm³)	1.2~1.3	1.1~1.2	1.0~1.1	1.0~1.1	1.23~1.27	1.17~1.19	1.05~1.10	1.05~1.07
湿视密度/(g/cm³)	0.75~0.85	0.70~0.80	0.65~0.75	0.65~0.75	0.80~0.85	0.70~0.85	0.65~0.75	0.65~0.70
含水率/%	40~50	40~60	40~50	40~60	50~55	40~45	50~60	55~65
溶胀率/%	Na→H +1.8~7.5	Na→H +100~190	Cl→OH +5~15	OH→Cl +12~20	Na→H +5		Cl→OH +15	OH→Cl +45
允许pH值	0~14	4~14	0~12	0~7	0~14	4~14	0~14	0~7
允许温度/℃	120	120	60~100	80~100	150	100	60~80	100

（二）离子交换基本原理

1. 离子交换反应

（1）可逆性　离子交换反应是可逆反应，但这种可逆反应并不是在均相溶液中进行的，而是在固态的树脂和溶液接触的界面间发生的。

例如，含有 Ca^{2+} 的硬水，通过 RNa 型离子交换树脂时，发生的交换反应为：

$$2RNa + Ca^{2+} \longrightarrow R_2Ca + 2Na^+$$

由于上述反应过程不断消耗 RNa 型树脂，并使它转化为 R_2Ca 树脂，造成树脂的交换能力减弱，直至失去交换能力。为恢复树脂的交换能力，可用一定浓度的食盐水通过已失效的树脂层，使树脂由 R_2Ca 型树脂恢复为具有交换能力的 RNa 型树脂，通常称为再生。其再生反应为：

$$R_2Ca + 2Na^+ \longrightarrow 2RNa + Ca^{2+}$$

上述两个反应实质上是可逆的，故其反应式可写为：

$$RNa + Ca^{2+} \Longrightarrow R_2Ca + 2Na^+$$

可见，当水中 Ca^{2+} 多且树脂中 RNa 型亦多时，上述反应向右进行，即进行交换反应；反之，上述反应向左进行，即进行再生反应。

所以，离子交换反应是可逆的。这种反应的可逆性使离子交换树脂可以反复使用，是其在工业上应用的基础。

离子交换树脂的界面现象，与胶体结构相类似，它们在水溶液中形成双电层，即固定离子层和可动离子层（反离子层），如图 3-4 所示。当不同种类的反离子进行交换反应达到一定程度时，就建立起离子交换平衡状态。由图可以看出，对于每一颗粒树脂来说，其中的交换基团很难全部转变成一种离子形式。这就是树脂的工作交换容量和再生交换容量小于全交换容量的原因之一。

在离子交换反应中，如果正反应称为交换过程，其逆反应则称为再生过程。

（2）强型树脂的交换反应　强型树脂是指强酸性阳离子交换树脂和强碱性阴离子交换树脂。

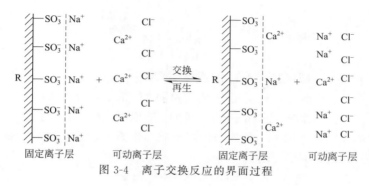

图 3-4　离子交换反应的界面过程

① 中性盐分解反应

$$RSO_3H + NaCl \longrightarrow RSO_3Na + HCl$$
$$R\equiv NOH + NaCl \longrightarrow R\equiv NCl + NaOH$$

上述离子交换反应致使在溶液中生成游离的强酸或强碱。

② 中和反应

$$RSO_3H + NaOH \longrightarrow RSO_3Na + H_2O$$
$$R\equiv NOH + HCl \longrightarrow R\equiv NCl + H_2O$$

上述反应的结果在溶液中形成电离极弱的水。

③ 复分解反应

$$(RSO_3Na)_2 + CaCl_2 \longrightarrow (RSO_3)_2Ca + 2NaCl$$
$$(R\equiv NCl)_2 + Na_2SO_4 \longrightarrow (R\equiv N)_2SO_4 + 2NaCl$$

（3）弱型树脂的交换反应　弱型树脂指弱酸性阳离子交换树脂和弱碱性阴离子交换树脂。它们不能进行中性盐分解反应，这是因为弱酸性树脂只能在 pH＞4 时进行交换反应；弱碱性树脂只能在 pH＜7 时才能进行交换反应，而中性盐分解反应则将生成强酸或强碱的缘故。但弱型树脂可进行以下反应。

① 非中性盐的分解反应

$$(RCOOH)_2 + Ca(HCO_3)_2 \longrightarrow (RCOO)_2Ca + 2H_2CO_3$$
$$R-NH_2OH + NH_4Cl \longrightarrow R-NH_2Cl + NH_4OH$$

② 强酸或强碱的中和反应

$$RCOOH + NaOH \longrightarrow RCOONa + H_2O$$
$$R-NH_2OH + HCl \longrightarrow R-NH_2Cl + H_2O$$

③ 复分解反应

$$(RCOONa)_2 + CaCl_2 \longrightarrow (RCOO)_2Ca + 2NaCl$$
$$R-NH_2Cl + NaNO_3 \longrightarrow R-NH_2NO_3 + NaCl$$

2. 离子交换平衡和选择性系数

（1）离子交换平衡　离子交换平衡是在温度一定情况下，经过一定的时间，离子交换系统中固态的树脂相和溶液相之间的离子交换反应到达平衡的状态。离子交换平衡同样服从等物质量规则和质量作用定律。以强酸性 H 型阳树脂与水中 Na^+ 进行交换为例，进行离子交换平衡的讨论。

反应：

$$RH + Na^+ \Longrightarrow RNa + H^+$$

当离子交换反应达到平衡时，则有

$$K_H^{Na} = \frac{[RNa]}{[RH]} \frac{[H^+]}{[Na^+]} \tag{3-6}$$

式中　　　　　K_H^{Na}——H 型树脂对 Na^+ 的选择性系数；

　　[RNa]、[RH]——平衡时，树脂相中 Na^+ 和 H^+ 的浓度，mol/L；

　　$[Na^+]$、$[H^+]$——平衡时，水相中 Na^+ 和 H^+ 的浓度，mol/L。

当进行交换的离子价不同时，例如一价离子对二价离子进行交换，以强酸性 Na 型阳树脂对水中 Ca^{2+} 进行交换为例，则有

$$2RNa + Ca^{2+} \Longleftrightarrow R_2Ca + 2Na^+$$

$$K_{Na}^{Ca} = \frac{[R_2Ca][Na^+]^2}{[RNa]^2[Ca^{2+}]} \tag{3-7}$$

式中　　　　　K_{Na}^{Ca}——Na 型树脂对 Ca^{2+} 的选择性系数；

　　$[R_2Ca]$、[RNa]——平衡时，树脂相中 Ca^{2+} 和 Na^+ 浓度，mol/L；

　　$[Ca^{2+}]$、$[Na^+]$——平衡时，水相中 Ca^{2+} 和 Na^+ 浓度，mol/L。

若将选择性系数表达式中的各浓度用各相中离子的分率表示，各种物质量的基本计算元是指一价电荷的单元或相当于一价电荷的单元，其单位是 mol/L。

对于两种等价离子之间的交换反应，可表示为：

$$RM_1 + M_2 \Longleftrightarrow RM_2 + M_1$$

$$K_{M_1}^{M_2} = \frac{y}{1-y} \times \frac{1-x}{x} = \frac{y}{1-y} \Big/ \frac{x}{1-x} \tag{3-8}$$

式中　$K_{M_1}^{M_2}$——M_1 型树脂对 M_2 离子的选择性系数；

　　y——平衡时，树脂相中 M_2 离子的分率，$y = [RM_2]/([RM_1]+[RM_2])$；

　　x——平衡时，水相中 M_2 离子的分率，$x = [M_2]/([M_1]+[M_2])$。

对不等价离子之间的交换，例如，二价离子对一价离子的交换反应，可表示为：

$$2RM_1 + M_2^{2+} \Longleftrightarrow R_2M_2 + 2M_1^+$$

$$K_{M_1}^{M_2} = \frac{c_0}{E} \times \frac{y}{(1-y)^2} \times \frac{(1-x)^2}{x} \tag{3-9}$$

式中　　　　　E——树脂的全交换容量，mol/L；

　　c_0——液相中两种交换离子的总浓度（均按一价离子计），mol/L；

　$K_{M_1}^{M_2}$、y、x——意义同式（3-8），各种离子浓度均以一价离子作为基本单元计。

可见，不等价离子间交换时，其选择性系数还与树脂全交换容量和溶液中两种交换离子的总浓度有关。

（2）选择性系数　对于两种离子的交换，其离子交换的选择性系数是平衡时液相和树脂相中两种离子量比值的函数。若以等价离子交换为例，因其离子分率不同，则 $K_{M_1}^{M_2}$ 的值不同。如果以树脂相中 M_2 离子的分率为纵坐标，溶液相中 M_2 离子的分率为横坐标，根据不同的 $K_{M_1}^{M_2}$ 值，用式（3-8）做图，即可得到等价离子交换的平衡曲线，如图 3-5 所示。由平衡曲线可以看出，当树脂相中 M_2 的离子分率 y 相同时，

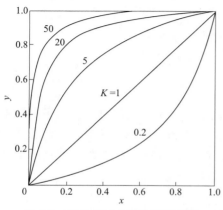

图 3-5　等价离子交换的平衡曲线

$K_{M_1}^{M_2}$ 值越大，则溶液相中 M_2 的离子分率 x 越小，即水中应去除的 M_2 离子的浓度越低，交换效果就越好。所以，选择性系数能定量地表示离子交换选择性的大小。当 $K_{M_1}^{M_2} > 1$ 时表明，离子交换树脂对 M_2 离子的选择性比对 M_1 离子的选择性大，称有利平衡，即对交换反应有利；当 $K_{M_1}^{M_2} < 1$ 时表明，离子交换树脂对 M_2 离子的选择性小于对 M_1 离子的选择性，称不利平衡，即不利于交换反应进行；当 $K_{M_1}^{M_2} = 1$ 时，称线性平衡，这种情况表明，树脂对 M_2、M_1 两种离子的选择性相同，即无选择性。同样，对于不等价离子交换平衡曲线也是可做出的。上述讨论同样适用于各种阴树脂对水中阴离子的交换。

（三）离子交换速度

离子交换平衡是某种具体条件下，离子交换所能达到的极限状态，它需要较长的时间才能达到。在实际的离子交换水处理中，通常希望交换器在高流速下进行交换与再生，其反应时间是有限的，不可能使其达到平衡状态。为此，研究离子交换速度及其影响的因素，具有重要的实践意义。

1. 离子交换速度的控制步骤

水的离子交换过程是在水中的离子与离子交换树脂中可交换基团之间进行的。一般认为，此过程是树脂颗粒与水溶液接触时，有关的离子进行扩散和交换的过程。其动力学过程一般可分为如下的五步，现以 H 型强酸性阳离子交换树脂对水中 Na^+ 进行交换为例来说明，如图 3-6 所示。

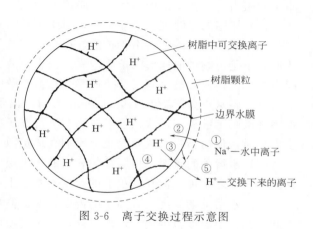

图 3-6　离子交换过程示意图

（1）边界液膜内的扩散　水中 Na^+ 向树脂颗粒表面迁移，并扩散通过树脂表面的边界水膜层，到达树脂表面，如图 3-6 中的①。

（2）颗粒内的扩散（或称孔道扩散）　Na^+ 进入树脂颗粒内部的交联网孔，并进行扩散，到达交换点，如图 3-6 中的②。

（3）离子交换反应　Na^+ 与树脂交换基团上可交换的 H^+ 进行交换反应，如图 3-6 中的③。

（4）颗粒内的扩散　被交换下来的 H^+ 在树脂内部交联网孔中向树脂表面扩散，如图 3-6 中的④。

（5）边界液膜内的扩散　被交换下来的 H^+ 扩散通过树脂颗粒表面的边界水膜层，并进入水溶液中，如图 3-6 中的⑤。

其中的①和⑤称为液膜扩散步骤；②和④称为树脂颗粒内扩散步骤，或称孔道扩散步骤；③称为交换反应步骤。在步骤③中，Na^+ 与 H^+ 的交换属于离子间的化学反应。与液膜扩散步骤的速度和孔道扩散步骤的速度相比，交换反应步骤的速度很快，可瞬间完成。因此，若离子液膜扩散步骤的速度比孔道扩散步骤的速度快，则孔道扩散步骤控制着离子交换的速度。反之，若孔道扩散步骤的速度比液膜扩散步骤的速度快，则液膜扩散控制着离子交换的速度。

一般来说，当树脂相的交联度和粒径都较小，而水相的离子浓度、流速与扩散系数都较低时，离子交换的速度往往表现为液膜扩散控制；否则，表现为孔道扩散控制。

在一级化学除盐水处理设备中，运行时离子交换速度一般受液膜扩散控制，再生时离子交换速度一般受孔道扩散控制。同样，在二级化学除盐水处理设备中，运行时离子交换速度也受液膜扩散控制。在液膜扩散控制时，提高运行流速，可以减小液膜厚度，适当提高交换速率，对交换反应是有利的。

2. 离子交换速率的影响因素

（1）离子性质　离子水合半径越大或所带电荷越多，液膜扩散速率就越慢。

（2）树脂的交联度　树脂的交联度大，其网孔就小，则其孔道扩散即颗粒内扩散就慢。所以，交联度大的树脂的交换速率通常受孔道扩散控制。当水中有半径较大的反离子存在时，交联度对交换速率的影响更为显著。

（3）树脂的粒径　树脂的粒径越小，交换速率越快。这是由于孔道扩散距离缩短和液膜扩散的表面积增加的缘故。但是，树脂的颗粒也不宜太小，因为颗粒太小会增加水流通过树脂层的阻力，且在反洗中容易使树脂流失。

（4）树脂的空隙度　一般来说，树脂颗粒间的空隙度越小，离子交换速率就越快。

（5）水中离子浓度　由于扩散过程是依靠离子的浓度梯度而推动的，所以水溶液中离子浓度大小是影响扩散速率的重要因素。当水溶液中离子浓度在 $0.1mol/L$ 以上时，离子在水膜中的扩散很快，整个离子交换速率受孔道扩散的控制，这相当于水处理工艺中树脂再生时的情况；若水中离子浓度在 $0.003mol/L$ 时，离子在水膜中的扩散很慢，此时整个离子交换速率受液膜扩散控制，这相当于树脂在进行离子交换软化时的情况。此外，水溶液中离子浓度变化时，使树脂膨胀或收缩也会影响孔道扩散速度。

（6）水溶液的流速　树脂颗粒表面的水膜层厚度随水的流速增加而减小，此时液膜扩散的速率将随之增加，但孔道扩散的速率则基本上不受流速的影响。

（7）水溶液的温度　升高水的温度，能提高离子和分子的热运动速率和降低水的黏度，因此，在一定温度范围内，水温越高，离子交换的速率越快，即提高水的温度能同时加快液膜扩散和孔道扩散的速率。离子交换设备运行时，一般将水温保持在 $20\sim40℃$，因为温度太低会明显降低离子交换的速率。

（四）离子交换树脂层的交换与再生过程

1. 离子交换树脂层内的交换过程

现在讨论在装有钠型树脂的离子交换柱中，自上而下地通过含有 Ca^{2+} 的水时，钠型树脂层内进行的交换过程和树脂层内发生的变化。

若用白点表示离子交换树脂层中的钙型树脂，黑点表示钠型树脂。通常情况的树脂层组成如图 3-7 所示。

图中以白点占白点加黑点之和的百分数表示白点（钙型树脂）的饱和程度，即钙型树脂占树脂总量的百分数。若饱和程度为 50%，则 Ca 型树脂占树脂容量的 50%；若饱和程度为 100%，则 Na 型树脂全部转变为 Ca 型树脂。

在装有钠型树脂的离子交换柱中，自上而下地通过含有 Ca^{2+} 的水时，树脂层的变化可分为以下三个阶段。

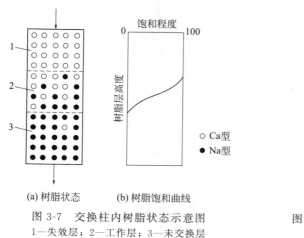

(a) 树脂状态　　(b) 树脂饱和曲线

图 3-7　交换柱内树脂状态示意图

1—失效层；2—工作层；3—未交换层

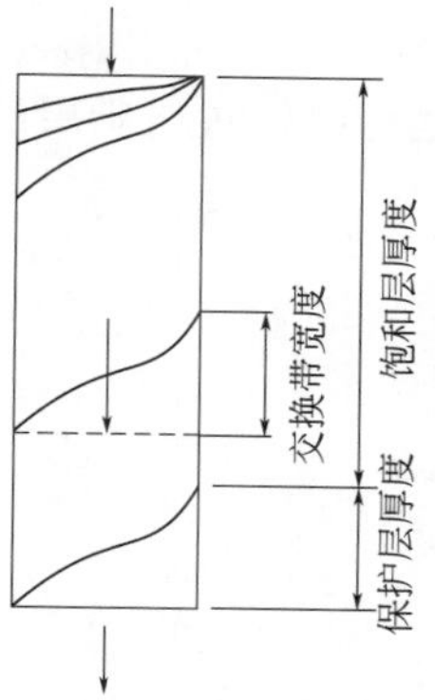

图 3-8　树脂层的交换带组成
及移动过程示意图

（1）交换带的形成阶段　溶液一接触树脂，就开始发生离子交换反应。随着水的流动，溶液的组成和树脂的组成不断发生改变，即树脂越往上层，层中的 Ca^{2+} 浓度就越大；水越往下流，水中的 Ca^{2+} 浓度就越小。当水流至一定深度时，离子交换反应达到平衡，树脂及溶液中反离子 Na^+ 的浓度就不再改变了。这时，从树脂上层交换反应开始至下层交换平衡为止，形成了一定高度的离子交换反应区域，称为交换带或工作层。如果把交换带中树脂的组成做出曲线，纵坐标为树脂层高度，横坐标为树脂的组成（单位以％表示），则交换带的树脂组成曲线如图 3-8 上部所示。不难理解，在通水初期，由于离子交换反应刚刚开始，交换带尚未定型，经一段时间后才形成一定高度的离子交换带。

（2）交换带的移动阶段　随着离子交换的进行，离子交换带逐渐向下部树脂层移动，这样树脂层中就形成了三个层或区域（图 3-7 所示）：交换带以上的树脂层，都为 Ca^{2+} 所饱和，它已失去交换能力，水通过时，水质不发生变化，此层称为失效层；接着是工作层，此层内钙型树脂和钠型树脂是混存的，上部钙型树脂多，下部钠型树脂多，水流经这一层时，水中的 Ca^{2+} 和钠型树脂中的 Na^+ 进行交换，使出水中 Ca^{2+} 浓度由原水（进水）中 Ca^{2+} 浓度降至接近于 0，此层是整个树脂层中正在进行离子交换的层区，其层区高度即为交换带的宽度；交换带以下的树脂层为尚未参与交换的树脂层，即其中全为钠型树脂，称为未交换层。所以，交换带移动阶段即是水处理中离子交换运行的中期阶段，也就是离子交换的正常运行阶段。

（3）交换带的消失阶段　由于交换带沿水流方向以一定速度向前推移，致使失效层不断增大，未交换层不断缩小，当交换带的下端达到树脂层底部时，Ca^{2+} 开始泄漏。如果继续运行，使交换带逐渐消失，则出水中 Ca^{2+} 浓度将逐渐增加。当树脂层交换带完全消失时，出水中的 Ca^{2+} 浓度与原水中的相等，整个树脂层全部变为钙型树脂，即树脂层全部失效。在实际水处理中，工作层下端到达树脂层底部，微量的钙离子开始泄漏，即 Ca^{2+} 穿透时，经检测发现后就应及时停止工作，避免出水水质突然恶化，此时与工作层厚度相同的 Na^+ 型树脂层称为保护层。保护层厚度与交换带宽度相等，这层保护层起着保护出水水质的作用。所以，交换带的消失阶段即为离子交换运行的末期阶段。

影响交换带宽度的因素有离子交换树脂的性能、离子交换柱的结构和离子交换的运行条件等。在一般正常运行条件下，交换带宽度为 $100 \sim 200 mm$。应当指出，只有离子选择性系数大于 1 时，在树脂层内才能形成交换带，即只有在离子交换过程中，树脂层内才能形成交换带。若离子选择性系数小于 1，通常是在离子交换树脂的再生过程中，此时就不能形成一定的交换带。

交换器运行时经过树脂层的出水水质变化曲线，如图 3-9 所示。

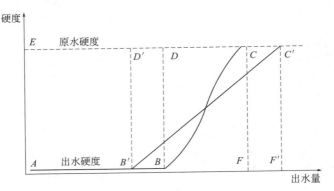

图 3-9　交换器运行时的出水水质变化曲线

图中的 A 点至 B 点是树脂层内交换过程的初期和中期阶段的出水水质，此时水中 Ca^{2+} 浓度几乎接近零，且水质稳定；B 点是 Ca^{2+} 的穿透点，此时已达到交换运行的终点；若继续通水运行，则出水中 Ca^{2+} 浓度会很快增加，直至与进水中 Ca^{2+} 浓度相等时为止。BC 段为树脂层内交换过程的末期的出水水质变化曲线，由 B 点至 F 点的距离称为水质变化曲线的"拖尾"，它间接反映了交换带的宽度，图中 $ABDE$ 的面积相当于交换器内树脂层的工作交换容量；在树脂得到完全再生情况下，面积 $ABCDE$ 相当于树脂的全交换容量，两面积之比即为树脂层树脂的利用率。

2. 离子交换树脂层内的再生过程

采用含一定化学物质的水溶液，使树脂层内失效（失去交换能力）的树脂重新恢复交换能力，这种处理过程称为树脂的再生过程。再生能力或再生性能，通常用再生剂耗（分别称为盐耗、酸耗或碱耗）、再生剂比耗表示。

再生剂耗是指在失效的树脂中再生 1mol 交换基团所耗用的再生剂质量，单位为 g/mol。

再生剂比耗表示再生单位体积树脂用再生剂的量（mol/m^3）和该树脂的工作交换容量（mol/m^3）的比值。它反映了树脂的再生性能，是离子交换运行经济性的重要指标。由于树脂工作交换容量并不随比耗正比地增加，因此在一定条件下应通过工作交换容量随比耗变化的趋势确定一个既经济又实用的再生剂比耗。不同的树脂、不同的离子交换工艺，这种经济比耗也不同。

一般情况下，各种树脂的再生剂耗、再生剂比耗如表 3-12 所示。

表 3-12　各种离子交换树脂层内再生剂耗和比耗

树脂	再生工艺	再生剂耗/(g/mol)	比耗
强酸性阳树脂	顺流	NaCl 100～120 HCl≥73 H_2SO_4 100～150	NaCl 约 2 HCl≥2 H_2SO_4 2～3
	逆流	NaCl 80～100 HCl 50～55 H_2SO_4≤70	NaCl 约 1.4 HCl 1.4～1.5 H_2SO_4＜1.9

树脂	再生工艺	再生剂耗/(g/mol)	比耗
弱酸性阳树脂		38~43.8(HCl)	1.05~1.20(HCl)
强碱性阴树脂	顺流	80~120	2~3
	逆流	液碱 60~65 固碱 48~60	液碱 1.5~1.6 固碱 1.2~1.4
弱碱性阴树脂		44~48	1.1~1.2

（五）离子交换树脂的使用

1. 离子交换树脂的选用原则

（1）树脂类型的选择　决定选用哪种树脂，最重要的因素是料液的组成和分离的要求。对于金属离子不生成配阴离子的酸性溶液，金属多以水合阳离子存在，它们之间的分离应选用阳离子树脂。如果料液的酸度较高则应采用强阳离子树脂，在酸性条件下只有强阳离子树脂仍具有很强的交换能力，但是使用后再生需要较浓的酸溶液。如果料液酸度不高，宜采用弱阳离子树脂，它们的分离效果好，又易于再生。

（2）树脂形态的选择　在交换过程，树脂原来的反离子进入溶液，因此在选用时应考虑反离子的类型。在制备纯水时，要从水中除去 H^+、OH^- 之外的各种阴、阳离子，必须同时使用 OH 型的强阴离子树脂和 H 型的强阳离子树脂，使交换下来的 H^+ 和 OH^- 中和成水。

在料液中有游离酸时，采用 OH 型阴树脂交换阴离子，H^+ 和 OH^- 中和，可以减缓 pH 值下降，有利于交换；同样在碱性溶液中采用 H 型阳树脂交换阳离子，减缓了 pH 值上升，都有利于提高树脂的交换容量。

如果需要在酸和盐的溶液中分离酸，宜用该种盐的阳离子型的弱阳树脂。强阳树脂可以解盐，往往使溶液仍然成酸性，不能有效地将酸分离除去。但是如果只是除去阳离子，用 H 型的阳离子树脂会导致溶液的 pH 值下降，而用弱阳离子树脂，反应会受到阻滞而不能继续进行交换，有时反应速率非常缓慢。

钠型弱阳树脂交换其他金属离子不会导致 pH 值变化，交换速率快。对于电解液等料液，允许引入少量钠离子，所以可以用于电解液除盐，但是如果净化后的溶液用于结晶生产盐类，引入钠离子会影响产品纯度。为此，应该尽量使用同种离子。比如从铵盐溶液中除杂，可采用铵型，则可避免引入其他离子。

（3）特殊树脂的选用　在交换具有氧化性的树脂时，需采用抗氧化能力强的树脂，如从废水中除去 $Cr_2O_7^{2-}$，不宜采用凝胶树脂，而应该用抗氧化的大孔、高交联的弱阴离子树脂。

有些螯合树脂对某些离子有特别的选择性，可以专门用于从废水或料液中交换除去这些离子。在采用时除了考察其效果，还需要兼顾成本。

（4）其他因素　在同类树脂中应尽量选用容量大的，以减少树脂的用量，同时也有利于使用较小的设备。但也应兼顾到溶胀系数和树脂的强度。

选用树脂的密度、耐磨性、粒度多取决于拟使用的交换设备。当树脂需要随液体流动时，磨损大，宜用抗磨性强的品种为好。在运行中树脂需从液体中沉降分离时，宜用密度高的树脂。

2. 离子交换树脂的保管

在新树脂使用前与旧树脂停用时，均需采用适当的保管措施，否则会直接影响树脂的使用寿命和其交换容量。

（1）新树脂的保管

① 保持树脂的水分　树脂在出厂时，其含水率是饱和的，在贮存保管过程中，必须防止水分消失。如发现树脂变干时，切忌将树脂直接置于水中浸泡，而应将它置于饱和的食盐水中浸泡，使树脂缓慢膨胀，然后再逐渐稀释食盐溶液。

此外，树脂的贮存时间不宜过长，最好不要超过一年。尤其是阴离子交换树脂可能因交换基团的分解，而显著降低树脂的交换容量。

② 防止树脂受冻和受热　一般贮存树脂的环境温度为 5～40℃，若在 0℃ 以下，会使树脂内水分冰冻，使树脂体积增大，造成树脂胀裂而丧失交换能力。若温度低于 5℃ 又无保温的条件，这时可根据食盐溶液浓度（质量分数）与冰冻点的关系，如表 3-13 所示，选用一定浓度的食盐溶液，将树脂置于其中浸泡，便可达到防冻目的。

表 3-13　食盐溶液浓度与冰冻点的关系

食盐溶液浓度/%	相对密度（d_4^{20}）	冰冻点/℃	食盐溶液浓度/%	相对密度（d_4^{20}）	冰冻点/℃
5	1.0340	−3.05	12	1.0857	−8.18
7	1.0486	−4.38	15	1.1085	−10.89
8	1.0559	−5.08	20	1.1478	−16.46
10	1.0707	−6.56	23.3	1.1750	−21.13

树脂长期处于高温条件下，则容易引起树脂变形、交换基团分解和微生物污染。

③ 防止树脂劣化　树脂贮存时，一定要避免与铁容器、氧化剂和油类物质直接接触，以防树脂被污染或被氧化降解，而造成树脂劣化。

（2）旧树脂的保管　若离子交换树脂在使用过程中有较长时间停用，则其保管要采取下列措施。

① 树脂转型　通常把树脂转变成 Cl 型或 Na 型长期贮存，故可将阴离子交换树脂、阳离子交换树脂用食盐溶液转型，阳离子交换树脂不宜以 Ca 型或 H 型长期存放。

② 湿法存放　在交换器内将停用的树脂浸没于水中保存。

③ 防止霉变　交换器内长期存放树脂，其表面容易滋长微生物发生霉变，尤其在温度较高的条件下，因此，必须定期进行换水和用水反冲洗，同时亦可用 1.5% 甲醛溶液（福尔马林液）浸泡消毒。

3. 新树脂投运前的预处理

新树脂常含有溶剂、未参加聚合反应的物质和少量低聚合物，还可能吸着铁、铝、铜等重金属离子。当树脂与水、酸、碱或其他溶液相接触时，上述可溶性杂质就会转入溶液中，在使用初期污染出水水质。所以，新树脂在投运前要进行预处理。

（1）阳离子交换树脂的预处理　首先使用饱和食盐水，取其量约等于被处理树脂体积的两倍，将树脂置于食盐溶液中浸泡 18～20h，然后放尽食盐水，用清水漂洗净，使排出水不带黄色；其次再用 2%～4% NaOH 溶液，其量与上相同，在其中浸泡 2～4h（或做小流量清洗），放尽碱液后，冲洗树脂直至排出水接近中性为止；最后用5％HCl溶液，其量亦与上述相同，浸泡4~8h，放尽酸液，用清水漂洗至中性。

（2）阴离子交换树脂的预处理　预处理方法中的第一步与阳离子交换树脂预处理方法中的第一步相同；而后用5％HCl浸泡4~8h，然后放尽酸液，用水清洗至中性；最后使用2％~4％NaOH溶液浸泡4~8h后，放尽碱液，用清水洗至中性。

4. 离子交换树脂的装填

（1）离子交换器的清理与检查　交换树脂装填入交换器前，必须做好下述工作：
① 彻底清扫和清洗离子交换器和水力装卸器等；
② 各通流部位，要求不跑漏树脂；
③ 交换器水压试验合格，并测定正常流量下设备的压差，为测定树脂层压差做准备。

（2）离子交换树脂的装填
① 用水力装卸器装填树脂时，用澄清水装填阳树脂，用除盐水装填阴离子交换树脂。在装填树脂前，先往交换器中加入一定高度（如1m左右）的水层，以免树脂直接冲击交换器底部装置和垫层。
② 按设计要求量装填完后，测量树脂高度，符合要求后即封闭交换器。对树脂层进行反洗、沉降、排水后再打开交换器，平整树脂层，将漂至树脂层上面的细颗粒树脂刮去。并再补装填入树脂，使树脂层高度达到设计要求。
③ 对于大孔树脂，尤其是弱酸树脂，应检查有否软球和透明球，因它们易粘在通流部位，影响正常使用，必须除去。

（六）离子交换树脂的变质、污染与复苏

1. 离子交换树脂的变质

离子交换树脂在交换系统运行的过程中，由于氧化或降解，树脂结构遭受破坏，这是一种不可逆的树脂的劣化，称为树脂的变质。

（1）阳离子交换树脂的氧化
① 阳离子交换树脂氧化的原因和现象　阳离子交换树脂氧化的主要原因是由于交换体系中存在氧化剂，如游离氯、硝酸根等，交换体系中重金属离子能起催化作用，当温度高时，树脂受氧化剂侵蚀更为严重，其结果是使树脂交换基团降解、交换骨架断裂、树脂颜色变淡和其体积增大。
② 防止树脂被氧化的方法
a. 活性炭过滤法　用活性炭过滤法进行脱氯是防止树脂被氧化的常用方法，其原理是基于吸附作用，并在被吸附的活性炭表面上进行下面的化学反应。

$$C^- + HOCl \longrightarrow CO^- + HCl$$

活性炭脱氯是一种简单、经济、行之有效的方法，故得到普遍应用。
b. 化学还原法　化学还原法是在含有余氯的水中，加入一定量的还原剂（如SO_2或Na_2SO_3）进行脱氯。
c. 选用高交联度的大孔阳树脂　选用高交联度的大孔阳树脂，可以防止树脂被氧化。
d. 避免使用质量差的盐酸　质量差的盐酸中含有的氧化剂会对阳离子交换树脂造成危害。

（2）强碱性阴离子交换树脂的降解

① 降解的原因及过程 在离子交换系统中，强碱性阴离子交换树脂通常是在阳离子交换树脂后使用，一般会受水中溶解氧的氧化，以及再生过程中碱所含的氧化剂（如 ClO_3^- 和 FeO_4^{2-}）所氧化，其结果是强碱性季氨基团逐渐降解，但不会发生骨架的断链。在化学除盐工艺中，强碱性阴离子交换树脂的降解主要表现为对中性盐的分解容量，特别是对硅的交换容量下降。

季氨基团受氧化后，按叔、仲、伯胺顺序降解的过程如下：

$$R—\overset{\underset{\displaystyle CH_3}{|}}{\underset{\underset{\displaystyle CH_3}{|}}{N}}—CH_3 \xrightarrow{[O]} R—\overset{\underset{\displaystyle CH_3}{|}}{N}—CH_3 \xrightarrow{[O]} R=N—CH_3 \xrightarrow{[O]} R\equiv N \longrightarrow 非碱性物质$$

② 防止强碱性阴离子交换树脂降解的方法

a. 真空除气法 通过使用真空除气器，减少阴床进水中的氧含量。

b. 降低再生液中含铁量 降低再生液中含铁量，必须认真控制碱液系统中的铁的腐蚀。

c. 用隔膜法生产烧碱 选用隔膜法生产的烧碱，降低碱液中 $NaClO_3$ 的含量（可降至 $6\sim7mg/L$）。

2. 离子交换树脂的污染与复苏

在离子交换系统中，由于有杂质侵入，致使树脂性能下降，因尚未涉及树脂结构的破坏，故这种劣化现象称为树脂的污染。树脂的污染是一个可逆过程，即当树脂被污染后，通过适当的处理，可以恢复其交换性能，这种处理称为树脂的复苏。

（1）铁对树脂的污染

① 污染的现象 阳、阴离子交换树脂都可能发生铁的污染，被铁污染的树脂的颜色明显变深，甚至呈黑色；铁污染会使树脂床层的压降增加和可能导致偏流；铁污染还会严重降低交换容量和再生效率，会使树脂含水量增加，还会使阴离子交换树脂加速降解。

② 污染的原因 在阳离子交换树脂的使用中，原水带入的铁离子大部分以 Fe^{2+} 存在，它们被树脂吸附后，部分被氧化为 Fe^{3+}，再生时这些铁离子不能完全被 H^+ 交换出来。这是由于形成的高价铁化合物牢固地沉积在树脂内部和表面，堵塞了树脂微孔，从而影响了孔道扩散，造成铁的污染。在水的预处理中，使用铁盐作混凝剂时，部分矾花被带入阳床，由于树脂层的过滤作用，矾花被积聚在树脂表面，再生时，酸液溶解了矾花，使之成为 Fe^{3+}，部分被阳离子交换树脂吸附而造成铁污染。工业盐酸中所含 Fe^{3+} 也会形成铁污染。一般用于软化水处理的钠离子交换的阳树脂，更容易受到铁的污染。

铁对阴离子交换树脂污染的原因主要是再生用的烧碱溶液中含有 Fe_2O_3 和 $NaClO_3$，它们生成高铁酸盐（如 FeO_4^{2-}）。高铁酸盐随碱液进入阴床后，因 pH 值降低，发生分解反应

$$2FeO_4^{2-}+10H^+ \longrightarrow 2Fe^{3+}+3/2O_2+5H_2O$$

Fe^{3+} 进一步形成 $Fe(OH)_3$，附着于阴离子交换树脂颗粒表面上，造成铁的污染。

③ 鉴别的方法 取一定量被铁污染的树脂，用清水洗净，并浸泡在食盐水溶液中再生半小时左右，倒去食盐水溶液，再用蒸馏水洗涤 $2\sim3$ 次，从中取出一部分树脂放入具塞试管中，加入两倍树脂体积的 $6mol/L$ 盐酸溶液，盖严振荡 15min 后，取出一部分酸液至另一试管中，并滴入饱和亚铁氰化钾溶液，如果形成普鲁士蓝沉淀，即可判断有铁污染。根据普鲁士蓝颜色的深浅，可判定其铁污染的程度，颜色越深，铁污染越严重。

④ 树脂的复苏 一般情况，每 100g 树脂中含铁量超过 150mg 时，就要进行复苏。对

于树脂表面的铁化合物，可用 4％连二亚硫酸钠（$Na_2S_2O_4$）溶液浸泡 4～12h，也可配用 EDTA、三乙酸铵和酒石酸等配合剂进行综合处理；对于树脂内部积结的铁化合物，可用 10％的盐酸浸泡 5～12h，或配用其他配合剂协同复苏处理。

强碱性阴离子交换树脂被铁污染后，在用酸复苏前，必须先转为 Cl 型树脂，以防用酸液复苏时，因发生酸碱中和反应时放出的热损坏树脂。弱碱性阴离子交换树脂则无此问题。

⑤ 防止铁污染的方法

a. 减少阳床进水的含铁量，对含铁量高的地下水，应采用曝气处理和锰砂过滤除铁。对含铁量高的地表水或使用铁盐作为混凝剂时，应添加一定量的碱性物质［如 $Ca(OH)_2$ 或 NaOH］提高水的 pH 值，从而提高混凝的效果，防止铁离子进入阳床。

b. 对输送高含盐量原水的管道及贮槽，应采取防腐措施，减少水中含铁量。

c. 阴床再生用烧碱的贮槽及输送管道，应采用衬胶进行防腐，以减少再生碱液中的铁含量。

（2）铝对树脂的污染

① 污染的现象 在交换器内，有铝化合物的絮凝体覆盖在树脂表面上，致使树脂交换容量降低。

② 污染的原因 通常是采用铝盐进行水的混凝处理时，因沉淀或过滤效果不好而进入离子交换器内所致。由于 Al^{3+} 与树脂的交换基团有很强的吸附作用，故用食盐水溶液再生也难以除去。一般铝的污染在软化水处理系统中的阳离子交换树脂要比除盐水系统中的阳离子交换树脂严重。

③ 树脂的复苏 通常用 10％盐酸溶液或配合适当的配合剂对被铝污染的树脂进行协同反洗，盐酸用量可按每升树脂加 300g 浓盐酸（浓度为 33％计）。

④ 防止铝污染的方法 因为天然水中铝的含量极微，所以，采用铝盐作为混凝剂进行水预处理时，必须提高沉淀和过滤的效率，这是防止铝污染树脂的关键。

（3）钙对树脂的污染

① 污染的现象 离子交换器流出水中发生 Ca^{2+} 和 SO_4^{2-} 的过早泄漏。

② 污染的原因 阳离子交换树脂用硫酸水溶液再生时，由于水溶液中 SO_4^{2-} 和 Ca^{2+} 的浓度乘积超过了硫酸钙的溶度积，析出的 $CaSO_4$ 沉淀覆盖在树脂表面上，而造成钙对阳离子交换树脂的污染。

③ 树脂的复苏 与上述被铁、铝污染的树脂的复苏方法相同。

④ 防止钙污染的方法 若用硫酸再生树脂时，可分两步或三步再生。开始先采用低浓度、高流速的硫酸溶液再生，一旦形成硫酸钙沉淀，析出的颗粒就会被溶液冲走；而后采用高浓度、低流速的硫酸溶液再生，因此时树脂中的大部分 Ca^{2+} 已被去除，所以，剩下少部分 Ca^{2+} 不会形成 $CaSO_4$ 沉淀析出，而是随溶液被冲走。

（4）硅对树脂的污染

① 污染的现象及原因 树脂被硅污染后，其离子交换器出水中连续有二氧化硅泄漏，使除硅效率降低。硅污染一般是由于再生时阴离子交换树脂中胶体硅污染物未完全除去，致使强碱性阴离子交换树脂吸着的可溶性硅酸盐 $HSiO_3^-$ 水解为硅酸，并在树脂内逐渐聚合成胶体状态的多硅酸析出，被覆在树脂表面上并堵塞孔道，使交换容量下降，出水中 SiO_2 含量增加。

② 树脂的复苏 通常采用温度为 40～50℃的 4％～8％苛性钠溶液再生、清洗，可以使强碱性阴离子交换树脂的胶体硅污染降至最低。

③ 防止硅污染方法

a. 阴床失效后应及时再生，而不在失效态备用。再生时碱液应加热（Ⅰ型树脂不高于

40℃，Ⅱ型树脂不超过 35℃），碱液浓度可降低至 2%，再生液的流速应不小于 5m/h，但应保持进再生液的时间不小于 30min。

b. 在弱型树脂与强型树脂联合应用的系统中，要从设计上保证弱型树脂先失效。

（5）油对树脂的污染

① 污染的现象　被油污染的树脂其外观颜色由棕变黑，在树脂表面形成一层油膜，使树脂粘在一起，导致交换容量下降、树脂层水流不均匀，周期制水量明显减少。另外，由于树脂表面油膜存在，使树脂在水中浮力增大，造成树脂反洗时流失。

由于铁污染后其树脂颜色与油污染类同，简易的鉴别方法是将树脂放入试管中，再向试管中注入两倍于树脂体积的水，经激烈振荡后，若水面出现"彩虹"即为油污染，否则是铁污染。

② 污染的原因　油对树脂的污染主要是由于油被吸附于骨架上或被覆盖于树脂颗粒的表面，而造成树脂微孔的污堵。这些油的来源是地表水中存在的以及水处理系统中或生产工艺流程中溶入或蒸气系统漏入原水中的矿物油等。

③ 树脂的复苏

a. NaOH 溶液循环清洗　本法基于 NaOH 溶液对矿物油的乳化作用，清除树脂中的油污。一般使用温度为 38～40℃ 的 8%～9%NaOH 溶液，自碱液箱（约 10m³）流经阴床、阳床后，再返回到碱液箱进行循环清洗。清洗过程中，补充 NaOH 以保持循环液中 NaOH 的浓度。

b. 溶剂清洗　使用石油醚或 200 号溶剂汽油对树脂进行清洗。清洗过程中要注意防火安全。

c. 溶剂与表面活性剂联合清洗　使用树脂体积 20% 的 200 号溶剂汽油和一定量的非离子型表面活性剂 TX（10-聚氯乙烯辛烷基苯酚），加入交换器后，保持温度 45～50℃，用无油压缩空气搅拌并擦洗，30min 后再加一定量 TX-10 表面活性剂，继续搅拌，使油乳化。最后，从交换器顶部进水，将乳化液从底部排出，至冲洗干净为止。

（6）有机物对树脂的污染　有机物对强酸性阳离子交换树脂的污染很少发生，只可能发现阳离子交换树脂颗粒表面有沉积物，这些沉积物通过空气擦洗和用水进行反洗就可以将其除去。但有机物对阴离子交换树脂极易造成污染。如在除盐水处理系统中，强碱性阴离子交换树脂易被有机物污染。

① 污染的特征

a. 强碱性阴离子交换树脂被污染后，颜色变深，从淡黄色变为深棕色，直至黑色。

b. 树脂工作交换容量降低，阴床的周期制水量明显下降。

c. 出水的 pH 值降低和电导率增大，这是由于树脂遭有机物污染后，有机酸漏入出水中所致，这时可使出水的 pH 值降至 5.4～5.7。

d. 出水中的 SiO_2 含量增大。这是由于水中所含有机酸（富维酸和腐殖酸）的离解常数大于 H_2SiO_3，因此，附着在树脂上的有机物可抑制树脂对 H_2SiO_3 的交换或排代出已吸着的 H_2SiO_3，造成阴床 SiO_2 过早地漏出。

e. 阴床清洗时间增加，清洗用水量亦增加。因吸着在树脂上的有机物含有大量的—COOH基团，树脂再生时变为—COONa，在清洗过程中，—COONa 中 Na^+ 不断被阴床进水中的矿质酸排代出来，增加了清洗时间和清洗用水量。

② 污染的原因　由于水中的有机物是由动植物腐烂后分解生成的腐殖酸、富维酸和丹宁酸等带负电基团的线型大分子，它们能与强碱性阴离子交换树脂发生交换反应，但这些线型的大分子一旦进入树脂内部，其带负电的基团与阴离子交换树脂带正电的固定基团发生电

性复合作用，紧紧地吸附在交换位置上，另外这些线型大分子上通常带有多个基团，能与树脂的多处交换位置复合，致使它们卷曲在树脂内骨架的空间，故采用一般的再生方法难以将它们从树脂的孔道中退出来，这种现象称为"瓶颈效应"。

强酸性阳离子交换树脂被氧化而降解的产物——二乙烯苯以及阳离子交换树脂机械破碎而形成带负电基团的胶状物，也可以使阴离子交换树脂受到污染。

③ 污染的鉴别　将阴离子交换树脂装入具塞而留有气孔的小玻璃瓶中，加入蒸馏水振荡，连续洗涤 3～4 次，以去除表面的附着物，最后倒尽洗涤水。换装 10% 食盐水，振荡 5～10min 后，观察盐水的颜色，按色泽判别污染程度，如表 3-14 所示。

④ 树脂的复苏　除去阴离子交换树脂中有机物污染的有效复苏方法，是用碱性食盐水溶液（10% 的 NaCl 溶液中加 2% 的 NaOH）处理，如果将溶液加热到 40～50℃，效果更好。碱性食盐水溶液的用量为 1～3 倍树脂床体积，处理流速为 3～6m/h。处理时，开始排出的处理液呈深褐色。当排出液呈淡黄色时，就可以认为净化处理已结束。然后对树脂进行冲洗（用 2 倍树脂床体积的冲洗水冲洗 20min），接着用 2 倍的再生药剂量对树脂进行再生。

表 3-14　阴离子交换树脂被有机物污染程度的判别

色泽	污染程度	色泽	污染程度
清澈透明	不污染	棕色	重度污染
淡草黄色	轻度污染	深棕或黑色	严重污染
琥珀色	中度污染		

有时会出现某些有机物很难从阴离子交换树脂中除去的情况。此时，可以用专门的化学药剂进行处理。为了了解处理效果，应预先进行试验。

一般情况下，强碱性阴离子交换树脂每 6～12 个月复苏一次。

⑤ 防止有机物对强碱性阴离子交换树脂污染的方法

a. 采用氯或臭氧氧化　此法是除去天然水中有机物的常用方法。

b. 采用混凝-澄清过滤　当水中有悬浮的和胶体的有机物时，此法是很有效的。

c. 采用活性炭过滤　此法可用于吸附，从而除去水中多种物质，其中包括无机、有机的胶体和溶解的高分子有机化合物等。

d. 采用有机物清除器　通常有 Cl 型有机物清除器和 OH 型有机物清除器。前者是装填了 Cl 型的凝胶或大孔型离子交换树脂，后者是装填了新的苯乙烯系强碱树脂或装填了废弃的强碱树脂的离子交换器。前者增加出水中 Cl^- 含量，这不利于设备的防腐要求，后者显然较为安全而经济。

只采用上述各种方法中的一种要降低水中的有机物含量实际上是相当困难的，一般只能除去 60%～70% 有机物。因为上述方法中的每一种方法仅对其中要除去的几种有机物特别有效，所以只有上述几种方法联合使用时才能获得高的除去率。例如，饮用水经常采用上述方法中的两种方法（混凝-澄清和添加氯或臭氧氧化）进行处理，这种水一般不会出现因有机物而造成阴离子交换树脂的污染损坏现象。

三、工业离子交换过程和设备

该处叙述离子交换的一般过程，其中包括间歇（釜）式、固定床（柱）和连续式三种过程及设备。着重结合水的处理和其他食品、湿法冶金溶液的处理。

（一）间歇（釜）式

一般在离子交换树脂对被交换的离子比树脂中原有离子有更高的选择性时才采用间歇槽式离子交换器。它是带有搅拌器（或用空气）搅拌的贮槽，如图 3-10 所示。两相达到平衡后，上方通入气体，利用其压力，使溶液从槽底排出。间歇槽式离子交换器设备简单，条件要求不严。处理溶液的量少，为离子交换剂体积的 0.4 倍，多则可达 15 倍。

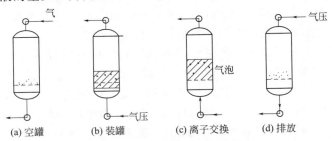

图 3-10　间歇式离子交换循环操作

（二）固定床

柱式固定床为一个直立的罐，如图 3-11 所示，直径从几厘米至 6m，树脂的深度 1～6m，一般床层深度 1～3m，物料可在重力或在压力下送入。

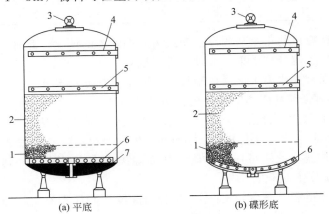

图 3-11　柱式固定床

1—树脂支承物；2—离子交换树脂；3—返洗出口；4—顶部分配器；
5—中心分配器；6—底部分配器；7—内平底

这种类型的柱需要考虑下列几种附件。

① 良好的进料分配器或均匀的出料器，使液流均一地通过床层，便于得到较陡峭的透过曲线，特别在柱直径大于 1m 时更重要。

② 合适的床层支撑体或花板，上面铺一层颗粒大小一致的石英砂或填料。

③ 逆洗控制装置和逆洗液出口要使逆洗液分布均匀，要考虑树脂逆洗时，床层膨胀所需的"自由空间"。

④ 再生剂和淋洗水送入的方法和所需要的管线。

1. 固定床的类型

根据处理液的组成、处理要求和离子交换剂的不同，离子交换固定床有：单床层、复合床、混合床、多床式和多层床等几种形式。其中复合床是阳离子和阴离子树脂分别装入串联的柱内，而混合床是将这两种树脂混合装入一条柱内。二者的差别是混合床对溶液的脱盐、精制的程度高于复合床。在混合床中，反应生成的酸即刻为旁边阴离子树脂中和成不可逆反应，直至交换完为止，所处理溶液的纯度比复合床的高。但是在混合床中，酸、碱再生液可能会和阴、阳离子交换树脂同时作用，有 5%～10% 的树脂没有再生，树脂的利用率下降。根据强酸、强碱、弱酸和弱碱四种类型的离子交换树脂性能的不同、处理溶液和再生剂种类的不同进行组合，可构成不同的复合床和混合床。在纯水制备中广泛采用强酸强碱复合床。为克服复合床和混合床各自的弱点，可以采用复合床-混合床体系的多床式，把它们串联使用，以提高交换容量和再生剂的利用率，增强对有机物污染的抵御，延长树脂的使用寿命。

2. 固定床的再生

常用的再生操作方式有并流再生、逆流再生、均匀混合再生、带集流器的逆流再生、对流逆流再生和对流再生等六种方式，如图 3-12 所示。其中并流再生［图 3-12（a）］最常用，溶液和再生剂都向下流动。但再生效果不理想。即使采用比理论量多几倍的再生剂，再生程度仍然不够高，特别是床层下方树脂中所含单价离子（主要是钠）很难完全洗脱，造成了钠离子的泄漏。为了提高再生剂的利用率和降低再生剂的消耗成本，可采用逆流再生流程［图 3-12（b）］。床层下部的树脂首先和浓度较高的新鲜再生剂接触，从而提高了再生效果和再生程度。这样再生后的床层在进行交换过程中的泄漏现象比通常方法再生的树脂床层减少约 2/3。均匀混合再生［图 3-12（c）］是在并流再生的同时，在床层底部送入空气，使之均匀混合然后再生。在逆流再生时，常因再生剂向上流动，使树脂床体积膨胀，树脂浮动，为了使树脂床层保持原有的填充形状，在床层面上设一再生废液收集器将废液引出，再生液自床层底送入和进料水达到一定的平衡状态［图 3-12（d）］，使树脂不致向上浮动。在树脂层下设再生废液收集器，并在塔顶通水，使废液和水一块由此排出，此为对流逆流再生［图 3-12（e）］，以防止树脂浮动。在床层中部设置再生废液收集器，再生液同时从塔底和塔顶注入，称作对流再生［图 3-12（f）］，目的也是减少树脂床层湍动的毛病。

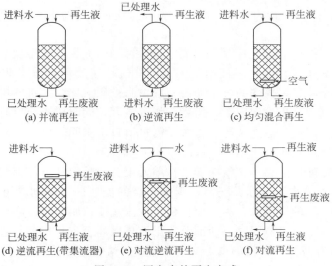

图 3-12　固定床的再生方式

以强离子交换树脂为例，因非陡峻的前沿，化学效率和再生剂的利用都比较低，床层再生远未完全。如图 3-13（a）所示，在处理高固体物含量的水时，向下并流再生，树脂床层仅再生 40%。未再生清洗前床层底部树脂大部分是钙型。再生时最初钙泄漏量是高的，在透过前逐渐降至最低点。在水处理生产中，增加再生剂的用量直至泄漏量降至符合要求为止。降低泄漏量的方法是在再生和淋洗后使树脂混合均匀，整个床层内的树脂都具有匀称的再生度。再生时由进料（如钠盐再生剂）的组成和树脂平均再生度，得到低而恒定的泄漏量曲线，如图 3-13（b）所示。逆流再生是化学效率最高、得到流出液最纯的再生方式，如图 3-13（c）所示，新鲜的钠盐再生剂自下而上逆流流动，床层底部树脂充分再生，顶部树脂却未（或未完全）再生，从而得到最纯的流出液并取得低再生水平下高的化学效率。

图 3-14 表明钠-氢交换固定床并流和逆流再生时，化学效率和再生率的曲线图。由图可见，逆流再生在低再生水平时（低再生剂用量），除产品纯度高外，化学效率也是高的。随着再生水平的提高，并流和逆流的化学效率趋于一致。

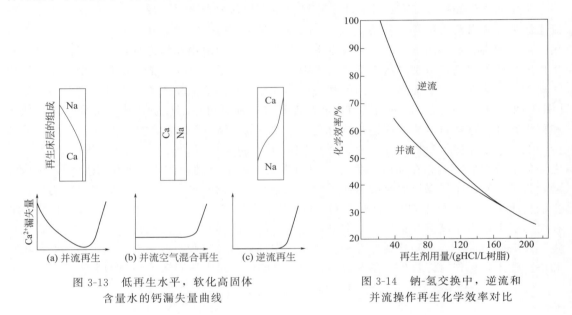

图 3-13　低再生水平，软化高固体　　　　　　图 3-14　钠-氢交换中，逆流和
含量水的钙漏失量曲线　　　　　　　　　　并流操作再生化学效率对比

（1）流化床逆流操作　流化床逆流操作，如图 3-15 所示，再生时树脂床层是固定的，再生剂向下流动。交换过程时，溶液向上流动，其流动速度加以适当调整，使树脂总体的 25%～75% 处于流化状态，顶部的分配器有一层树脂被压成比较紧密的树脂床，以利于减少泄漏量。这种操作过程，再生程度高，树脂工作容量大，同时树脂交换时呈流化状态，因而床层阻力小，而且不需要考虑逆洗步骤，故无需再留自由空间，设备空间利用率比一般的过程要高。

（2）具有两排分配器的离子交换单元　在单元设备中顶上和下部都装有分配器，如图 3-16 所示，再生时，溶液向下流动，交换过程用较高的流速向上流动，树脂被压缩到上部的分配器下形成活塞一样的树脂床，为了保持最小的流速使树脂不致下降而又能达到流出液的质量要求，可设置一个流出液回路，使部分流出液再循环至进料口，与进料混合后再送入树脂床内。图 3-16 具有两排分配器的离子交换单元的逆流再生［图 3-16（a）］再生时，再生剂向下流动；［图 3-16（b）］交换时，溶液向上，流出液部分经回路循环。

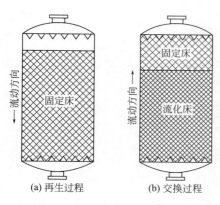

图 3-15　流化床逆流操作过程
（a）再生时，再生剂向下流动，树脂成
固定床；（b）交换时，溶液向上流动，
形成流化床和顶部成固定床

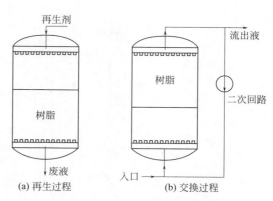

图 3-16　具有两排分配器的
离子交换单元的逆流再生
（a）再生时，再生剂向下流动；（b）交换时，
溶液向上，流出液部分经回路循环

（3）混合床离子交换　如原料水脱盐时，可将阳、阴离子交换树脂按一定的比例混合填置于同一交换柱内形成混合床，它是固定床类型之一。混合床再生方法有两种。一种是分步再生，如图 3-17 所示，将已失效的混合床用水逆洗，由于阴离子交换树脂较轻而上浮与阳离子交换树脂分开。由柱顶部引入碱再生剂，再生废碱液从阴阳离子交换树脂分界面的排液管引出。为了避免碱液向下进入阳离子交换树脂层，在引入碱再生剂的同时，用原水从下而上通过阳离子交换树脂层作为支持层。在再生阳离子树脂时，酸再生剂由底部进入，废酸再生液由阴阳离子交换树脂分界层排液管引出。为防止酸液进入阴离子交换树脂层，需自上而下通入一定量的纯水。分别再生完毕后，从上下两端同时引入纯水清除，最后用压缩空气使两种树脂再充分混合。

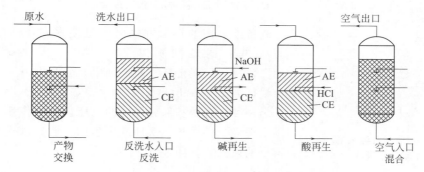

图 3-17　混合床的分布再生过程

另一种再生方法是酸碱液同时引入树脂床层进行再生，从而节省操作时间，如图 3-18 所示。

（三）连续和半连续离子交换过程

连续或半连续离子交换过程，一般是通过以下几步完成。

① 组合多个离子交换槽（柱），各槽顺序地进行返洗、再生、淋洗和离子交换。

② 使离子交换剂移动或流化与溶液形成相对运动。

③ 对影响离子交换平衡的热力学参数定期改变并和溶液流动相耦合等方法实现的。

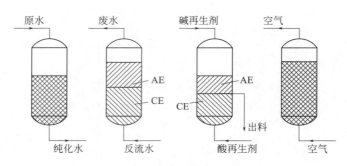

图 3-18　混合床的酸碱同时再生过程

AE—阴离子交换树脂；CE—阳离子交换树脂

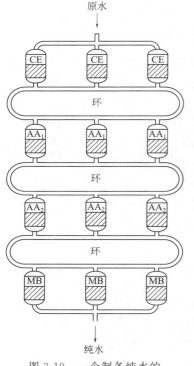

图 3-19　一个制备纯水的
环状并联复床系统

连续（半连续）离子交换过程要求如下。

① 树脂和进料溶液接触良好。

② 树脂载荷高，其停留时间比进料溶液长，并能加以控制，且树脂和溶液容易分离。

③ 提高树脂的物化和力学性能，增大树脂的传质速率，减少树脂和溶液的停留时间，使设备的处理能力提高。

④ 严格限制树脂的载荷量，使再生冲洗剂的量减至最小，尽可能避免污染，同时控制树脂的溶胀和收缩，以防止树脂小球破裂等。满足上述要求后，就可以充分发挥连续操作的优点，提高设备的能力和产品质量，减少树脂和再生冲洗剂的损失。

1. 复合床固定床离子交换器

制备纯水用的环形并联复床是使水先经强酸阳离子柱（CE）、再经弱碱性阴离子（AA₁）、及强碱阴离子柱（AA₂），最后经混合柱（MB），以充分利用每一交换柱的交换容量，如图 3-19 所示。

另一种带返洗和部分冲洗的三床循环操作流程，则充分利用水洗涤、一次和二次冲洗再生的步骤，以提高树脂清洗和再生的效果，如图 3-20 所示。

2. 移动床离子交换器

移动床过程属半连续式离子交换过程。在设备中，交换、再生、水洗等步骤是连续进行的。但树脂要在规定的时间移动一部分，树脂移动期间不出产物，所以从整个过程看来只是半连续的。

（1）Higgins 移动床　这种设备和 Chern-Seps 连续逆流接触器是类似的，如图 3-21 所示。其有两种循环。一是操作循环：阀 A、E、F、G、I、K 开，阀 B、C、D、H 闭；二是脉冲循环：阀 B、C、D、H 开，阀 A、E、F、G、I、K 闭。

它实质上把交换、再生、清洗几个步骤首尾串联起来，树脂与溶液交替地按规定的周期移动，溶液流动期间（通常几分钟），树脂成固定床操作，如图 3-22 所示。

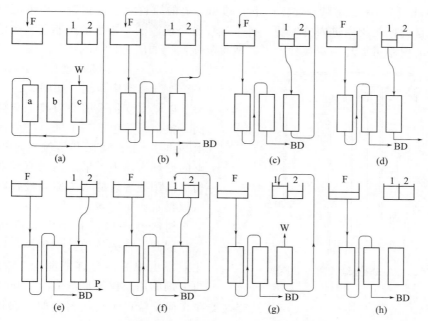

图 3-20　带返洗和部分冲洗的三床络合抽提-冲洗循环操作

F—进料；W—水洗涤；1—第一次冲洗；2—第二次冲洗；P—沉淀清洗；
BD—排料进料经 1，2 两柱使树脂交换载荷，然后树脂清洗和再生

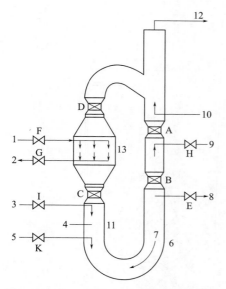

图 3-21　Chern-Seps 连续逆流离子交换器

1—未处理水进口；2—处理水出口；3—清洗液；
4—界面控制器；5—再生剂进；6—再生段；
7—树脂流；8—再生剂废液；9—脉冲入；
10—返洗；11—清洗段；12—去粉末树脂
收集器；13—操作段

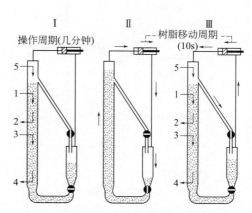

图 3-22　Higgins 连续离子交换器

1—原料液入；2—已处理溶液出；
3—再生液入；4—废再生液出；5—水入

泵推动溶液间接使树脂脉冲移动（通常几秒钟）。其优点是所需要的树脂比固定床少，其占用面积只为固定床面积的 20%～50%。再生液的消耗也比固定床低。

（2）Asahi 移动床　树脂在柱内向下流动和向上的原料液逆流接触。柱内流出树脂由压力推动，经自动控制阀门进入再生柱。再生过程也是逆流的，再生的树脂转移至清洗柱逆流冲洗，干净的树脂再循环回交换柱上方贮槽重复使用，如图 3-23 所示。

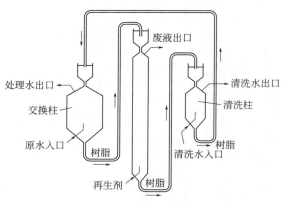

图 3-23　Asahi 连续式离子交换器

（3）Avco 连续移动床　Avco 系统是一平稳连续移动床系统，如图 3-24 所示。

以硬水软化采用的阳离子交换树脂柱为例，整个系统包括三个区：反应区（离子交换和再生）、驱动区和清洗区。为了取得足够的循环水压力，采用两级驱动器串联。在初级区用处理后的水为驱动液，在次级区则以原料水为驱动液。

树脂在平稳的移动中保持高度紧密状态。因此，柱的体积效率很高。同时，其再生效率也很高，允许泄漏为 1% 的情况下，再生剂的用量仅为理论值的 1.06 倍。

（4）Watts 连续交换器　Watts 连续交换器和其他旋管离子交换器类似，都是使树脂和溶液（进料或再生剂）相对移动造成循环，如图 3-25 所示。

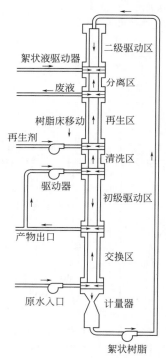

图 3-24　Avco 连续移动床
离子交换系统

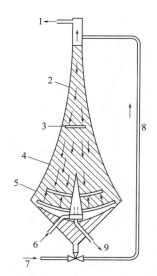

图 3-25　Watts 连续离子交换器
1—污物出口；2—再生；3—再生剂入口；4—清洗；
5—处理；6—未处理水入口；7—输送动力水入口；
8—物料输送线；9—已处理水出口

它的缺点都是进料中的固体微粒易堵塞树脂床层，使床层的压力降增大。一般含固体微粒量超过 1000×10^{-6} 时，就要注意防止出现此类问题。

3. 流化床离子交换器

流化床离子交换器对处理含悬浮固体微粒的溶液是很有潜力的。实践证明，它仅限于处理大约含 5000×10^{-6} 悬浮固体的溶液，连续逆流离子交换设备主要分两类，即柱型和多级段槽型。其中，一些流化床设备已经在湿法冶金、提取铀或贵金属中得到应用和工业化。

（1）Cloete-Streat 流化接触器　这是一种带多层有孔分布板而无泄漏水管的流化床，如图 3-26 所示。分布板上的孔径比最大的树脂颗粒更大，向上流动的进料使树脂流化并交换，逆流的树脂流可周期地停止运动，并使已处理液反方向流动。大部分经离子交换的树脂从柱底排出，经再生液交换后送回柱顶。

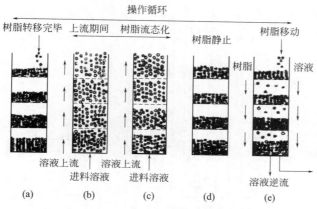

图 3-26　Cloete-Streat 流化接触器的典型操作循环

（2）带树脂交换和再生塔的连续逆流离子交换流化床　树脂在两个塔内分别流化进行离子交换和冲洗再生，如图 3-27 所示。经过一定时间，关闭阀门Ⅰ，开启阀门Ⅱ，塔内无溶液流动，树脂沉降，溶液向下流动，树脂从塔底进入树脂传送槽，然后流至流化塔的塔顶，继续操作。

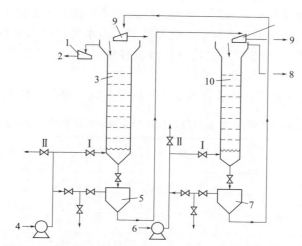

图 3-27　带树脂交换和再生塔的连续逆流离子交换流化床
1—树脂捕集器；2—溶液出；3—树脂交换塔；4—进料溶液；
5—交换用树脂传送槽；6—冲洗再生液；7—冲洗再生树脂传送槽；
8—浓清洗液出；9—树脂过筛清洗；10—再生塔

（3）国产双塔式流动床离子交换装置　连续式离子交换装置已在我国抚顺发电厂和抚顺石油三厂等厂使用，以广东顺德容奇环境保护设备厂生产的 SL 系列为例，其流程如图 3-28 所示。

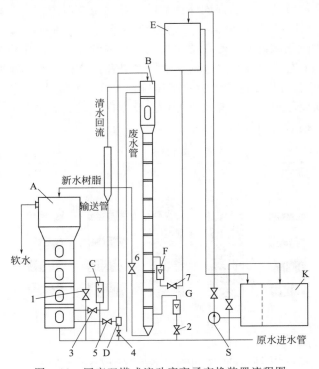

图 3-28　国产双塔式流动床离子交换装置流程图

1—原水阀门；2—清洗水阀门；3—清洗水回流阀门；4—水射器动力水阀门；5—树脂阀门；
6—已再生树脂阀门；7—盐液阀门；A—交换塔；B—再生塔；C—原水流量计；D—水射器；
E—高位盐液槽；F—盐液流量计；G—清洗水流量计；S—盐液泵；K—低位盐液槽

SL 型双柱式流动床水处理装置是把再生与清洗过程合在一个塔内进行。交换塔则由三或四个级段组成。溶液及水与树脂均在塔内成逆流流动。原水从交换柱底进入，树脂从柱顶逐层下降，软水从柱顶流出。失效树脂由底部流出，由水射器抽送至再生塔经树脂回流斗、树脂贮存槽（预再生段）、再生区与柱内食盐溶液接触而再生。再生树脂由重力作用返回交换柱循环使用。

国产 SL 系列流动床离子交换装置的规格和操作参数，如表 3-15 所示。

表 3-15　国产 SL 系列流动床离子交换装置规格和操作参数

规格参数 \ 型号	SL-02	SL-04	SL-10	SL-20	SL-40
交换珠直径/mm	340	500	800	1100	1450
再生柱直径/mm	67	100	156	215	280
交换树脂层静态高/mm	1.3	1.5	1.5	1.5	1.5
树脂填量/kg	170	370	940	1790	3100
交换流量/(t/h)	2.3	5	12.5	23.7	41
交换流速、线速/(m/h)	25	25	25	25	25
再生剂当量比耗	2	2	2	2	2

（4）Himsley 流化床接触器　Himsley 连续逆流离子交换流化床是改进的多层流化床。它由离子交换树脂和一液体进口管组成垂直床层，也可称为喷动床塔。进料在操作期间逐层连续向上流动，和逆方向用泵送来的树脂接触，已交换载荷的树脂用泵输送出计量槽，如图 3-29 所示。泵I使溶液从 A 层带动树脂沿 b 环路循环。载荷树脂在冲洗再生槽再生及冲洗，再生树脂返回交换柱顶重新使用。

（5）水平排列的多级段槽　多数的直立流化床塔可以改成一连串的水平排列槽进行操作。图 3-30 为水平排列连续逆流流化床离子交换系统。其进料量可达 3500m³/h，每一槽 6m×6m，深 3.5m，每一列有 6 个槽。树脂在槽内流化，树脂用 6 个空气提升器输送，逐次经过 6 个流化槽（图内仅绘 2 个）。为了充分利用冲洗再生剂和提高产品浓度，工业上采用多槽式树脂冲洗再生装置，其流程如图 3-31 所示。

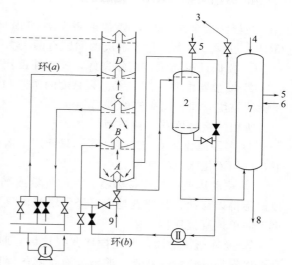

图 3-29　Himsley 连续逆流离子交换流化床接触器
1—树脂铀离子交换柱；2—树脂计量及转移槽；3—冲洗再生树脂去交换柱；4—洗水进；5—洗水出；6—冲洗再生剂；7—冲洗再生槽；8—冲洗液；9—进料溶液

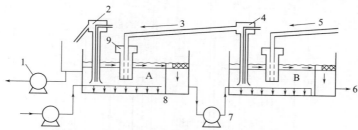

图 3-30　水平排列连续逆流流化床离子交换系统
1—负荷树脂输送泵；2—负荷树脂转移；3—树脂从 B 段去 A 段；4—空气提升树脂；5—树脂从级段 C 送来；
6—溶液去级段 C；7—中间送液泵；8—溶液分配；9—送入溶液器

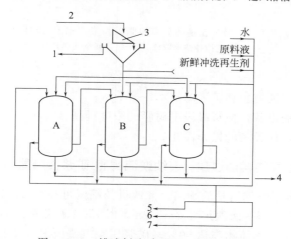

图 3-31　三槽式树脂冲洗再生装置流程图
1—返回进料贮槽；2—已交换负荷树脂；3—树脂筛网及洗涤；4—冲洗再生树脂去最后交换接触器；
5—去回收冲洗液槽；6—去进料槽；7—去溶液泵

4. 树脂浆物（RIP）接触器

在湿法冶金过程中，如铀或贵金属的提炼经常生成浆液，此提取方法称为树脂浆液（RIP）过程。这类过程要解决的问题有两个。

① 要保证树脂浆液接触良好，搅拌速度比较高，以免矿物微粒沉降。

② 接触器中要使高密度、高黏度的矿浆和树脂能很好分离，一般所用的树脂粒径较大，树脂的停留时间长而矿浆的则短。

所用的接触器有三种类型。

① 多层流化床 CCIX 接触器，只能用于低密度的矿浆，此浆液含固体物要少在 0.5% 以下，可用流化床或喷动床。

② 跳动床或脉冲床接触器，是半连续或半流化的床层，脉冲送入溶液，防止矿浆堵塞，使树脂得以移动。其缺点是床层经常堵塞，限制了脉冲床塔的尺寸，机械磨损大，级段之间难于简单地直接连接。

③ 搅拌槽接触器，利用搅拌器搅拌可克服树脂和浆液之间的密度差，搅拌器的转速要高，以保证其成悬浮状态。浆液要有足够的停留时间以达到较高的两相间的传质，可用空气或搅拌器搅拌，并使之成连续的逆流移动，如图 3-32 所示。

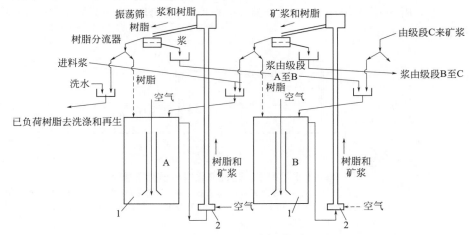

图 3-32　带外振荡筛分离树脂矿物浆（RIP）搅拌槽
1—空气搅拌铀提取槽；2—级段间空气提升器

改进的方向如下。

① 改进分离离子交换树脂和矿浆的技术。

② 设计出更紧凑的设备，使每级段中树脂的浓度提高。

③ 改良工程设计，使设备的操作简化。

5. Davy Mckee 高物料通过量，连续逆流树脂-矿浆接触器

此接触器器底有沉浸空气清扫的筛网，此改进的筛网可在级段之间分离树脂和矿浆，从而得到浓度较高的树脂。每一级段尺寸 $2m \times 2m \times 2.5m$，矿浆通过量 $75m^3/h$，树脂在溶液中浓度为 25%，矿浆可含固体物高达 50%。矿浆用空气提升和间歇或连续地逐级段逆流的树脂流接触，矿浆从接触器 A 至 B 至 C……一直至 F，由沉浸空气清扫筛网通过，而树脂保留在各级段的筛网上。如图 3-33 所示。

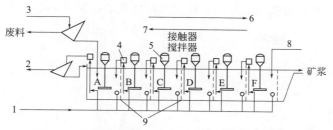

图 3-33　高物料通过量，连续逆流树脂-矿浆接触器

1—空气清扫筛网和提升用空气；2—已交换树脂去冲洗再生；3—进料矿浆；4—空气提升；
5—接触器搅拌器；6—矿浆流动；7—树脂流动；8—清洗再生树脂；9—沉入空气清扫筛网

6. 磁树脂连续离子交换流化床

在树脂聚合过程加入常用的 $\gamma\text{-}Fe_2O_3$ 磁性材料制成大孔磁性吸附树脂，经过官能团化可以制备成离子交换树脂。它的直径一般为 $100\sim500\mu m$（为普通离子交换树脂的几分之一），含磁性物质 $\gamma\text{-}Fe_2O_3$ $10\%\sim15\%$。此类树脂的粒度小，因而反应速率比普通离子交换树脂快得多，如图 3-34 所示。

磁性弱酸树脂的交换容量约为 $7mmol/g$。在脱碱过程，容量会缓慢下降，这可能是循环系统的硬固体微粒磨损磁树脂表面层的缘故。在酸性条件下，接枝的链会发生缓慢的水解。应更多地合成化学性能稳定，能抵抗强碱和较弱碱性的磁树脂，这种树脂粒度小、相对密度大、有磁性，可聚结成大的絮凝物，因而沉降速度大，能适用于半连续离子交换的多段流化床接触器，如 NIMCIX、Himsley 塔、Liquitech 塔接触器，以提高效率和处理能力。图 3-35 的曲线表明同一粒径的磁树脂，在相同的床层体积膨胀下，向上流的水流速度可增大几倍。在床层加入搅拌器后，因磁性絮凝物中夹带了大量水分，可防止树脂在床层及输送管线内沉积。

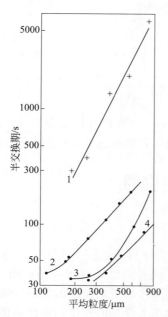

图 3-34　粒径对反应速率的影响

1—B-螯合树脂（浅床实验）；2—C-Sirotherm（浅床实验）；
3—A-Sirotherm（烧杯搅拌实验）；4—D-强碱性树脂（浅床实验）

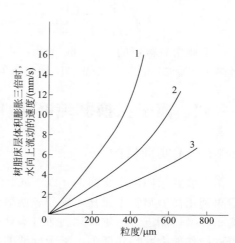

图 3-35　粒径和磁化对数脂床层膨胀的影响

1—50%（质量分数）Fe_2O_3（已磁化）；2—50%（质量分数）Fe_2O_3（未磁化）；3—普通树脂

图 3-36 和图 3-37 分别表示了搅拌桨转速和液泛及塔板开孔率的关系。

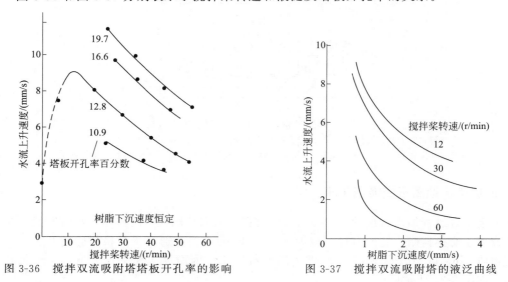

图 3-36　搅拌双流吸附塔塔板开孔率的影响　　图 3-37　搅拌双流吸附塔的液泛曲线

目前，已建造直径分别为 150mm、300mm 和 600mm 的多段搅拌双流流化塔，并用不同大小粒径的磁树脂进行了"Sirotherm"脱盐和脱碱的操作。其工艺流程如图 3-38 所示。

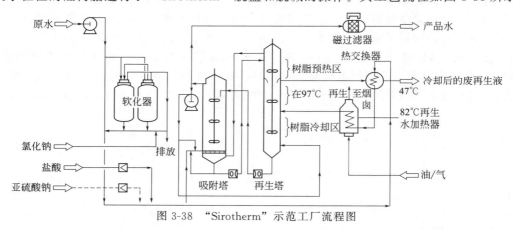

图 3-38　"Sirotherm"示范工厂流程图

工业用脱盐塔的直径 1600mm，再生塔直径 900mm，塔高（加上分离区）约 9m，分为预热区和冷却区，每区又分为 10 段，塔顶另有树脂分离区，交换饱和后树脂用泵送去再生塔顶。

四、离子交换制纯碱实训装置操作说明

（一）实训目的

本装置用阳离子交换剂，以 NaCl 和 NH_4HCO_3 为原料通过离子交换生产 $NaHCO_3$；然后再利用微型喷雾干燥器对碳酸氢钠溶液进行干燥处理并最终获取碳酸钠；用 NaCl 溶液对离子交换树脂进行再生处理。通过实训可以训练学生操作离子交换器的能力、操作降膜蒸发器的操作能力及操作微型喷雾干燥器的能力，通过对相关设备的操作和操作条件的控制最终生产出合格的碳酸钠固体。并通过滴定分析确定产品的最终组成，该装置能系统训练学生的识图能力、操作能力及设备故障的判断和处理能力。

（二）实验原理

离子交换反应原理与溶液中的化学反应基本相似，它同样是可逆的反应过程，只是在液-固相之间进行。

用阳离子交换剂，以 NaCl 和 NH_4HCO_3 为原料生产 $NaHCO_3$ 的交换过程和再生过程。

交换过程：

$$RNa + NH_4HCO_3 \Longrightarrow RNH_4 + NaHCO_3$$

再生过程：

$$RNH_4 + NaCl \Longrightarrow RNa + NH_4Cl$$

交换反应通式可简写为：

$$NH_4^+ + Na^+ \Longrightarrow NH_4^+ + Na^+$$

离子交换平衡用浓度质量作用公式描述，其平衡常数又称为离子交换的选择性系数，简称选择性系数。

$$K_{Na}^{NH_4} = \frac{[RNH_4][Na^+]}{[RNa][NH_4^+]} \tag{3-10}$$

式中　　　　　$K_{Na}^{NH_4}$——Na^+ 交换剂中 NH_4^+ 的选择性系数；

$[RNa]$、$[RNH_4]$——平衡时树脂相中 Na^+、NH_4^+ 的浓度，mol/L；

$[Na^+]$、$[NH_4^+]$——平衡时 Na^+、NH_4^+ 浓度，mol/L。

交联度为 8% 的阳离子交换剂 $K_{Na}^{NH_4}=1.288$，若 $[Na^+]$ 和 $[NH_4^+]$ 接近，达到平衡时，交换剂中的 $[Na^+]$: $[NH_4^+]=1.288$，表明树脂优先结合 NH_4^+，在整个结合反应过程中，NH_4^+ 易置换 Na^+，而 Na^+ 不易置换 NH_4^+。由平衡方程可知，要使 Na^+ 易置换 NH_4^+，应增加 $[Na^+]$，即配料时 NH_4^+ 应小于 Na^+，一般，$[Na^+]$: $[NH_4^+]=1.40$。

本实验采用的离子交换方式是把交换剂放在交换器中，以交换过程为例，NH_4HCO_3 溶液不断地自上而下流过交换器，溶液中可交换离子 NH_4^+ 与交换剂中反离子 Na^+ 不断地进行交换，交换器中交换剂逐渐形成了三个区域，最下部保持不变；中间部分 Na^+ 被 NH_4^+ 交换（交换区）；最上层被 NH_4^+ 完全饱和（耗竭区）。交换过程中交换区和耗竭区的位置逐渐往下移动，当交换区移到交换器下端时，交换达到透过点，流出液中出现 NH_4^+，随着 NH_4^+ 的浓度不断增加，直至与被处理溶液中 NH_4^+ 浓度相同，交换区消失，交换剂完全失效。在交换过程中，整个交换剂层就是这样自上而下分层达到过渡饱和而失效的，这就是一般所说的分层失效原理。

达到透过点后，NH_4^+ 被带出交换器，这种现象称为泄漏，将造成原料损失。交换层的厚度取决于被处理溶液中 NH_4^+ 的浓度和溶液透过交换剂层的速度。一般流速快、浓度高、交换区厚，透过点到来的早，离子泄漏量大，交换器利用率低，产品成本提高。

交换器利用率与树脂性能、工作温度、交换液浓度和流速，以及交换器的高径比有关。本实验选用的交换剂为 001×7 苯乙烯型强酸性阳离子交换树脂；温度对离子交换装置的工作影响较大，一般认为较理想温度是 20～30℃，即室温。为提高交换剂再生度采用低速逆流再生。再生过程中，NaCl 溶液上液速在 1.5～3.5cm/min（线速度）。交换过程中，NH_4HCO_3 溶液的上液速度在 3.5～5.5cm/min。NH_4HCO_3 浓度选择为操作温度下的饱和溶液，一般 NH_4HCO_3 含量为 2.5mol/L 左右，控制 NaCl 溶液中 Na^+ 浓度为 3.5mol/L 左右。另外，要正确地选择工作交换容量（离子交换树脂在工作条件下对离子的交换吸附能力），以达到 Na⁺ 收率最高，原料耗量最少，一般为总交换容量-单位质量或体积离子交换树脂中能进行离子交换反应的化学基团总数的 60%～100%。

（三）主要设备及操作条件简介

真空蒸发器操作压力：$-0.09MPa$；

真空蒸发器操作温度：80℃；

离子交换器：$\phi90mm\times1000mm$ 有机玻璃交换器（共 4 个）；

真空蒸发器：$\phi108mm\times4mm\times1000m$ 不锈钢塔体；

真空泵：2XZ-4，电压 220V；

干燥塔：$\phi76mm\times3.5mm\times800mm$ 不锈钢材质；

贮罐：6 个，10L，塑料；

贮罐：1 个，4L，不锈钢；

冷凝液贮罐：1 个，2L，不锈钢；

高位槽：4 台，2L，有机玻璃；

气液分离器：1 台，3L，不锈钢；

干燥器：2 台，不锈钢，$\phi76mm\times3.5mm\times800mm$，配干燥剂；

进液泵：4 台，耐酸碱，0～4L/h；

预热器：不锈钢，加热功率 1.5kW；

压力变送器：2 台，$-0.1～0.1MPa$，4～20mA。

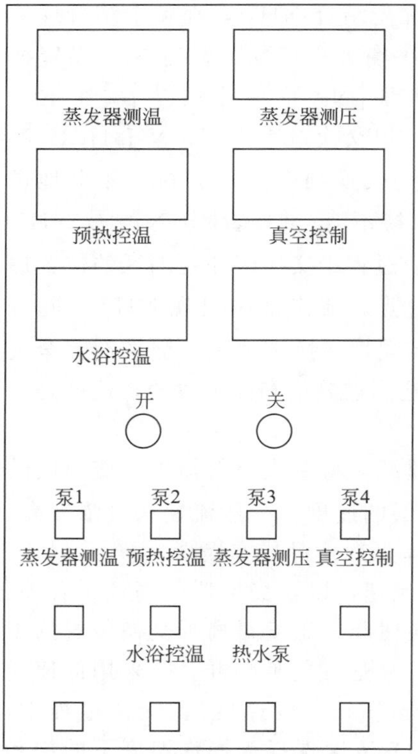

图 3-39 离子交换制纯碱实训
装置仪表柜面板布置图

（四）实验流程及操作

1. 流程及装置简述

实验包括溶液配制、离子交换、交换稀碱液蒸发浓缩、喷雾干燥等工序，主要装置有交换塔、蒸发器、真空泵等设备。

交换器中交换树脂层高度一般应大于 60cm，在顶部有 20cm 左右的水层，上部有溢流管，顶部设进液管，底部设进液排液共用管，工业生产上树脂层与交换器直径之比一般在 2～3，实验室可根据实际情况相应取大些。

蒸发器加热蒸发段高度 700～800mm，内装 $\phi15mm$ 蒸发管，直径 60～70mm，蒸发需要的热量由直径 50mm、高 600mm 左右水夹套中的热水提供，用接点热电偶测量并控制夹套中热水温度，温度计装在连通器的高位槽中。蒸发器顶部和底部分别设有真空接管和排液接管。

2. 仪表柜面板布置及装置流程图

（1）仪表柜面板布置图 离子交换制纯碱实训装置由天大北洋化工实验设备公司提供，如图 3-39 所示。

（2）装置流程图 离子交换制纯碱装置流程，如图 3-40 所示。

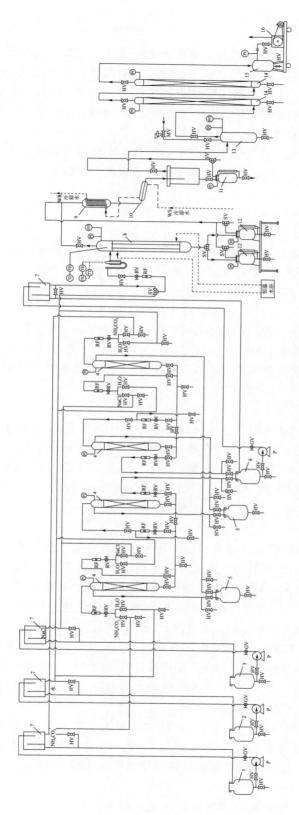

图 3-40　离子交换制纯碱装置流程图

HV—球阀；RV—调节阀；SV—三通阀；PIT—压力变送器；TIC—控温表；
HV—球阀；RV—调节阀；GV—隔膜阀；MV—电动调节阀；RF—转子流量计；P—进料泵；TI—测温表；
SV—三通阀；PIT—压力变送器；PI—压力表；TI—测温表；
TIC—控温表；1—碳酸氢铵溶液槽；2—蒸馏水槽；3—氯化钠溶液槽；4—交换器；5—副产物罐；6—交换液槽；
7—高位槽；8—真空蒸发器；9—冷凝器；10—气液分离器；11—冷凝液贮罐；
12—蒸发液罐；13—缓冲液罐；14—干燥塔；15—缓冲液罐；16—真空泵

3. 实验前准备

（1）试漏　试漏分为两部分进行，首先是离子交换部分，贮罐中加入足量清水，打开进料泵，向设备中进水，检查各个管路接口是否漏水，如有漏水，将连接管路拆下重新连接，离子交换部分试漏结束后进行蒸发器部分试漏，关闭所有放气阀门，通入氮气，升压至0.1MPa，用试漏液仔细涂抹各部分接口，观察是否漏气，试漏结束后，放出试漏气体，连接真空泵，关闭放气阀门，检查真空系统是否漏气。

（2）检查电路　连接电源，打开各部分仪表，观察各个仪表是否显示正常。

（3）试水　连接冷凝水，通入冷凝水，观察冷凝水管路是否漏水。

4. 实验步骤

（1）溶液配制

① NaCl 溶液配制　配制 Na^+ 浓度为 3.5mol/L 左右的 NaCl 溶液，溶液体积视交换剂装填量和循环次数而定，根据原料中 NaCl 含量，由式（3-11）计算出 NaCl 用量，放入溶解槽中，加入定量脱盐水（其量为配制溶液体积的 1/2 左右），加热使全部原料溶解，静置沉淀过滤。稀释至所需体积分析 Na^+ 含量，移入高位槽备用。

② NH_4HCO_3 溶液配制　相应配制 NH_4HCO_3 浓度为 2.5mol/L 左右的溶液若干，由式（3-12）计算出投料量，溶解槽中加入一定量温度为 35℃ 左右的脱盐水（其量为配制溶液体积的 2/3 左右），搅拌。缓缓投料至全部溶解，沉淀 3h 左右，过滤并稀释至预定体积，分析 NH_4HCO_3 含量，合格后导入高位槽备用。

（2）离子交换工序

① 树脂的处理与装填　将树脂置于耐腐蚀容器中，用脱盐水清洗以除去杂物，到排水清晰为止，用脱盐水浸泡 12～24h。洗净交换器，在底部垫涤纶布或聚氯乙烯布，交换器内放入脱盐水，其量为交换器容积的 1/3，再装入树脂，正洗，水清晰后再洗，洗去悬浮物和气泡，调整树脂层上部存水高度，使其达到超过树脂 200mm 高度，用 NH_4HCO_3 处理树脂，开启 2 号 NH_4HCO_3 贮罐泵，使 NH_4HCO_3 导入高位槽。

② 离子交换过程

（a）交换过程　调整树脂层上部存水高度，使其达到给定值，上 NH_4HCO_3 溶液，根据排水时间，确定取液始点，将 $NaHCO_3$ 溶液（后称稀液）收集在贮槽中，由 NH_4HCO_3 上液量确定上液时间，上液结束，转入二次正洗过程。具体步骤如下。

按顺序打开阀门 1、4、8，并打开进料泵 1 控制塔 1 进料流量为 30m³/min，开始向塔 1 进料。待塔 1 液面升至树脂上 20cm 时，再依次打开阀门 13、16、11、18。向塔 2 内进料控制塔 2 进料为 30mL/min，进料一定时间后，分别打开阀门 14、19 取样进行分析，通过分析结果（分析方法详见后面分析部分），确定穿透后打开阀门 20、32、33 进行排料，控制塔 1、2 排料流量为 30mL/min，排料过程中进行测底，通过测定结果确定树脂失效，即不能进行交换时停止排料。进入二次正洗过程。

（b）二次正洗过程　打开阀门 8、9、10，目的是用水清除剩余的交换剂及交换产物，正洗速度同 NH_4HCO_3 上液速度，根据式（3-15）～式（3-17）算出排液时间，排液结束，取液停止，转入下一个循环过程。收集到的液体可作为下次实验的原料液，再与树脂交换生成 $NaHCO_3$。

分析稀液中 Na^+ 浓度，测量稀液体积并计算 Na^+ 收率。

（c）再生过程　再生的目的是使失效的离子交换树脂恢复交换能力。为了降低原料消耗，提高再生度，进而增加工作交换容量，采用逆流再生。所谓逆流再生，指交换过程中溶液在器中的流动方向是自上而下，再生过程中再生剂的流动方向则是自下而上，这样，床层下部的树脂最先与新鲜而较浓的再生剂接触，使含 NH_4^+ 较少的溶液流过饱和度较小的树脂层，而含 NH_4^+ 较多的溶液，流过饱和度较大的树脂层，因而获得较高的再生效果，即使用较少的再生剂，也能得到较高的再生程度。

逆流再生成败的关键在于是否能够保证交换剂不乱层，保持原来的填充状态，所以在逆流再生和反洗时，应严格控制流速。一般控制流速小于 40mL/min，同时，交换剂层上部必须有 20cm 以上的水层。其操作步骤如下。

打开阀门 2、开启清洗水泵 2，打开阀门 15、18 进清洗水水调整上部水层高度至溢流管，停止进清洗水，打开阀门 3，打开泵 3，通入 NaCl 溶液，将流速调整到 30mL/min，溢流管排出废液。收集 NH_4Cl 溶液入副产物罐，上液结束后，转入反洗过程。

（d）反洗过程　让水自下而上通过交换剂层。反洗使交换剂翻松，为交换创造良好的条件，并带出树脂层中的残余再生剂、再生物及其他杂质。反洗的最初阶段，反应器内继续进行再生过程，控制反洗水进料速度为 30mL/min，并将废液排出，通过测定确定排液结束，停止取液，控制反洗水流速，小于 40mL/min 反洗时间 20~30min，流出液排入地沟。然后进入正洗过程。

（e）正洗过程　打开阀门 8、9、10，让水自上而下通过树脂层，正洗的目的是进一步洗清树脂层中的残余再生剂及其再生物，正洗水流速小于 60mL/min，正洗终点到流出液中 $Cl^- < 5mmol/L$，正洗过程流出液可收集作为反洗用水或排入地沟。正洗过程结束后进行二次正洗过程。

在再生、正洗、反洗、二次正洗过程中，可使用交换塔 3、4 进行离子交换，阀门开关与交换塔 1、2 相对应，交换塔 1、2 与交换塔 3、4 交替使用。

（3）蒸发工序　蒸发过程在蒸发器中进行，首先将冷却水以及真空泵连接到指定位置，打开泵 4 将产品罐中产品导入高位槽，接通电源，打开热水泵，控制加热温度为 60℃左右，将预热器升温至 40℃，并启动真空泵，真空泵控制在 0.09MPa 左右，进料，进料一定时间后通过取样口取样分析，测定浓度。浓度符合要求后，将浓缩液收集至浓缩液罐。

（4）干燥工序　取一定量浓缩液通过蠕动泵进料，进入到喷雾干燥反应装置中，控制温度为 240℃，进行喷雾干燥，即可收集到 Na_2CO_3 干燥粉末（收集到的干燥粉末含 $NaHCO_3$ 很少甚至没有，喷雾干燥操作流程另见喷雾干燥说明书），为确保 $NaHCO_3$ 100% 转化为 Na_2CO_3，可将喷雾干燥后所得粉末放置烤箱内 270℃烘烤一段时间使其完全转化。

（5）实验结束停车操作　实验结束后将预热器与蒸发器降温，并向蒸发器中通入清水，清洗管路，管路清洗完毕后，关闭真空系统，将系统压力升至常压，等系统温度降至室温后，关闭各部分仪表，切断电源。

（五）分析方法

交换过程中测定 NH_4^+ 是否穿透树脂检测方法是取少量溶液加入甲醛，当加入甲醛后有大量气泡产生则溶液中含有 NH_4^+ 树脂被击穿，反之则没有。

1. 原料分析方法

（1）粗食盐中氯化钠含量的测定　由于原料中钠离子的检测比较困难，而粗食盐在用作原料前要进行提纯处理，所以采用检测氯离子的方法来测定原盐的浓度。

以 0.01mol/L AgNO₃ 溶液作为标准溶液，以 5% K₂CrO₄ 溶液作为指示剂来滴定处理稀释后的原盐溶液，然后根据滴定所消耗的 AgNO₃ 溶液的体积计算稀释液的浓度，平行测定三次。再反算原盐的浓度。

（2）碳酸氢铵含量的测定　测定铵盐浓度的方法有两种：一种是通过测定溶液中的 HCO_3^- 浓度，然后反算碳酸氢铵的浓度；另一种是直接溶液中的 NH_4^+ 浓度来确定碳酸氢铵的浓度。

第一种方法：以 0.1mol/L HCl 溶液作为标准溶液，以 0.1% 的甲基橙作为指示剂来滴定稀释后的碳酸氢铵溶液（约为 0.1mol/L），然后根据滴定所消耗的 HCl 溶液的体积计算稀释液的浓度，平行测定三次。再反算碳酸氢铵的浓度。

第二种方法（甲醛法）：准确吸取稀释后的铵盐溶液（约为 0.1mol/L）20mL 放入 250mL 锥形瓶中，再向锥形瓶中加入 1:1 的中性甲醛溶液（向甲醛中滴加 4～5 滴酚酞，用 NaOH 溶液滴至浅粉红色）5mL 和 1～2 滴酚酞指示剂，用 0.1mol/L NaOH 标准溶液滴至浅粉红色且半分钟不褪色，根据滴定所消耗的 NaOH 标准溶液的体积计算稀释液的浓度，平行测定三次。再反算碳酸氢铵的浓度。该测定方法还可以用来确定交换过程何时达到透过点。

2. 产品分析

（1）盐酸标准溶液的配制与标定

① 0.1mol/L 盐酸标准溶液的配制　用洁净的量筒量取 4.5mL 浓盐酸（37%；$\rho = 1.19g/mL$），加水稀释至 500mL，混匀，保存在细口瓶中，待标定。

② 0.1mol/L 盐酸标准溶液的标定　将 Na₂CO₃ 在 270～300℃ 干燥 1h。准确称取无水 Na₂CO₃ 0.15～0.2g，称量三份，分别置于 250mL 锥形瓶中，用 50mL 水使其溶解，加入 10 滴溴甲酚绿-甲基红混合指示液，滴定至溶液由绿色经灰紫色变为暗红色时，加热煮沸 2min 以除去 CO₂，冷却后继续用盐酸标准溶液滴定至暗红色为终点。记录消耗盐酸标准溶液的体积，同时做空白实验。

（2）用容量分析中双指示剂法分析纯碱的含量　准确称取 1.5～1.7g 产品，置于 250mL 烧杯中，加少量新煮沸冷却的蒸馏水溶解，然后转移至 250mL 容量瓶中，加煮沸并冷却的蒸馏水稀释至刻度，摇匀。用移液管移取产品液 25mL 至 250mL 锥形瓶中，加入 2 滴酚酞指示剂，用 0.1mol/L 的盐酸标准溶液滴定至溶液由红色变为无色，记录所消耗 HCl 标准溶液的体积，用 V_1 表示；再在上述锥形瓶中加入 2 滴甲基橙指示剂，继续用 0.1mol/L 的盐酸标准溶液滴定，至溶液由黄色变为橙色，记录所消耗 HCl 标准溶液的体积，用 V_2 表示。平行滴定三次。根据所消耗的 HCl 标准溶液的体积计算产品中 Na₂CO₃ 和 NaHCO₃ 的含量，进而计算 Na₂CO₃ 的收率。

（六）基本计算公式

1. 配制 NaCl 溶液需 NaCl 量

$$m = VCA \tag{3-11}$$

式中　V——配制 NaCl 溶液的体积，mL；

　　　　A——原料中钠的摩尔质量，g/mol；

C——配制溶液中 Na^+ 浓度，mol/L。

2. 配制 NH_4HCO_3 溶液需 NH_4HCO_3 量

$$m = VCA \tag{3-12}$$

式中　V——配制 NH_4HCO_3 溶液的体积，mL；

　　　A——原料中 NH_4HCO_3 的摩尔质量，g/mol；

　　　C——配制溶液中 NH_4HCO_3 浓度，mol/L。

3. NaCl 溶液上液体积

$$V = \frac{WN}{C} \times 0.023 \tag{3-13}$$

式中　W——交换器中装填树脂质量，g；

　　　N——树脂工作交换量，mol/L；

　　　C——NaCl 溶液中 Na^+ 的浓度，mol/L；

　0.023——钠的毫摩尔质量。

4. NH_4HCO_3 溶液上液体积

$$V = \frac{WN}{C} \times 0.07906 \times 1.40 \tag{3-14}$$

式中　W——交换器中装填树脂质量，g；

　　　N——树脂工作交换量，mol/L；

　　　C——NH_4HCO_3 溶液中 NH_4HCO_3 的浓度，mol/L；

　0.07906——NH_4HCO_3 毫摩尔质量。

5. 交换器中存水、存液体积

$$V = Sh - \frac{W}{d} \tag{3-15}$$

式中　S——交换器截面积，cm^2；

　　　h——树脂层高度与顶端存水高度之和，cm；

　　　W——离子交换器中装填湿树脂质量，g；

　　　d——树脂的湿真密度，g/cm^3。

6. 溶液及水流量

$$Q = Su \tag{3-16}$$

式中　u——溶液或水的空气线速度，mL/min。

7. 上液排液或排水时间

$$t = \frac{V}{Q} \tag{3-17}$$

式中　t——上液或排水时间，min；

　　　V——上液、器中存水或存液体积，mL。

8. 钠离子收率

$$钠离子收率 = \frac{W_{Na^+稀}}{W_{Na^+}} \times 100\% \tag{3-18}$$

式中　$W_{Na^+稀}$——稀液中 Na^+ 质量，g；

　　　W_{Na^+}——一个循环通入交换器 NaCl 溶液中 Na^+ 质量，g。

9. 盐酸标准浓度的计算

$$C_{HCl} = \frac{2m_{Na_2CO_3}}{M_{Na_2CO_3} \times \dfrac{V_{HCl} - V_0}{1000}} \tag{3-19}$$

式中　C_{HCl}——HCl 标准溶液的浓度，mol/L；

　　　V_{HCl}——消耗 HCl 标准溶液的体积，mL；

　　　V_0——空白实验消耗 HCl 标准溶液的体积，mL；

　$m_{Na_2CO_3}$——称取 Na_2CO_3 基准物的质量，g；

　$M_{Na_2CO_3}$——Na_2CO_3 的摩尔质量，g/mol。

10. 成品中 Na_2CO_3、$NaHCO_3$ 质量分数的计算

$$w(Na_2CO_3) = \frac{C_{HCl}\dfrac{V_1}{1000}M_{Na_2CO_3} \times 10}{m_{试样}} \tag{3-20}$$

$$w(NaHCO_3) = \frac{C_{HCl}\dfrac{V_2 - V_1}{1000}M_{NaHCO_3} \times 10}{m_{试样}} \tag{3-21}$$

式中　C_{HCl}——HCl 标准溶液的浓度，mol/L；

　　　V_1——用酚酞作指示剂，滴定时用去酸的体积，mL；

　　　V_2——用甲基橙作指示剂，滴定时用去酸的体积，mL；

　　$m_{试样}$——称取混合碱的质量，g；

　$M_{Na_2CO_3}$——Na_2CO_3 的摩尔质量，g/mol；

　M_{NaHCO_3}——$NaHCO_3$ 的摩尔质量，g/mol。

（七）实验数据处理及结果讨论

1. 原始数据记录表

交换工序记录表如表 3-16 所示，交换工序分析记录表如表 3-17 所示，成品分析结果如表 3-18 所示。

表 3-16　交换工序记录表

实验序号	1		2	
进行过程	再生过程	交换过程	再生过程	交换过程
	$Na^+ \rightarrow NH_4^+$	$NH_4^+ \rightarrow Na^+$	$Na^+ \rightarrow NH_4^+$	$NH_4^+ \rightarrow Na^+$
溶液浓度				

实验序号		1		2	
溶液用量					
溶液线速度					
溶液流量					
上液时间					
取液时间					
反洗时间					
正洗时间					
二次正洗时间					

表 3-17　交换工序分析记录表

实验序号	1	2	3	4
稀液体积/mL				
稀液中 Na^+ 含量/(mol/L)				
Na^+ 收率(质量分数)/%				
稀液中 NH_4HCO_3 含量/(mol/L)				

表 3-18　成品分析结果

指标名称	NaCl	Na_2CO_3	$NaHCO_3$
质量分数			

2. 实验误差分析

由投料量进行物料衡算，计算 NH_4HCO_3 理论产量，并与实际产量比较计算出产率。

3. 实验结果分析比较

本实验暂选取了 NaCl 溶液流速、NH_4HCO_3 溶液流速、树脂工作交换量三个因素，通过正交试验法，考察上述因素对其收率的影响。因素与水平如表 3-19 所示，试验安排如表 3-20 所示。

表 3-19　因素与水平

因素 水平	NaCl 溶液流速 A	NH_4HCO_3溶液流速 B	工作交换量 C
1	A_1	B_1	C_1

水平 \ 因素	NaCl 溶液流速 A	NH_4HCO_3 溶液流速 B	工作交换量 C
2	A_2	B_2	C_2
3	A_3	B_3	C_3

表 3-20　试验安排

试验号 \ 列号	A	B	C	Na^+ 平均收率
	1	2	3	质量分数/%
1	A_1	B_1	C_1	
2	A_1	B_2	C_2	
3	A_1	B_3	C_3	
4	A_2	B_2	C_3	
5	A_2	B_3	C_1	
6	A_2	B_1	C_2	
7	A_3	B_3	C_2	
8	A_3	B_1	C_3	
9	A_3	B_2	C_1	
Ⅰ一水平试验结果总和				
Ⅱ二水平试验结果总和				
Ⅲ三水平试验结果总和				
Ⅰ/3				
Ⅱ/3				
Ⅲ/3				
极差				

（八）故障处理

① 开启电源开关指示灯不亮，并且没有交流接触器吸合声，则保险坏或电源线没有接好。

② 开启仪表等各开关时指示灯不亮，并且没有继电器吸合声，则分保险坏或接线有脱落的地方。

③ 开启电源开关有强烈的交流震动声，则是接触器接触不良，应反复按动开关可消除。

④ 控温仪表、显示仪表出现四位数字，则告知热电偶有断路现象。

⑤ 反应系统压力突然下降，则有大泄漏点，应停车检查。

注意！所有设备必须接地良好。

电路原理图如图 3-41 所示。

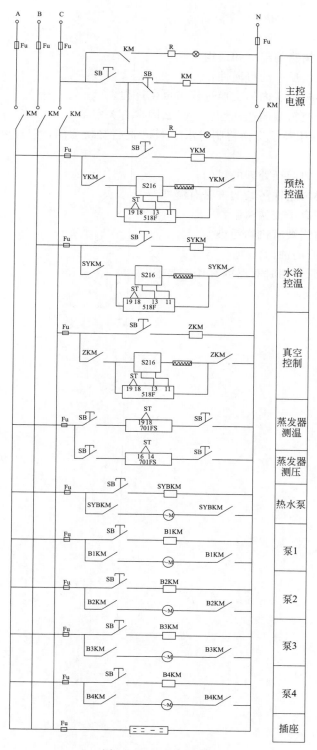

图 3-41 电路原理图

思考题

1. 简述离子交换树脂的组成和结构。
2. 什么叫离子交换反应的可逆性？
3. 简述离子交换树脂层内的交换过程与再生过程。
4. 什么是离子交换树脂的选择性？与什么因素有关？
5. 以 H 型强酸性阳离子交换树脂对水中 Na^+ 进行交换为例，叙述离子交换动力学的五个步骤。
6. 简述离子交换树脂预处理的目的。
7. 防止离子交换树脂铁污染的方法有哪些？
8. 如何鉴别阴阳离子交换树脂？
9. 如何鉴别阴树脂被有机物污染？
10. 怎样清除树脂的油污？
11. 离子交换树脂使用时对温度有什么要求？

项目四　变压吸附实训

一、概述

（一）吸附与解吸

1. 吸附

利用固体颗粒选择性地吸附流体中的一个或几个组分，从而使流体混合物得以分离的方法称为吸附操作。通常称被吸附的物质为吸附质，用作吸附的多孔固体颗粒称为吸附剂。

吸附作用起因于固体颗粒的表面力。此表面力可以是由于范德华力的作用使吸附质分子单层或多层的覆盖于吸附剂的表面，这种吸附属物理吸附，吸附时所放出的热量称为吸附热。物理吸附的吸附热在数值上与组分的冷凝热相当，为 $42\sim62kJ/mol$。吸附也可因吸附质与吸附剂表面原子间的化学键合作用造成，这种吸附属化学吸附，吸附热相对较高。化工吸附分离多为物理吸附。吸附分离过程的应用范围大致为如下几方面。

（1）气体或溶液的除臭、脱色和溶剂蒸气的回收　此法常用于油品或糖液的脱色、除臭以及从排放气体中回收少量的溶剂蒸气。

（2）气体或溶液的深度干燥和脱水　通常水分的存在会影响到正常的化工生产或各种设备的正常使用。例如，在中压下乙烯催化合成中压聚乙烯时，乙烯气体中含少量的水分就可使催化剂的活性严重下降，以致影响聚合物产品的收率和性能。对于液体或溶液，如冷冻机或家用冰箱用的冷冻剂氟里昂，也需严格脱水干燥。微量的水常在管道中结冰堵塞管道，导致增加管道的流体阻力、增加冷冻剂输送的动力消耗，并影响节流阀的正常运转。同时，微量的水也可能使冷冻剂分解，生成氯化氢之类的酸性物质而腐蚀管道和设备。

（3）气体的预处理和气体中少量物质的吸附分离精制　在空分装置中，气体在进入冷箱之前需预处理，脱除气体中的二氧化碳、水分、炔烃等杂质，以保证后续生产过程的顺利进行。

（4）混合气体各组分分离　例如，从空气中分离制取富氧、富氮和纯氧、纯氮；从油田气或天然气中分离甲烷；从高炉气中回收一氧化碳和二氧化碳；从裂解气或合成氨弛放气中回收氢；从其他各种原料气或排放气体中分离回收低碳烷烃等各种气体组分。

（5）烷烃、烯烃和芳烃馏分的分离　石油化工、轻工和医药等精细化工都需要大量的直链烷烃或烯烃作为合成材料、洗涤剂、医药和染料的原料。例如，轻纺工业的聚酯纤维的基础原料是对二甲苯。从重整、热裂解或炼焦焦油等所得的混合二甲苯为乙苯、间位、邻位和对位二甲苯的各种异构体的混合物。其中除乙苯是塑料聚苯乙烯的原料外，其他三种异构体均是染料、医药、油漆等工业的原料。由于邻二甲苯与其他三种异构体沸点相差较大，所以可用一般精馏塔分离。其他三种，特别是间二甲苯与对二甲苯的沸点极为接近（在101.32kPa 下，二者相差仅为 0.75℃），不可能用一般的精馏过程分离。采用冷冻结晶法，其设备材料和投资都要求较高和较大，能量的消耗也很多。当模拟移动床吸附分离法工业化并广泛采用后，在世界上基本上已取代了结晶法。

（6）环境保护和水处理　加强副产物的综合利用回收和"三废"的处理，不仅涉及环境保护、生态平衡和增进人民的身体健康，还直接关系到资源利用、降低能耗、增产节约和提高经济效益的问题。例如，从高炉废气中回收一氧化碳和二氧化碳；从煤燃烧后废气中回收二氧化硫，再氧化制成硫酸；从合成氨厂废气中脱除 NO_x；从炼厂废水中脱除大量含氧（酚）含氮（吡啶）等化合物和有害组分，可使大气和河流水源免遭污染，并具有较高的社会效益和经济效益。

（7）食品工业的分离精制　在食品工业和发酵产品中有各种异构体和性质相类似的产物。例如，果糖和葡萄糖等左旋和右旋的糖类化合物，其性质类似、热敏性高，在不太高的温度下受热都易于分离变色。用色谱分离柱吸附分离果糖和葡萄糖浆，可取得果糖浓度含量在 90％以上的第三代果糖糖浆，其生产能力已达年产果糖糖浆万吨以上。在其他食品工业中，产品的精制加工也常采用色谱分离柱吸附分离法。

（8）海水工业和湿法冶金等工业中的应用　由于吸附剂有很强的富集能力，从海水中回收富集某些金属离子，如钾、铀等金属离子的分离富集对国民经济都有很高的效益。

如上所述，吸附分离技术原来只作为脱色、除臭和干燥脱水等的辅助过程。但随着新型吸附剂如合成沸石分子筛等的合成，并又经过了各种改性，从而提高了吸附剂对各种性质近似的物质和组分的选择性。同时适宜连续吸附分离工艺的开发，各种大型的生产装置制造，所以吸附分离技术现在已广泛应用于工业生产。

2. 解吸

与吸附相反，组分脱离固体吸附剂表面的现象称为解吸（或脱附）。与吸收-解吸过程相类似。吸附-解吸的循环操作构成一个完整的工业吸附过程。

解吸有多种方法可以采用，原则上可以通过升温和降低吸附质的分压以改变平衡条件使吸附质解吸。工业上根据不同的解吸方法，给予吸附-解吸循环操作以不同的名称。

（1）变温吸附　用升高温度的方法使吸附剂的吸附能力降低，从而达到解吸的作用。即利用温度变化来完成循环操作。小型吸附设备常直接通入蒸汽加热床层，它具有传热系数高，升温快，又可以清扫床层的优点。

（2）变压吸附　降低系统压力或抽真空使吸附质解吸，升高压力使之吸附，利用压力的变化完成循环操作。

（3）变浓度吸附　利用惰性溶剂冲洗或萃取剂抽提而使吸附质解吸，从而完成循环操作。

（4）置换吸附　用其他吸附质把原吸附质从吸附剂上置换下来，从而完成循环操作。

除此之外，改变其他影响吸附质在流固两相之间分配的热力学参数，如 pH 值、电磁场强度等都可实现吸附解吸循环操作。另外，也可同时改变多个热力学参数，如变温变压吸附、变温变浓度吸附等。

（二）常用吸附剂及其特性

1. 常用吸附剂

化工生产中常用天然和人工制作的两类吸附剂。天然矿物吸附剂有硅藻土、白土、天然沸石等。虽然其吸附能力小，选择吸附分离能力低，但价廉易得，常在简易加工精制中采用，而且一般使用一次后即舍弃，不再进行回收。人工吸附剂则有活性炭、硅胶、活性氧化铝、合成沸石等。

（1）活性炭　活性炭具有非极性表面，为疏水性和亲有机物的吸附剂。它可用于回收混合气体中的溶剂蒸气，各种油品和糖液的脱色，水的净化，气体的脱臭等。将超细的活性炭微粒加入纤维中，或将合成纤维炭化后可制得活性炭纤维吸附剂。这种吸附剂可以编织成各种织物，因而减少对流体的阻力，使装置更为紧凑。活性炭纤维的吸附能力比一般的活性炭高1～10倍。活性炭也可制成碳分子筛，可用于空气分离中氮的吸附。

通常可以将一切含碳的物料，如煤、椰子壳、果核、木材等进行炭化，再经活化处理，可制成各种不同性能的活性炭。其比表面可达 $1500m^2/g$。

（2）硅胶　硅胶是一种坚硬无定形链状和网状结构的硅酸聚合物颗粒，为一种亲水性的极性吸附剂。它有多种形态，干燥用的硅胶是所谓"干凝胶"。水凝胶脱水的方法和脱水量的多少对硅胶颗粒的机械强度和性质都有影响。硅胶的分子式为 $SiO_2 \cdot nH_2O$，其孔径为2～20nm，与活性炭相比较，孔径分布是比较单一和窄小的。由于硅胶表面羟基产生一定的极性，使硅胶对极性分子和不饱和烃具有明显的选择性，并对芳香族的 π 键有很强的选择性。

当硅胶吸附气体中的水分时，可达其自身质量的50%（质量分数）。而在相对湿度为60%的空气流中，微孔硅胶吸附水分的吸湿量也可达硅胶质量的24%，因此，常用于高湿含量气体的干燥。吸附水分时，硅胶的吸附热很大，并放出大量的热量，使硅胶的温度可达100℃，并使硅胶破碎。而活性炭的吸附热较小，吸湿后仅升温10～20℃。硅胶难于吸附非极性的有机物质，如烷烃等气体，易于吸附极性物质，如甲醇、水分等。硅胶除作催化剂载体外，多被用于空气或气体的干燥脱水。

（3）活性氧化铝　活性氧化铝是一种极性吸附剂，一般用作催化剂的载体。Al_2O_3 一般不是纯的，而是部分水合物的无定形多孔结构物质。硅胶是胶团聚集而成的无定形硅酸聚合物。活性氧化铝与硅胶不同，不仅含有无定形的凝胶，还含有氢氧化物晶体形成的刚性骨架结构。

活性氧化铝对多数气体和蒸气都是稳定的，是没有毒性的坚实颗粒，浸入水或液体中不会软化、溶胀或崩碎破裂，抗冲击和磨损的能力强。它常用于气体、油品和石油化工产品的脱水干燥。为了防止生成胶质沉淀，活性氧化铝宜在177～316℃下再生，即床层再生气体在出口时最低温度需维持在177℃，方可恢复至原有的吸附性能。活性氧化铝循环使用后，其物化性能变化不大。

（4）各种活性土　各种活性土（如漂白土、铁矾土、酸性白土等）由天然矿物（主要成分是硅藻土）在80～110℃下经硫酸处理活化后制得，其比表面可达 $250m^2/g$。活性土可用于润滑油或石油重馏分的脱色和脱硫精制等。

（5）合成沸石和天然沸石分子筛　沸石分子筛是硅铝四面体形成的三维硅铝酸盐金属结构的晶体，是一种孔径大小均一的强极性吸附剂。其微孔孔径的大小随不同的沸石分子筛而异。沸石或经不同金属阳离子交换或经其他方法改性后的沸石分子筛，具有很高的选择吸附分离能力。分子筛具有的吸附、催化和离子交换三种特性都在石油化工中得到了广泛的应用。分子筛是强极性的吸附剂，并随其 Si/Al 比的增加，极性逐渐减弱。低 Si/Al 比的沸石能对气体或液体进行深度干燥和脱水，而且在较高的温度和相对湿度下，还具有较高的吸附能力。虽然分子筛是一种重要和优良的吸附剂，但其不足之处是耐热稳定性、抗酸碱的能力、化学稳定性以及机械强度、耐磨损性能都较差，还需不断地改进。

目前人工合成的沸石分子筛已达一百多种以上，除孔径很小、不起筛分作用、耐热稳定性较差、使用价值较低外，工业上最常用的合成分子筛有 A 型、X 型、Y 型、L 型、丝光沸石和 ZSM 系列沸石。

Smith 对合成沸石取定义为"沸石是具有骨架结构的硅铝酸盐，骨架形成的空穴被大的离子和水分子所占据，两者可以自由移动而进行离子交换和可逆地脱水"。骨架结构包括以角相连的四面体，其中小的原子（统称 T 原子）位于四面体的中心，氧原子位于四面体的角端上。T 原子在天然沸石中为 Al 或 Si 原子，但在合成沸石中也可以改用相应的原子，如 Ga、Ge 和 P 等。目前已有将 Fe、Cr、V、Mo、As、Sb、Mn、B、Co、Ni 和 Ti 等元素引入沸石骨架的报道。在天然沸石中，空穴内的大离子可以为一价或二价，主要是 Na、K、Ca、Mg 和 Ba。合成沸石对多种金属离子都可置换进入。合成的结晶硅铝酸金属盐多水化合物的化学通式为：

$$Me_{x/n}\left[(AlO_2)_x(SiO_2)_y\right] \cdot m\,H_2O$$

式中　Me——阳离子，主要是 Na^+、K^+、Ca^{2+} 等碱金属离子；

　　　n——原子价数，可交换的金属阳离子 Me 的数目；

　　　m——结晶水的物质的量；

　　x、y——化学式中原子的配平数。

这种由 SiO_4 和 AlO_4 四面体形成的晶体结构，阳离子用于补偿硅铝酸盐骨架上阴离子部分的剩余负电荷，引入不同的阳离子可以控制和改变晶体结构中微孔孔径的大小。

（6）吸附树脂　高分子物质，如纤维素、木质素、甲壳素和淀粉等，经过反应交联或引进官能团可制成吸附树脂。吸附树脂有非极性、中极性、极性和强极性之分。它的性能由孔径、骨架结构、官能基团的性质和极性决定。吸附树脂可用于维生素的分离、过氧化氢的精制等。

2. 吸附剂的基本特性

（1）吸附剂的比表面积　吸附剂的比表面积 a 指单位质量吸附剂所具有的吸附表面积，它是衡量吸附剂性能的重要参数。吸附剂的比表面积主要是由颗粒内的孔道内表面构成。孔的大小可分为三类：即微孔（孔径＜2nm），中孔（孔径为 2～200nm）和大孔（孔径＞200nm）。以活性炭为例，微孔的比表面积占总比表面积的 95% 以上，而中孔与大孔主要是为吸附质提供进入内部的通道。

（2）吸附容量　吸附容量 x_m 为吸附表面每个空位都单层吸满吸附质分子时的吸附量。吸附容量与系统的温度、吸附剂的孔径大小和孔隙结构形状、吸附剂的性质有关。吸附容量表示了吸附剂的吸附能力。吸附量 x 指单位质量吸附剂所吸附的吸附质的质量，即 kg 吸附质/kg 吸附剂。吸附量也称为吸附质在固体相中的浓度。观察吸附前后吸附气体体积的变化，或者确定吸附剂经吸附后固体颗粒的增重量，即可确定吸附量。

（3）吸附剂密度　根据不同需要，吸附剂密度有不同的表达方式。

① 填充密度 ρ_B 与空隙率 ε_B　装填密度指单位填充体积的吸附剂质量。通常，将烘干的吸附剂颗粒放入量筒中摇实至体积不变，吸附剂质量与量筒所测体积之比即为装填密度。吸附剂颗粒与颗粒之间的空隙体积与量筒所测体积之比为空隙率 ε_B。用汞置换法置换颗粒与

颗粒之间的空气，即可测得空隙率。

② 颗粒密度 ρ_P　颗粒密度又称表观密度，它是单位颗粒体积（包括颗粒内孔腔体积）吸附剂的质量。即

$$\rho_P(1-\varepsilon_B)=\rho_B \tag{4-1}$$

③ 真密度 ρ_t　真密度指单位颗粒体积（扣除颗粒内孔腔体积）吸附剂的质量。内孔腔体积与颗粒总体积之比为内孔隙率 ε_P。即

$$\rho_t(1-\varepsilon_P)=\rho_P \tag{4-2}$$

3. 工业吸附对吸附剂的要求

工业吸附对吸附剂的要求应满足以下几点。

① 有较大的内表面。比表面积越大吸附容量越大。

② 活性高。内表面积都能起到吸附的作用。

③ 选择性高。吸附剂对不同的吸附质具有选择性吸附作用。不同的吸附剂由于结构、吸附机理不同，对吸附质的选择性有显著的差别。

④ 具有一定的机械强度和物理特性（如颗粒大小）。

⑤ 具有良好的化学稳定性、热稳定性以及价廉易得。

二、吸附相平衡

（一）吸附相平衡

1. 吸附等温线

气体吸附质在一定温度、分压（或浓度）下与固体吸附剂长时间接触，吸附质在气、固两相中的浓度达到平衡。平衡时吸附剂的吸附量 x 与气相中的吸附质组分分压 p（或浓度 c）的关系曲线称为吸附等温线。活性炭吸附空气中单个溶剂蒸气组分的吸附等温线如图 4-1 所示，水在不同温度下的吸附等温线如图 4-2 所示。由图可见，提高组分分压和降低温度有利于吸附。常见的吸附等温线可粗分为三种类型，如图 4-3 所示，类型Ⅰ表示平衡吸附量随气相吸附质浓度上升先增加较快，后来较慢，曲线呈向上凸出。类型Ⅰ在气相吸附质浓度很低时，仍有相当高的平衡吸附量，称为有利的吸附等温线。类型Ⅱ则表示平衡吸附量随气相浓度上升先增加较慢，后来较快，曲线呈向下凹形状，称为不利的吸附等温线。类型Ⅲ是平衡吸附量与气相浓度成线性关系。

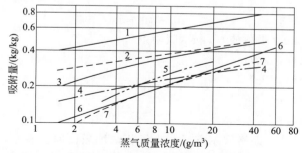

图 4-1　活性炭吸附空气中单个溶剂蒸气的吸附平衡（20℃）

1—CCl$_4$；2—醋酸乙酯；3—苯；4—乙醚；5—乙醇；6—氯甲烷；7—丙酮

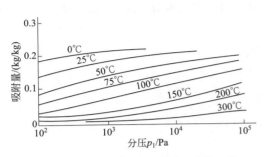

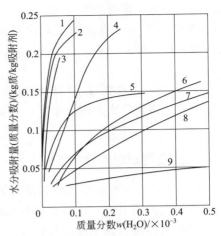

图 4-2　水在 5A 分子筛上的吸附等温线

图 4-3　气体吸附等温线的分类
1—苯；2—甲苯；3—二甲苯；
4—吡啶；5—甲基乙基甲酮；
6-正丁醇；7—丙醇；8—叔丁醇；9—乙醇

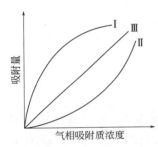

图 4-4　4A 分子筛对溶剂中
水分的吸附平衡（25℃）

2. 液固吸附平衡

与气固吸附相比，液固吸附平衡的影响因素较多。溶液中吸附质是否为电解质、pH 值大小，都会影响吸附机理。温度、浓度和吸附剂的结构性能，以及吸附质的溶解度和溶剂的性质对吸附机理、吸附等温线的形状都有影响。如图 4-4 所示为 4A 分子筛对溶剂中水分的吸附等温线。

3. 吸附平衡关系式

基于对吸附机理的不同假设，可以得到相应的吸附模型和平衡关系式。常见的有以下几种。

（1）低遮盖率的吸附——Henry 定律　物理吸附是在吸附状态下，吸附分子不缔合或解离，保持原分子的状态。低浓度的气体吸附于均一的表面时，相邻的分子互相独立，流体相和吸附相之间的平衡浓度是线性的关系，类似低浓度气体吸收于液体的极限状态。Henry 定律常数可用浓度或分压表示。即

$$q = k_H C \tag{4-3}$$

或
$$q = k'_H p \tag{4-4}$$

式中　q——吸附量，kg（吸附质）/kg（吸附剂）；

C——吸附质浓度，kg/m^3；

p——吸附质分压，Pa；

k_H——比例常数，m^3/kg；

k'_H——比例常数，Pa^{-1}。

（2）单分子层吸附——朗格缪尔方程　当气相浓度较高时。相平衡不再服从线性关系。记 θ（$= x/x_m$）为吸附表面遮盖率，其中，x 为平衡吸附量，x_m 为饱和吸附量。吸附速率可表示为 $k_a p(1-\theta)$，解吸速率为 $k_d \theta$。当吸附速率与解吸速率相等时达到吸附平衡，这时

$$\frac{\theta}{1-\theta} = \frac{k_a}{k_d} = p = k_L p \tag{4-5}$$

式中 k_L——朗格缪尔吸附平衡常数。

式（4-5）经整理后可得

$$\theta = \frac{x}{x_m} = \frac{k_L p}{1 + k_L p} \tag{4-6}$$

式中 x，x_m——吸附剂的平衡吸附量和饱和吸附容量，kg（吸附质）/kg（吸附剂）；

　　　　p——吸附质在气体混合物中的平衡分压，Pa；

　　　　k_L——朗格缪尔常数。

式（4-6）即为单分子层吸附朗格缪尔方程，此方程能较好地描述图 4-3 中类型 I 在中、低浓度下的等温吸附平衡。但当气相中吸附质浓度很高、分压接近饱和蒸气压时，蒸气在毛细管中冷凝而偏离了单分子层吸附的假设，朗格缪尔方程不再适用。当气相吸附质浓度很低时，式（4-6）可简化为式（4-4）。朗格缪尔方程中的模型参数 x_m 和 k_L 可通过实验确定。

（3）多分子层吸附——BET 方程　Brunauer、Emmet 和 Teller 提出固体表面吸附了第一层分子后对气相中的吸附质仍有引力，由此而形成了第二、第三乃至多层分子的吸附。即

$$x = x_m \frac{b \dfrac{p}{p^\circ}}{\left(1 - \dfrac{p}{p^\circ}\right)\left[1 + (b-1)\dfrac{p}{p^\circ}\right]} \tag{4-7}$$

式中 p°——吸附质的饱和蒸气压，Pa；

　　　　b——常数；

　　p/p°——通常称为比压。

式（4-7）即为 BET 方程，BET 方程常用氮、氧、乙烷、苯作吸附质以测量吸附剂或其他细粉的比表面积。通常适用于比压（p/p°）为 $0.05\sim0.35$ 的范围。用 BET 方程进行比表面求算时，将式（4-7）改写成直线形式，即

$$\frac{\dfrac{p}{p^\circ}}{x\left(1 - \dfrac{p}{p^\circ}\right)} = \frac{1}{x_m b} + \frac{b-1}{x_m b}\left(\frac{p}{p^\circ}\right) = A + B\left(\frac{p}{p^\circ}\right) \tag{4-8}$$

式中，A 和 B 分别为直线的截距和斜率。由截距和斜率可求出饱和吸附容量为

$$x_m = \frac{1}{A + B} \tag{4-9}$$

如果已知饱和吸附量及每个被吸附分子的截面积，便可以用下式来计算吸附剂的比表面积。即

$$a = \frac{N_0 A_0 x_m}{M} \tag{4-10}$$

式中 N_0——阿伏伽德罗常数，6.023×10^{23}；

　　　　M——分子量；

　　　　A_0——被吸附分子的截面积。

（二）气体混合物中双组分吸附

以上讨论均指单组分吸附。如果吸附剂对气体混合物中两个组分具有较接近的吸附能

力，吸附剂对一个组分的吸附量将受另一组分存在的影响。以 A、B 两组分混合物为例，在一定的温度、压强下，气相中两组分的浓度之比（c_A/c_B）与吸附相中两组分的摩尔分数之比（x_A/x_B）有一一对应关系。图 4-5 表示了吸附相与气相摩尔分数的关系。如将吸附相中两组成之比除以气相中两组成之比，即得分离系数 α_{AB}。

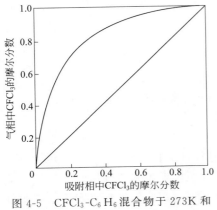

图 4-5　CFCl₃-C₆H₆ 混合物于 273K 和 800Pa 压力下在墨炭上的吸附

$$\alpha_{AB} = \frac{\dfrac{x_A}{x_B}}{\dfrac{c_A}{c_B}} \tag{4-11}$$

这与精馏中的相对挥发度及萃取中的选择性系数相类似。显然 α_{AB} 偏离 1 越远，该吸附剂越有利于两组分气体混合物的分离。

三、传质及吸附速率

（一）吸附传质机理

组分的吸附传质分外扩散、内扩散及吸附三个步骤。吸附质首先从流体主体通过固体颗粒周围的气膜（或液膜）对流扩散至固体颗粒的外表面，这一传质步骤称为组分的外扩散；然后，吸附质从固体颗粒外表面沿固体内部微孔扩散至固体的内表面，称为组分的内扩散；最后，组分被固体吸附剂吸附。对多数吸附过程，组分的内扩散是吸附传质的主要阻力所在，吸附过程为内扩散控制。

因吸附剂颗粒孔道的大小及表面性质的不同，内扩散有以下四种类型。

1. 分子扩散

当孔道的直径远比扩散分子的平均自由程大时，其扩散为一般的分子扩散。如图 4-6（a）所示。

2. 努森（Knudsen）扩散

当孔道的直径比扩散分子的平均自由程小时，则为努森扩散。如图 4-6（b）所示。此时，扩散因分子与孔道壁碰撞而影响扩散系数的大小。

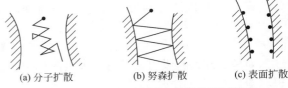

（a）分子扩散　　　（b）努森扩散　　　（c）表面扩散

图 4-6　分子在颗粒孔道中扩散的不同形态

3. 表面扩散

吸附质分子沿着孔道壁表面移动形成表面扩散。如图 4-6（c）所示。

4. 固体（晶体）扩散

吸附质分子在固体颗粒（晶体）内进行扩散。孔道中扩散的机理不仅与孔道的孔径有关。也与吸附质的浓度（压力）、温度等其他因素有关。如图 4-6 所示为分子在颗粒孔道中扩散不同形态。

（二）吸附速率

吸附速率 N_A 表示单位时间、单位吸附剂外表面所传递吸附质的质量，单位为 $kg/(s \cdot m^2)$。对于物理吸附，通常吸附剂表面上的吸着速率远较外扩散和内扩散为快，因此影响吸附总速率的往往是外扩散与内扩散速率。

1. 外扩散速率方程

对于外扩散过程来说，吸附速率的推动力用流体主体浓度 c 与颗粒外表面的流体浓度 c_i 之差表示。即

$$N_A = k_f(c - c_i) \tag{4-12}$$

式中　k_f——外扩散传质系数，m/s。

　　　c——流体主体中吸附质的平均浓度，kg/m^3；

　　　c_i——吸附剂外表面上流体中吸附质的质量浓度，kg/m^3。

k_f 与流体的性质、两相接触的流动状况、颗粒的几何特性以及温度、压力等操作条件有关。

2. 内扩散速率方程

内扩散过程的传质速率用与颗粒外表面流体浓度呈平衡的吸附相浓度 x_i 和吸附相平均浓度 x 之差作推动力来表示。即

$$N_A = k_s(x_i - x) \tag{4-13}$$

式中　k_s——内扩散传质系数，$kg/(m^2 \cdot s)$。

k_s 与吸附剂的微观孔结构特性、吸附剂的特性以及吸附过程的操作条件等多种因素有关，通常 k_s 需由实验测定。

3. 总吸附速率方程

为方便起见，常使用总传质系数来表示传质速率。即

$$N_A = K_f(c - c_e) = K_s(x_e - x) \tag{4-14}$$

式中　K_f——以流体相总浓度差为推动力的总传质系数，m/s；

　　　K_s——以固体相总浓度差为推动力的总传质系数，$kg/(m^2 \cdot s)$；

　　　c_e——与 x 达到相平衡的流体相浓度，kg/m^3；

　　　x_e——与 c 达到相平衡的固体相浓度。

显然，对于内扩散控制的吸附过程，总传质系数 $K_s \approx k_s$。

四、固定床吸附过程分析

（一）理想吸附过程

固定床吸附器中的理想吸附过程，满足下列简化假定：

① 流体混合物仅含一个可吸附组分，其他为惰性组分，且吸附等温线为有利的相平衡线。

② 床层中吸附剂装填均匀，即各处的吸附剂初始浓度、温度均一。

③ 流体定态加料，即进入床层的流体浓度、温度和流量不随时间而变。

④ 吸附热可忽略不计，流体温度与吸附剂温度相等，因此可类似于低浓度气体吸收，不做热量衡算和传热速率计算。

（二）吸附相的负荷曲线

设一固定床吸附器在恒温下操作，如图 4-7 所示。初始时床内吸附剂经再生解吸后的浓度为 x_2，入口流体浓度为 c_1，经操作一段时间后，入口处吸附相浓度将逐渐增大并达到与 c_1 成平衡的 x_1。在后一段床层（L_0）中，吸附相浓度沿轴向降低至 x_2。床层中吸附相浓度沿流体流动方向的变化曲线称为负荷曲线。显然，负荷曲线的波形随操作时间的延续不断向前移动。吸附相饱和段 L_1 与时增长，而未吸附的床层长度 L_2 不断减小。在 L_1、L_2 床层段中气固两相各自达到平衡，唯有在负荷曲线 L_0 段中发生吸附传质，故 L_0 称为传质区或传质前沿。

（三）流体相的浓度波与透过曲线

与上述吸附相的负荷曲线相对应，流体中的吸附质浓度沿轴向的变化有类似于如图 4-7 所示的波形。即在 L_0 段内流体的浓度由 c_1 降至与 x_2 成平衡的浓度 c_2，该波形称为流体相的浓度波。

浓度波和负荷曲线均恒速向前移动直至达到出口，此后出口流体的浓度将与时增高。若考察出口处流体浓度随时间的变化，则有图 4-8 所示的曲线，称为透过曲线。该曲线上流体的浓度开始明显升高时的点称为透过点，一般规定出口流体浓度为进口流体浓度的 5% 时为透过点（$c_B = 0.05c_1$）。操作达到透过点的时间为透过时间 τ_B。若继续操作出口流体浓度不断增加，直至接近进口浓度，该点称为饱和点，相应的操作时间为饱和时间 τ_s。一般取出口流体浓度为进口流体浓度的 95% 时为饱和点（$c_s = 0.95c_1$）。

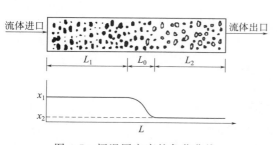

图 4-7　恒温固定床的负荷曲线

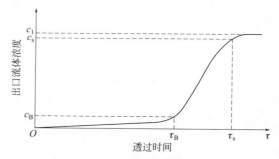

图 4-8　固定床吸附的透过曲线

显然，透过曲线是流体相浓度波在出口处的体现，透过曲线与浓度波成镜面对称关系。因此，可以用实验测定透过曲线的方法来确定浓度波、传质区床层厚度及总传质系数。

负荷曲线或透过曲线的形状与吸附传质速率、流体流速以及相平衡有关。传质速率越大，传质区就越薄，对于一定高度的床层和气体负荷，其透过时间也就越长。流体流速越小，停留时间越长，传质区也越薄。当传质速率无限大时，传质区无限薄，负荷曲线和透过曲线均为一阶跃曲线。显然，操作完毕时，传质区厚度的床层未吸附至饱和，当传质区负荷曲线为对称形曲线时，未被利用的床层相当于传质区厚度的一半。因此，传质区越薄，床层的利用率就越高。若以床内全部吸附剂达到饱和时的吸附量为饱和吸附量，则用硅胶作吸附剂时，操作结束时的吸附量可达饱和吸附量的 60%～70%；用活性炭作吸附剂时，可以增大到 85%～95%。

五、吸附分离设备及工艺简介

工业吸附器有固定床吸附器、釜式（混合过滤式）吸附器及流化床吸附器等多种。操作方式因设备不同而异。

（一）固定床吸附器

图 4-9 所示是固定床吸附器以回收工业废气中的苯蒸气为例的吸附设备。

此时，可用活性炭为吸附剂。先使混合气进入吸附器 1，苯被吸附截留，废气则放空。操作一段时间后，活性炭上所吸附的苯逐渐增多，在放空废气中出现了苯蒸气且其浓度达到限定数值后，即切换使用吸附器 2。同时在吸附器 1 中送入水蒸气使苯解吸，苯随水蒸气一起在冷凝器中冷凝，经分层后以回收苯。然后在吸附器 1 中通入空气将活性炭干燥并冷却以备再用。

固定床吸附器广泛用于气体或液体的深度去湿脱水、天然气脱水脱硫、从废气中除去有害物或回收有机蒸气、污水处理等场合。

（二）釜式吸附器

如图 4-10 所示是以植物油脱色为例的吸附设备。将植物油在釜内加热以降低黏度，在搅拌状态下加入酸性漂白土作吸附剂以吸附除去油脂中的色素。经一定接触时间后，将混合物用泵打入压滤机进行过滤，除去漂白土的精制油收集于贮槽中。作为滤渣的吸附剂原则上可解吸再次使用，但由于漂白土价廉易得，一般不再解吸，可另行处理或作他用。

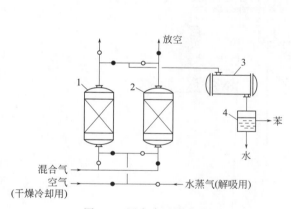

图 4-9　固定床吸附流程

1，2—装有活性炭的吸附器；3—冷凝器；4—分层器；
○开着的阀门；●关着的阀门

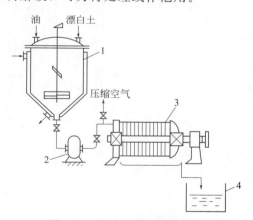

图 4-10　植物油脱色吸附装置

1—釜式吸附器；2—齿轮泵；3—压滤机；4—油槽

（三）流化床吸附器

被处理的混合气连续通过流化床吸附器进行吸附，吸附剂颗粒在床内停留一段时间后流入另一个流化床中进行解吸，恢复吸附能力的吸附剂颗粒借气力送返流化床吸附器中。

（四）连续式吸附设备

如图 4-11 所示为一连续操作吸附塔，用于回收混合气体中的有机溶剂。该塔由三部分组成,上部为吸附段;中部为二次吸附段;下部为解吸段。含溶剂废气经过冷却滤去雾滴后,从吸附段的下部进入塔内。塔的吸附段是由筛板和活性炭颗粒组成的多层流化床。混合气体通过吸附段时,气体中的溶剂被活性炭吸附,净化了的气体从塔顶排出。在吸附段底部有一底板将吸附段与二次吸附段分开,吸附了溶剂的活性炭颗粒在底板中被收集管收集并送入二次吸附段。在二次吸附段,自解吸段上来的带溶剂惰性气体与活性炭相遇,惰性气体被吸附去溶剂后循环使用,活性炭颗粒则被送入解吸段。惰性气体解吸段是由三层串联排列的管束换热器组成,在上两层管束换热器的壳程中用蒸汽或热油加热,管程中颗粒缓慢向下移动并被加热。逆向流动的惰性气体将颗粒在加热过程中解吸出来的溶剂带走,溶剂在外部的冷凝器内析出,而惰性气体则被风机送回塔内。再生后的活性炭继续移动至下部的冷却段换热器,该壳程中通冷却水冷却。管程中的活性炭被冷却后,经收集用气力输送至塔顶,从塔顶再次加入。

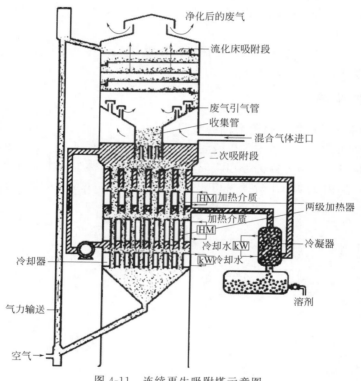

图 4-11　连续再生吸附塔示意图

六、 变压吸附

变压吸附过程是一种循环过程,于 1958 年开发后,广泛地应用于气体混合物的分离精制。它以压力为热力学参数,在压力下气体组分吸附,减压下吸附组分脱附,放出该气体组分,吸附剂得到再生。它与变温吸附不同,不用外加热源使吸附剂受热再生,故又称为无热源吸附分离过程。

(一)变压吸附操作原理

1. 操作原理

在不同温度下,吸附等温线的斜率不同,随着温度的升高,吸附等温线的斜率减少,如

图 4-12 所示。当吸附组分的分压维持一定时，温度升高，吸附容量沿垂线 AC 变化，A 点和 C 点吸附量之差 $\Delta q = q_A - q_C$ 为组分的解吸量。如此利用体系温度的变化，进行吸附和解吸的过程称为变温吸附（简写为 TSA）。如果在吸附和解吸过程中床层的温度维持恒定，利用吸附组分的分压变化吸附剂的吸附容量相应改变，过程沿吸附等温线 T_1 进行，则在 AB 线两端吸附量之差 $\Delta q = q_A - q_B$ 为每经加压（吸附）和减压（解吸）循环组分的分离量，如此利用压力变化进行的分离操作称为变压吸附。如果要使吸附和解吸过程吸附剂的吸附容量的差值增加，可以同时采用减压和加热方法进行解吸再生，沿 AD 线两端的吸附容量差值 $\Delta q = q_A - q_D$，则为联合解吸再生。在实际的变压吸附分离操作中，组分的吸附热都较大，吸附过程是放热反应，随着组分的解吸，变压吸附的工作点从 E 移向 F 点，吸附时从 F 点返回 E 点，沿着 EF 线进行，每经加压吸附和减压解吸循环的组分分离量 $\Delta q = q_E - q_F$，为实际变压吸附的差值。因此，要使吸附和解吸过程吸

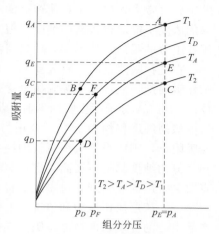

图 4-12　典型吸附量和组分分压之间的关系曲线

附剂的吸附量差值加大，对所选用的吸附剂除对各组分的选择性要大以外，其吸附等温线的斜率变化也要显著（即等温线的曲率要大），并尽可能使其压力的变化加大，以增加其吸附量的变化值。为此，可采用升高压力或抽真空的方法操作，即

① 加压下吸附，常压下解吸（Skarstrom 循环）；

② 常压或加压下吸附，减压下解吸（Guerin-Domine 循环）。

一般优惠吸附等温线的低压端，曲线较为陡峭，所以在真空下解吸，或用不吸附组分气体吹扫床层解吸，都可以较大程度地提高变压吸附过程的吸附量。

在变压吸附分离中，尤其是大型的工业装置，必须在保证产品纯度的同时，提高产品的收率，加大装置的处理能力和产量，减少单位产品气体的吸附剂用量，并降低处理单位原料（或单位产品）的能量消耗。因此，在改善变压吸附操作中，首先要考虑影响过程的一些不利因素，并尽可能回收利用床层间隙（硅胶和氧化铝的间隙率约为 67%，分子筛为 74%，活性炭为 78%）和吸附塔接头管道中死空间内的气体量。简单的单塔或双塔变压吸附流程，当降压时，床层内或吸附塔的顶盖死空间内的压缩气体就要白白损失掉，系统的压力越高，损失越大。要提高回收率，降低能耗，除研制性能优良的吸附剂外，关键在于回收死空间内的大量气体，以提高回收率和节省能量。工业生产用的大型变压吸附分离装置，除设置缓冲槽外，多数采用多塔流程，用清洗、升压和均压等各种方法，提高气体组分的回收率。

2. 操作中主要影响因素

在讨论变压吸附分离操作中应考虑以下四个主要因素。

（1）吸附组分和不纯物质的种类　采用变压吸附技术处理原料气时，首先应考虑是分离还是精制。本体分离指从原料混合气中分离得到 20%～80% 浓度的产品，例如空气分离得到富氧或富氮。气体精制为脱除 5%～20% 浓度之间的次要气态组分，脱除很少量的不纯物质，例如空气干燥，床层经过再生后应能进行吸附阶段几小时甚至几天的时间。主体分离通常吸附阶段时间较短，一般为 3s～5min，在吸附剂未完全饱和及不纯物未透过以前，床层就需要再生。

原料气中的不纯物，如压缩机压缩气体带来的油滴、水和二氧化碳会严重地减弱分子筛吸附剂的吸附容量，如小于 $10\mu m$ 的油雾很难解吸，对吸附剂的吸附容量影响更大。不吸附的组分时常进入产品中，使产品的纯度下降。如在空气分离中，氩气就常混入氧气内，使富氧的浓度不能取得较高的纯度。但并不是所有的不纯物质的吸附性能都相同，变压吸附常利用各组分的吸附性能不同，使之清洗至床层的底部排出。

在选择吸附剂时，首先要确定在气体原料中要吸附的组分。在空气分离中，用沸石分子筛作吸附剂，氧气是不吸附组分穿透床层排出，而氮气吸附在床层中，经解吸再生作为产品放出。用 5A 分子筛作吸附剂时，虽然产品氮气的纯度可达 98％～99％，因氩气不吸附，富氧的最高纯度仅约为 95％。改用另一种优先吸附进料中主要组分的吸附剂，如炭分子筛优先吸附氧，则所得富氧中氧气的纯度可提高，也可以同时使用沸石分子筛和碳分子筛使富氧和富氮的纯度都得到提高。在精制和分离氢时，硅胶、活性氧化铝和活性炭对分离烷烃是既有效又常用的吸附剂，可得纯度很高的氢气。

(2) 床层操作压力和清洗　变压吸附分离操作选用的压力取决于原料气体压力的大小和产品组分的性质，即产品是吸附性能强或难于吸附、不吸附的组分。如果原料气体在低压下已能分离，而不吸附的气体产品需要较高的压力，此时最好在低压下操作，最后仅压缩气体产品至所指定的压力。如果气体产品是可吸附的组分，得到的产品压力较低时可以重新加压，或利用降压阶段的气体清洗床层使气体产品解吸并同时升压。进料气体内组分的吸附性能较强，床层的间隙空间限制了强吸附组分回收率的提高，1961 年 Isosir 工艺首先应用了并流降压（指进料方向而言）的方法，其目的是提高强吸附组分在床层中的浓度。例如，浓度组成各 50％的 H_2/CO 在活性炭床层中，经并流降压（CD）前后床层的浓度变化如图 4-13 所示。

图 4-13 中实线表示吸附完毕（Ⅱ）和并流降压终了（Ⅲ）床层间隙内气相浓度（摩尔分数）的变化，虚线表示吸附相的浓度变化（吸附压力约为 3.5MPa，并流降压终了的压力约为 0.92MPa）。

在并流降压前后床层内 CO/H_2 比例的变化，如图 4-14 所示。

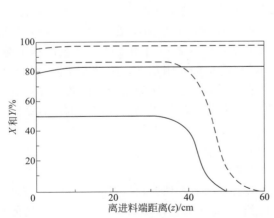

图 4-13　H_2/CO（各 50％）混合气体在活性炭床层中并流降压前后床层温度的变化

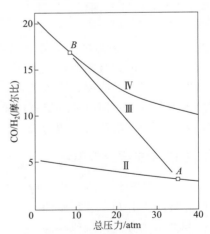

图 4-14　床层总负荷分析，并流降压前的（A）和后（B）床层内 CO/H_2 的比例

说明 CO 是强吸附组分，点 A 和 B 为强吸附组分浓度的极限值。经并流降压后 CO 解吸进入气相，提高了气相浓度，再次吸附时增大 CO 在床层中的总浓度，使强吸附组分 CO

产品的浓度从为 80% 提高至 95%，H_2 的回收率也增加了。

在减压或抽真空使床层再生的同时，可先用清洗气清洗床层，或单独用清洗气而不抽真空使床层再生。清洗气的种类很多，如排放气、产品气体、非进料的惰性气体以及部分低纯度产品气体（LPPG）都可以用来清洗床层。

对于吸附性能非常强的组分如水蒸气和二氧化碳，在空气分离过程中容易积累于床层，难于解吸脱除而影响操作。解决的方法为在变压吸附塔前另加内填硅胶或氧化铝的预处理塔，如图 4-15 所示。

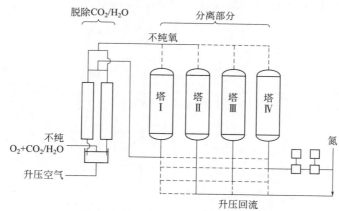

图 4-15　分子筛床层用高压氮清洗阶段制取
纯氮（99.9%）和低纯氧（33%）流程

当原料气内含强吸附性能组分时，如 H_2 与 CH_4 混合气体，其甲烷是强吸附性能组分，增加甲烷清洗阶段，使床层进料端的传质区在清洗前先用具有优惠等温线的强吸附组分置换，使两浓度波前沿陡峭，产品纯度提高，如表 4-1 所示。

表 4-1　双塔活性炭变压吸附分离 H_2/CH_4 的比较

项目	A[①]	B[②]
氢气产品纯度/%	97.8	99.3
回收率/%	90.0	94.9
甲烷产品纯度/%	90.0	98.0
回收率/%	89.8	86.0
p_H/p_L	8.16/2.38	13.6/2.24
吸附剂产率/%	85	65

① 升压→吸附→并流降压→并流下吹→清洗。

② 升压→吸附→CH_4 清洗→并流下吹→清洗。

含强吸附组分的原料气在低压变压吸附分离时，在并流降压阶段前增加氮气清洗，并流降压时饱和区内的弱吸附组分已冲洗出去，剩下强吸附性能组分。如在解吸阶段采用真空解吸，床层的压力下降后，清洗气体压缩需要的能量减少，而称为真空-变压工艺。

（3）床层温度和热效率　气体组分在吸附时是放热，解吸时是吸热过程，使变压吸附操作中吸附塔床层的局部温度不断波动，导致分离效果变坏。最好是床层在接近恒温的条件下分离，办法是缩短循环周期的时间和减少每一循环中的气体处理量。在工业的空气变压吸附干燥装置上最低的床层温度波动为 10℃ 以下。但是，在浓度较高的混合气体主体分离时，由于吸附组分浓度大，床层温度的波动较大。当大直径的吸附塔散热困难接近于绝热操作时，床层的温度波动最大。解决或改进的方法是尽力缩短循环周期时间，使床层在接近恒温下操作改进分离效果。单分子筛吸附塔的小型氧气发生器使用极短的周期，但多吸附塔变压吸附缩短循环周期却较为困难。例如，活性炭分离氢和甲烷混合气，原料气自塔上端通入，一个周期时间 7min，包括升压Ⅰ、吸附Ⅱ、并流降压Ⅲ、并流下吹和清洗Ⅳ、Ⅴ，在床层上部、中部和下部的温度变化如图 4-16 所示。

工业规模的变压吸附本体分离床层的温度变化，据测试基本上为恒定的温度曲线，不随时间做较大的变化。以 5A 分子筛为吸附剂的多塔变压吸附分离空气时，进料空气的温度为 $-1.1\sim4.4℃$（曲线 A），床层的温度变化如图 4-17 所示。

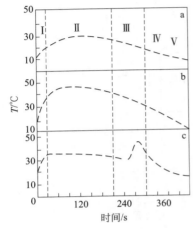

图 4-16 分离 H_2/CH_4（各 50%）活性炭床层
上（a）、中（b）和下（c）各处的温度变化

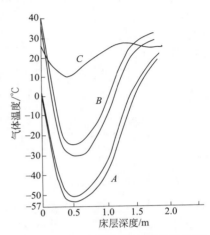

图 4-17 工业规模空气变压吸附分离
分子筛床层的温度曲线

在靠近床层进口端温度迅速下降是由于降压阶段和清洗以及吸附剂的热阻较高所致。进料空气预热至 37.8℃（曲线 B）和在床层出口处插入加热元件后的温度变化（曲线 C），表明了加热元件散发的热量不够补足局部床层的温度下降。温度波动过大影响变压吸附分离操作，对曲线 A，产品氧的纯度为 66%、回收率为 26.7%；曲线 B，产品氧的纯度为 88%、回收率约为 29.3%；床层温度分布较均匀后，曲线 C 表明氧的纯度为 93.4%，回收率也升至 31%。气体组分的吸附量与温度的高低有关，如用碳分子筛变压吸附分离空气，低温下吸附剂吸附氮增多。温度提高吸附剂解吸。在床层或气流中设置热交换器有利于解吸阶段，但仅在进料气体的温度与周围环境的温差较大（高或低）时才是经济的。对多塔的变压吸附工艺，要在各床层之间进行热交换是困难的而且效果也不高，专利中曾提出许多设想，如增加热泵、改用流化床、流态化输送中吸附剂再生等。

（4）吸附塔的升压和吸附塔数 变压吸附分离装置所需要的吸附塔数目往往由要求的气体产品规格，如产品种类、纯度和回收率或是恒压下原料气体的流率、浓度组成所允许波动的范围等各种因素所决定。一般多塔的变压吸附装置能更好地利用低纯度的原料气，产品的纯度和回收率较高，单位产品消耗的能量较少，操作的适应性较大，但是吸附塔数目越多操作越复杂，设备投资和操作费用越高。最终需视产品的价格（要求的回收率）、能耗、操作费用和设备投资的关系而决定。

3. 双塔变压吸附分离操作特点

多数双塔变压吸附分离操作有下列一个或多个操作特点。

① 当吸附塔开始吸附或吸附完毕时，是产品纯度下降的阶段；

② 当吸附塔没有完全重新升压，通常指吸附操作刚要开始时，为产品流率减少的阶段；

③ 当吸附塔的吸附阶段完毕，送入清洗气体和解吸、重新升压时，两个塔切换交接期间，产品的流率为零；

④ 在变压吸附操作流程中加入气体贮槽（或缓冲槽），以便回收排放气和其中的能量，利用贮入的低纯度产品气体或废气使吸附剂解吸、升压，同时可提高产品的纯度。

一般为了操作平稳，要选择适当的周期（长或短）和其他清洗、升压等各阶段的方式。如要提高轻质产品的纯度，增大回流量用同一轻质产品对吸附塔升压，由于升压阶段需要大量的轻质产品则产品的回收率减少，但如用进料气升压，轻质产品的纯度则下降。改善的方法可从吸附塔进口端送入原料气部分升压至中间压力，再从出口端送入部分的高压的轻质产品。在进料气体升压至操作压力时，轻质产品气停止送入。轻质产品可由另一吸附塔取得。这样吸附塔出口端为纯净的产品气，仍可继续获得一定纯度的轻产品，而升压所消耗的轻产品气又可减少至最低限度。三塔变压吸附空气分离用此方法可得纯度为90%的富氧。

分离操作良好的重要因素是要保持浓度波前沿明锐不拖尾，而返混和弥散力是使浓度波前沿拖尾的主要因素之一。增加浓度波前沿陡峭的方法可以在循环开始前对吸附塔部分升压。升压速度由进料速度控制逐步增加，目的是限制排料的速度。此技术对空气分离操作的改善是有成效的。如果在并流降压阶段后接着进料，陡峭的前沿就会破坏，用高压强吸附性能的组分并流清洗，则可保持此陡峭的浓度波前沿。

在同一吸附塔中使用不同的吸附剂混合装填，对不同的气体组分会有不同的亲和力，从而改善吸附塔的分离效果。在色谱或离子交换中，常采用在不同或同一塔中装填混合吸附剂的方法。真空-变压吸附精制氢气的工艺就在两个塔内使用不同的吸附剂，以取其对不同物质有不同选择吸附性能的优点。为了防止水分对吸附分离操作的干扰，可在吸附塔进料端装入氧化铝或硅胶之类的干燥剂。

另一种变压吸附分离过程不是基于组分的平衡选择性，而是基于扩散动力学分离，组分在碳分子筛上的扩散速度不同，从而达到不同组分分离的目的。

（二）变压吸附的循环流程

各种变压吸附循环操作的差别主要在于吸附和解吸的方式以及辅助阶段采用的方法；操作压力、温度和塔内气流的方向；产品的数目（一个或多个）及其质量（压力和纯度等）；对进料而言产品组分的回收率；吸附塔的个数、附属机器（压缩机、真空泵）及有关附件和控制系统；分离用吸附剂的性质。在一定的原料气处理量，产品纯度和回收率的要求下，采用各种不同的阶段和组合顺序以及方法，其分离效果由所设计的程序而定。

1. 双塔变压吸附

最简单的变压吸附和变真空吸附是在两个并联的固定床中实现的，如图 4-18 所示。

与变温吸附不同，它不用加热变温的方式，而是靠消耗机械功提高压力或造成真空完成吸附分离循环。一个吸附床在某压力下吸附，而另一个吸附床在较低压力下解吸。变压吸附只能用于气体吸附，因为压力的变化几乎不影响液体吸附平衡。变压吸附可用于空气干燥、气体脱除杂质和污染物以及气体的主体分离等。

具有两个固定床的变压吸附循环如图 4-19 所示，称为 Skarstrom 循环。每个床在两个等时间间隔的半循环中交替操作。

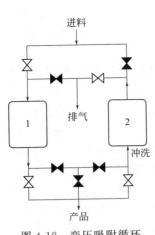

图 4-18 变压吸附循环

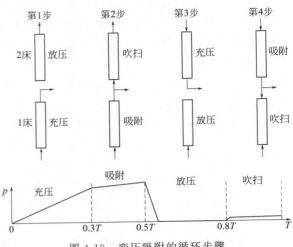

图 4-19 变压吸附的循环步骤

① 充压后吸附。

② 放压后吹扫。实际上分四步进行。

原料气用于充压,流出产品气体的一部分用于吹扫。在图 4-19 中 1 床进行吸附,离开 1 床的部分气体返至 2 床吹扫用,吹扫方向与吸附方向相反。从图中可以看出,吸附和吹扫阶段所用的时间小于整个循环时间的 50%。在变压吸附的很多工业应用中,这两步耗用的时间占整个循环中较大的百分数,因为充压和放压进行很快。所以变压吸附和真空吸附的循环周期是短的,一般是数秒至数分钟。因此,小的床层能达到相当高的生产能力。

在上述变压吸附基本循环方式的基础上已提出了很多改进,其目的是为了提高产品纯度、回收率、吸附剂的生产能力和能量的效率等。可归纳为以下几方面。

① 采用三四台或多台吸附床。

② 增加均压阶段,吹扫结束后的床与吸附后的另一个床均压。

③ 增加预处理或保护床,脱除影响分离任务的强吸附性杂质。

④ 采用强吸附气体作为吹扫气。

⑤ 缩短循环周期。过长的循环周期会引起床层在吸附阶段升温和在解吸阶段降温,这都是不希望的。

2. 多塔变压吸附

如图 4-20 所示为三床或四床 PSA 系统的流程。

如表 4-2 所示为四床 PSA 系统的操作。

表 4-2 四床 PSA 单元循环操作表

位号													
1	ADS			EQ1↑	CD↑	EQ2↑	CD↓	PUR↓	EQ2↓	EQ1↓		R↓	
2	CD↓	PUR↓	EQ2↓	EQ1↑	R↓		ADS			EQ1↑	CD↑	EQ2↑	
3	EQ1↑	CD↑	EQ2↑	CD↓	PUR↓	EQ2↓	EQ1↓	R↓		ADS			
4	EQ1↓	R↓		ADS			EQ1↑	CD↑	EQ2↑	CD↓	PUR↓	EQ2↓	

注:表中 EQ 为均压;CD 为并流或逆流降压;R 为升压;↑ 为并流;↓ 为逆流;ADS 为吸附;PUR 为清洗。

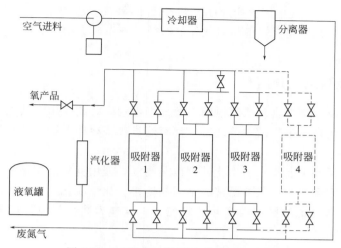

图 4-20　三床或四床 PSA 分离空气流程

吸附塔数目增加有利于操作的平稳，其中四塔变压吸附流程是工业上常用的流程。四塔变压吸附循环有多种，以七个循环阶段为例对循环操作进行说明，即每个床层都要经过吸附、均压、并流降压、逆流降压、清洗、一段升压和二段升压几个阶段。

（1）吸附阶段　原料气在一定的压力下吸附，在床层出口浓度波的透过点未出现前，即在床层末端仍保留一段未使用的吸附剂床层时，所得的气体产品，一部分作为产品放出，一部分（或低纯度气体产品）作为塔Ⅳ的二段升压。

（2）均压阶段　塔Ⅱ解吸完毕后处于低压状态和塔Ⅰ相连做一段升压，塔Ⅱ则为均压，均压后床层内的压力约为原有压力的一半，床层内的浓度波前沿继续前进，但未达到床层末端的出口。

（3）并流降压阶段　塔Ⅰ继续降压，排出气体清洗已逆流降压到最底压力的塔Ⅲ，塔Ⅰ并流降压至浓度波前沿刚到达床层出口端为止。

（4）逆流降压阶段　开启塔Ⅰ进口阀，使残余气体降至最低的压力，使已吸附的杂质排除一部分。

（5）清洗阶段　用塔Ⅳ并流降压的气体清洗塔Ⅰ，使塔Ⅰ内残余的杂质清洗干净，床层得到再生。

（6）一段升压阶段　用塔Ⅱ的均压气体使塔Ⅰ进行一段升压。

（7）二段升压阶段　用塔Ⅲ的部分产品气体，使塔Ⅰ达到产品的压力，准备下一循环。

以上各阶段的目的是利用吸附和解吸再生各阶段的部分气体，以回收能量，使气体产品的流量和纯度稳定。如将均压阶段分成一次和二次均压阶段，在二段升压阶段后再加一升压阶段，则每塔操作循环分为九个阶段，即吸附、一次并流均压、并流降压、二次并流均压、逆流降压、清洗、二次逆流均压、一次逆流均压和升压九个阶段。经过多次均压阶段，除节省回收能量外，还增加产品的回收率，使产品的流率稳定而"平滑"。根据上述的各种循环方法，进一步发展为多塔的变压吸附分离工艺，大型制高纯氢的装置可为九塔或十塔的变压吸附分离系统。但是，随着吸附塔数目的增加，操作随之复杂，自动控制水平要求提高，投资相应增大，而产品的回收率和纯度却不能无限地加大，因此需要多方面均衡决定。

变压吸附和变真空吸附分离受吸附平衡或吸附动力学的控制。这两种类型的控制在工业上都是重要的。例如，以沸石为吸附剂分离空气，吸附平衡是控制因素。氮比氧和氩吸附性能更强。从含氩 1% 的空气中能生产纯度大约 96% 的氧气。当使用碳分子筛作为吸附剂时，氧和氮的吸附等温线几乎相同，但是氧比氮的有效扩散系数大得多。因此可以生产出纯度大于 99% 的氮气产品。

（三）变压吸附空气分离

变压吸附分离空气制取富氧或富氮的工艺已经得到广泛的应用。其生产规模从小至医用制氧机、大至工业用富氧生产的中等装置，都有逐步代替冷冻精馏制氧和氮空气分离装置的趋势。

富氧可用于生活和工业废水的生化处理以及废水处理用臭氧的制备、渔业等养殖业、造纸工业中黑液的处理和化学纸浆的漂洗、金属的熔接、化学氧化过程和医药。富氧助燃，有利于提高温度，提高设备的操作强度并节省燃料。氮气为惰性气体，用于消防、杀虫（窒息）。

1. 空气分离用吸附剂

空气分离常用的吸附剂主要有沸石分子筛和碳分子筛两种。不同型号的分子筛在室温和常压下，对氧和氮的平衡吸附量各不相同，如表 4-3 所示。

表 4-3   不同型号分子筛对 O_2 和 N_2 的吸附量

分子筛吸附剂	$N_2/(mL/g)$	$O_2/(mL/g)$
4A	8.2	2.2
5A	10.9	3.2
10X	6.0	2.1
13X	6.7	2.1
天然丝光沸石	21.8	8.6

在平衡状态下，分子筛优先吸附氮气组分，由于碳分子筛毛细孔的孔径分布较窄，且孔道多为瓶形或狭缝状，氧和氮分子在此碳分子筛上的动力扩散速率各不相同，氧分子的扩散速率较大，因而对氧、氮分子的吸附速率产生差异，如图 4-21 所示，使氧、氮组分分离。

使用 4A 分子筛变压吸附分离空气，可得浓度较高的氮，而在排气侧管线使氧浓缩，在运转中吸附剂颗粒内原已优先吸附的氮，因扩散速度不同（氧扩散较快）而置换。

在各种吸附剂中，从对氮的吸附等温线可知，如图 4-22 所示。丝光沸石在一定压力下的吸附量最高，5A 分子筛次之，13X 更次之。从吸附等温线的斜率来看，当压力变化时，如以压力 392.2kPa 和压力 98.06kPa 计，其吸附量和解吸量之差，5A 分子筛的（Δq_0 = 1.65%）比 13X 分子筛的（Δq_0 = 1.45%）要优良些。另外，沸石分子筛是高亲水性材料，进料空气未进入吸附塔前需先行干燥，碳分子筛是疏水性材料，进入吸附塔前可不需预先干燥。早期的工业空气分离装置一般都用 5A 或 13X 型分子筛，在室温下的平衡选择性系数 α 均在 3.0～3.5。虽然此系数不是十分高，设计良好的吸附塔仍可以把氮完全除去，但所得产品氧的纯度，因氩和氧的性质接近不能分离，只能在 96%～97%。氧气中少量的氩气在应用中不产生什么麻烦，但用于焊接时却十分不利，此少量（2%～3%）的氩可使焊接时的温度显著下降。

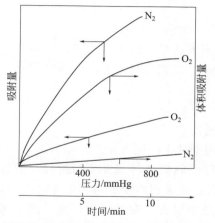

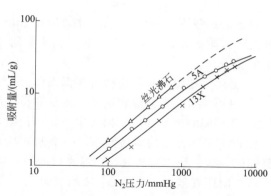

图 4-21　氧和氮在沸石分子筛（吸附量对压力）
和碳分子筛（吸附量对时间）上的吸附能力
1mmHg＝133.322Pa，下同

图 4-22　氮在各种类型
分子筛上的吸附等温线

2. 中小型变压吸附制氧设备

制氧量在每天 40t 以下的中型变压吸附分离空气装置与冷冻法比较是很有竞争能力的。到 1983 年止已有 200 台制氧量每天 0.907～32.65t 规模的工业变压吸附空气分离装置在运行。一般都用 3～4 塔的变压吸附。四塔变压吸附空分循环得到富氧的纯度为 90%～95%，回收率为 30%～60%，空气进料压力为 138～552kPa，温度为 26.4～48.4℃。在进入变压吸附塔前需脱水，也可设置预处理吸附塔，多数均采用真空下解吸清洗再生。

小型的变压吸附空分装置，一般仅为双吸附塔，氧气的回收率都比较低（<25%）。当使用同一种分子筛吸附剂时，双塔所用吸附剂总量和单塔的相等，当排出富氧量相同时，富氧的浓度可从 50% 提高至 70%。排出富氧量增大时，富氧纯度随之下降。

例如，双塔（φ5.4cm×15cm）压力为 490kPa，20s 换一次，每塔装填 13X 分子筛 250g，如图 4-23（a）、图 4-23（b）所示，出口富氧的浓度在同一排出流量下，比单塔的图 4-23（c）要高。

对同一吸附塔，装填以不同的分子筛吸附剂［双塔分别装填 13X 分子筛 240g，如图 4-24（a）所示；双塔分别装填 5A 分子筛 240g，如图 4-24（b）所示；单塔装填 5A 分子筛 480g，如图 4-24（c）；单塔装填 5A 分子筛 240g，如图 4-24（d）］进行比较，在同一出口流量下，富氧的浓度随床层数及吸附剂用量而增加，对小的装置而言，氧气的回收率大小并不十分重要。

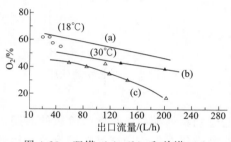

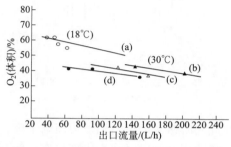

图 4-23　双塔（a）（b）和单塔（c）
氧浓度和排出流量关系

图 4-24　双塔（a）（b）和单塔（c）（d）
氧浓度和排出流量关系

3. 单塔快速变压吸附设备

快速变压吸附（RPSA）是一种 Skarstrom 循环与参数泵（以压力为热力学参数）相结合的变压吸附流程，故又称为参数泵变压吸附（PPSA）工艺。与一般的变压吸附相比较有如下的特点。

① 循环周期短，吸附塔接近等温操作。

② 只用单塔，工艺流程简单、系统和设备简单紧凑。

③ 在相同的产物纯度和回收率下，单位质量吸附剂的生产能力较高。

Kadlec 最初提出的单塔操作，一个循环只包括等时间的进料和升压两阶段，进料和排废气在同一端，稳定流的气体产品在塔的另一端放出，吸附剂的粒度较小为 42～60 目（一般变压吸附用直径为 1.6mm 小球的吸附剂），以保证床层有一定的压力梯度。当分离甲烷和氮混合气时，得氮气的纯度为 99%，但回收率仅为 10% 以下。由于回收率低能耗大，难于用作富氧的工业分离装置，所以改进了操作方法，如缩短进料、延长排废气的时间和增加停留阶段（即进料和排气阀均关闭）。一个循环包括高压脉冲进料（短于 1s）、停留（0.5～3s）和排废气至低压（5～20s），有时再加 1s 短暂的停留（在排废气阶段后）。单塔和三塔参数泵变压吸附的流程如图 4-25 所示。整个快速变压吸附是由于系统的流体阻力适当分配而引起的，每个阶段至少完成一般变压吸附的两个阶段的任务，如图 4-26 所示。操作过程中在吸附阶段的前期，原料气并流升压的同时，吸附塔逆流升压。但是，由于解吸阶段造成吸附塔内低压，使产品贮槽的部分气体倒流，对吸附塔逆流升压。但是，后期并流升压占优势，使塔内压力均提高，被选择吸附的气流流向产品槽。阀门关闭随着停留阶段出现，轴向压力分布使气流仍向产品端移动，继续吸附。

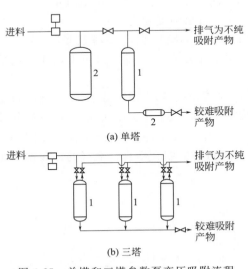

图 4-25　单塔和三塔参数泵变压吸附流程
1—吸附塔；2—贮槽

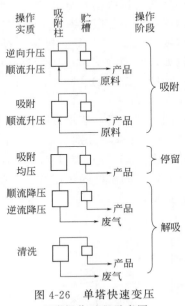

图 4-26　单塔快速变压
吸附操作过程示意图

与此同时密封的原料端压力渐渐下降，吸附塔趋于均压。随后就是解吸阶段的前期，原料端逆流降压，此时吸附塔中部仍有一定的压力，产品端仍有气流向产品贮槽流动，相当于并流降压。后期逆流降压使吸附塔内压力迅速降低，产品贮槽内的产品倒流，对吸附塔进行清洗，吸附剂得到再生。这三个阶段的实质与四塔变压吸附七个阶段的操作相当，不过前者各阶段在单个吸附塔和产品贮槽内进行，后者在四塔之间进行，前者除解吸后期外，整个循环周期都有产品气体流出，后者各塔在一循环中仅吸附段有气体产品放出。床层内各阶段的压力变化如图 4-27 所示。

对中型常规变压吸附与参数泵变压吸附的工业装置进行比较，从空气中分离制取富氧的操作参数，如表 4-4 所示，在富氧纯度相等的情况下，后者的床层高度降低 1/2～1/3，氧的回收率比较接近，但吸附剂的生产率却可高达约 5 倍。

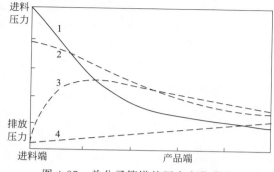

图 4-27　单分子筛塔的压力变化曲线
1—进料中期；2—停留时间；3—排放早期；4—排放后期

表 4-4　两种工业制氧变压吸附操作的比较

操作条件	变压吸附	参数泵变压吸附
吸附床层数	3	1
进料压力/kPa	40.2～66.7	18.6～26.5
吸附床层高度/m	1.83～3.05	0.92～1.22
吸附剂粒度	ϕ1.6mm 小珠	40～80 目
气体产品压力/kPa	13.4～33.4	13.4～33.4
排放压力	0	0
压力循环周期	3～4min	18.5s
产品纯度（氧,摩尔分数)/%	90	90
氧回收率/%	40	38
吸附生产率/(t 氧/t 吸附剂)	0.5	2.3

4. 碳分子筛动力分离制氮

空气分离制氮如采用的吸附剂不同，吸附机理也不相同，分子筛优先吸附氮，而碳分子筛却优先吸附氧，使空气中的氮（或氧）浓缩从变压吸附塔产品口排出。用碳分子筛为吸附剂时，在同一压力下，氧的吸附量要比氮的高，如图 4-28（a）所示。而从负荷因子（吸附量与平衡吸附量之比）和到达平时间的关系曲线来看，如图 4-28（b）所示，在负荷因子相等的条件下，氧可以迅速地达到平衡值，氮则远为迟缓。这是因为氧在碳分子筛上的细孔扩散系数比氮的要大数百倍之多。碳分子筛从空气中变压吸附动力分离制氮，就是利用氧和氮在碳分子筛上细孔扩散系数不同而制取的。

如果使用沸石分子筛为吸附剂，氧和氮的扩散速度不同，同样可产生吸附量的差异，如图 4-29 所示。氧和氮与分子筛接触过程，氮先吸附，氧得到浓缩。4A 分子筛对分子半径大小不同的氧（0.28nm×0.39nm）和氮（0.3nm×0.41nm）经过一定时间的接触，氮由过渡状态 1 和 2，才到达平衡状态，比氧慢。在常压下，空气与分子筛吸附剂接触，氮在吸附剂毛细孔内浓缩，然后在真空下解吸，可得浓度 98% 以上的富氮，从颗粒间隙和孔内氮气浓度的平衡关系来看，它的浓缩度是很高的，如图 4-30 所示。

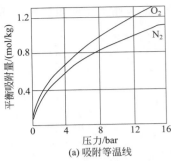

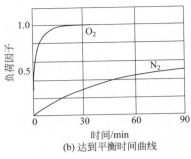

图 4-28　在碳分子筛上 O_2、N_2 的吸附等温线

（a）和达到平衡时间（b）曲线

1bar＝10^5Pa，下同

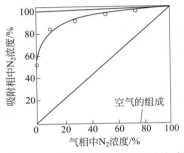

图 4-29　4A 分子筛在一定时间内与氢和
氮接触的吸附量变化

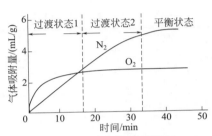

图 4-30　混合氧氮气体在
分子筛上的吸附平衡曲线

　　碳分子筛变压吸附分离空气制氮的操作流程如图 4-31 所示。此工艺由简单的吸附和逆流抽真空阶段组成一个双阶段的循环，每阶段持续 1min，吸附阶段最佳的压力为 294.2～490.4kPa，解吸的压力为 9.33kPa。氮气产品含 95%～99.9%的 N_2 和 Ar，氮气的回收率约为 50%。解吸产品含 35%的 O_2 和 65%的 N_2、CO_2 和水分。增加中间氧清洗阶段，一个循环可生产 80%～90%的富氧。此工艺的经济规模小于 991.2m^3/h（标准状态），和通常变压吸附制富氧的规模相同。

图 4-31　碳分子筛变压
吸附空气分离制氮

七、变压吸附实训操作

（一）实训目的

　　本装置可将空气分离为氧、氮，此外还能进行吸附剂的筛选与性能测定。本实验用于从空气中脱除氮气并制出纯度较高的氧气工艺。

　　装置由空气气体经过压力测定、充压、阀门转换，最后在降压条件下脱附。阀门由电磁阀和时间继电器控制。

（二）主要设备及操作条件简介

（1）最高使用压力：0.4MPa。

（2）变压吸附器：ϕ108mm×1050mm（双吸附器）。

（3）吸附剂：5A 型分子筛。

（4）干燥器：$\phi 76\text{mm} \times 500\text{mm}$；三级；第一级：氯化钙；二级干燥剂：变色硅胶；三级干燥剂：5A 分子筛。

（5）产品罐：$\phi 133\text{mm} \times 300\text{mm}$。

（6）空压机：无油空压机 300L/min，功率 2.2kW。

（7）压力变送器：0.4MPa，2 个。

（8）冷冻式干燥机，型号：TYAD-1.0F。

（9）分析系统：单 TCD 检测器色谱及色谱工作站，计算机。

（三）装置流程示意图

装置流程示意图如图 4-32 所示。

（四）操作步骤

1. 试漏

① 检查管路连接是否正确，经检查无误后方可试漏。

② 打开空气压缩机，调节稳压阀至 0.2MPa，进行管路试漏。5min 压力未下降为合格。

③ 打开电磁阀 1，检查吸附器 1 是否漏气。打开电磁阀 2，检查吸附器 2 是否漏气。无误后可进行下一步操作。

2. 开车

① 通过电磁阀开合状态设定吸附器时间，吸附与解吸时间比通过电脑程序可以任意调节。时间比设定好以后，将控制面板的电磁阀选择按钮改为自动设备即可正常运转。

② 调节总压力，使压力维持在 0.2MPa 以下（5A 分子筛的最高使用压力为 0.2MPa），将压缩空气经过冷冻式干燥机通入吸附器。

③ 吸附与解吸　查文献可知双塔变压吸附装置，主要由 4 个操作阶段：加压、吸附、卸压、吹扫。通常将前两者合并为加压吸附阶段，后两者合并为卸压吹扫阶段，为了减少耗气量，同时增加了均压过程。如图 4-33 所示。

④ 在实验中，可通过压力变送器及压力表测定系统压力（如进气压力、吸附压力、解吸压力等），可随时通过色谱仪测定产气中氧、氮含量，判断分离效果，根据分离情况改变工艺参数，如吸附时间、解吸时间、吸附压力、解吸压力等。

⑤ 再生　本装置原料气（空气）由空压机输送，通过冷冻式干燥机和干燥器中的干燥剂干燥，通过吸附器中的 5A 型分子筛吸附空气中的氮气，分离出较高纯度的氧气。干燥剂为氯化钙、变色硅胶和 5A 分子筛，吸附剂为 5A 型分子筛。干燥剂、吸附剂工作一段时间后，干燥剂会饱和，吸附剂分离效率会下降，此时应对干燥剂、吸附剂进行再生。变色硅胶在烘箱中 150℃ 以下进行干燥可恢复干燥功能，将 5A 型分子筛装入真空容器中后放入马弗炉中在 500℃ 下灼烧 4h，在真空状态下冷却至室温即可恢复分离效能，但 5A 型分子筛在再生后分离功能可能会降低。

⑥ 分析方法　色谱柱 5A 分子筛填充柱，柱前压 0.05MPa，进样器温度、柱箱温度、检测器温度：常温。桥流：100mA。色谱图第一个峰为氧气峰，第二个峰为氮气峰，如图 4-34 所示。

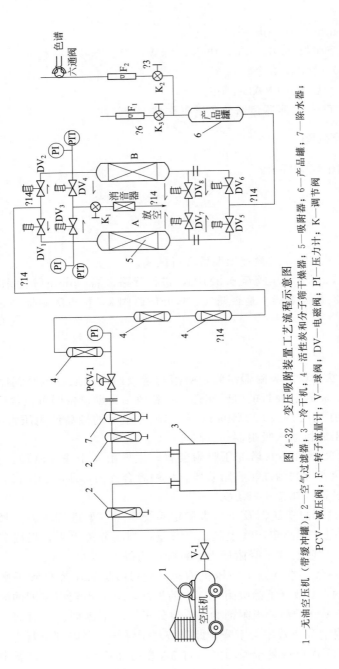

图 4-32　变压吸附装置工艺流程示意图

1—无油空压机（带缓冲罐）；2—空气过滤器；3—冷干机；4—活性炭和分子筛干燥器；5—吸附器；6—产品罐；7—除水器；

PCV—减压阀；F—转子流量计；V—球阀；DV—电磁阀；PI—压力计；K—调节阀

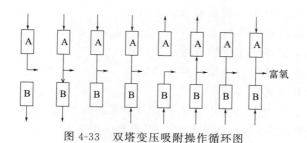

图 4-33　双塔变压吸附操作循环图

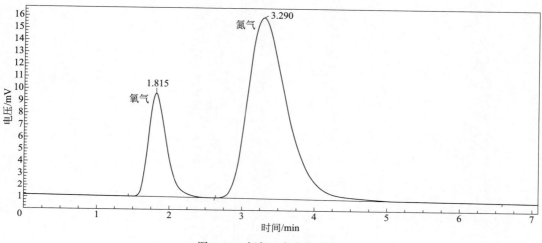

图 4-34　氧气、氮气色谱图

（五）停车

① 关闭空气压缩机。

② 关闭电源。

（六）故障处理

① 开启电源开关指示灯不亮，并且没有交流接触器吸合声，则保险坏或电源线没有接好。

② 开启仪表等各开关时指示灯不亮，并且没有继电器吸合声，则分保险坏或接线有脱落的地方。

③ 显示仪表出现四位数字闪烁，则告知有断路现象。

④ 仪表正常但指示不正常，可能传感器坏。

⑤ 在操作中发生电磁阀不能关闭或开启，必须拆换。

思考题

1. 什么是吸附现象？吸附分离的基本原理是什么？

2. 有哪几种常用的吸附解吸循环操作？

3. 有哪几种常用的吸附剂？各有什么特点？什么是分子筛？

4. 工业吸附对吸附剂有哪些基本要求？

5. 有利的吸附等温线有什么特点？

6. 如何用实验确定朗格缪尔模型参数？

7. 吸附床中的传质扩散可分为哪几种方式？

8. 吸附过程有哪几个传质步骤？

9. 何谓负荷曲线、透过曲线？什么是透过点、饱和点？

10. 固定床吸附塔中吸附剂利用率与哪些因素有关？

11. 常用吸附分离设备有哪几种类型？

项目五 催化剂制备实训

一、概述

（一）催化剂和催化作用的定义

最早定义催化剂的是德国化学家 W. Ostwald（1853—1932 年），他认为"催化剂是一种可以改变一个化学反应速率，而不存在于产物中的物质"。通常用化学反应方程式表示化学反应时催化剂也不出现在方程式中。这似乎表明催化剂是不参与化学反应的物质。而事实并非如此，近代实验技术检测的结果表明，许多催化反应的活性中间物种都是有催化剂参与反应，即在催化反应过程中催化剂与反应物不断地相互作用，使反应物转化为产物，同时催化剂又不断被再生循环使用。催化剂在使用过程中变化很小，又非常缓慢。因此，现代对催化剂的定义是：催化剂是一种能够改变一个化学反应的反应速率，却不改变化学反应热力学平衡位置，本身在化学反应中不被明显地消耗的化学物质。催化作用是指催化剂对化学反应所产生的效应。

（二）催化反应分类

根据催化反应的不同特点，目前对催化反应可从不同角度进行科学地分类，大致有如下几种方法。

1. 按催化反应系统物相的均一性进行分类

按催化反应系统物相的均一性进行分类，可将催化反应分为均相催化、非均相催化和酶催化反应。

（1）均相催化反应　均相催化反应是指反应物和催化剂居于同一相态中的反应。催化剂和反应物均为气相的催化反应称为气相均相催化反应。如 SO_2 与 O_2 在催化剂 NO 作用下氧化为 SO_3 的催化反应。反应物和催化剂均为液相的催化反应称为液相均相催化反应。如乙酸和乙醇在硫酸水溶液催化作用下生成乙酸乙酯的反应。

（2）非均相（又称多相）催化反应　非均相催化反应是指反应物和催化剂居于不同相态的反应。由气体反应物与固体催化剂组成的反应体系称为气固相催化反应。如乙烯与氧在负载银的固体催化剂上氧化生成环氧乙烷的反应。由液态反应物与固体催化剂组成的反应体系称为液固相催化反应。如在 Ziegler-Natta 催化剂作用下的丙烯聚合反应。由液态和气态两种反应物与固体催化剂组成的反应体系称为气液固三相催化反应。如苯在雷尼镍催化剂上加氢生成环己烷的反应。由气态反应物与液相催化剂组成的反应体系称为气液相反应。如乙烯与氧气在 $PdCl_2$-$CuCl_2$ 水溶液催化剂作用下氧化生成乙醛的反应。

这种分类方法对于从反应系统宏观动力学因素和工艺过程的组织考虑是有意义的。因为在均相催化反应中，催化剂与反应物是分子与分子之间的接触作用，通常质量传递过程对动力学的影响较小；而在非均相催化反应中，反应物分子必须从气相（或液相）向固体催化剂表面扩散（包括内外扩散），表面吸附后才能进行催化反应，在很多场合下都要考虑扩散过程对动力学的影响。因此，在非均相催化反应中催化剂和反应器的设计与均相催化反应不同，它要考虑传质过程的影响。然而，上述分类方法不是绝对的，近年来又有新的发展，即不是按整个反应系统的相态均一性进行分类，而是按反应区的相态的均一性分类，如前述乙烯氧化制乙醛反应，按整个反应体系相态分类为非均相（气液相）催化反应，但按反应区的相态分类则是均相催化反应，因为在反应区内乙烯和氧均溶于催化剂水溶液中才能发生反应。

（3）酶催化反应 酶催化反应的特点是催化剂酶本身是一种胶体，可以均匀地分散在水溶液中，对液相反应物而言可认为是均相催化反应。但是在反应时反应物却需在酶催化剂表面上进行积聚，可认为是非均相催化反应。因此，酶催化反应同时具有均相和非均相反应的性质。

2. 按反应类型进行分类

根据催化反应进行的化学反应类型分类，如加氢反应、氧化反应、裂解反应等，这种分类方法不是着眼于催化剂，而是着眼于化学反应。因为同一类型的化学反应具有一定共性，催化剂的作用也具有某些相似之处，这就有可能用一种反应的催化剂来催化同类型的另一反应。例如 $AlCl_3$ 催化剂是苯与乙烯烃化反应的催化剂，同样它也可用作苯与丙烯烃化的催化剂。按反应类型分类的反应和常用催化剂如表 5-1 所示。这种对类似反应模拟选择催化剂是开发新催化剂常用的一种方法。然而，这种分类方法未能涉及催化作用的本质，所以不可能利用此种方法准确地预见催化剂。

表 5-1 某些重要的反应单元及所用催化剂

反应类型	常用催化剂
加氢	Ni，Pt，Pd，Cu，NiO，MoS_2，WS_2
脱氢	Cr_2O_3，Fe_2O_3，ZnO，Ni，Pd，Pt
氧化	V_2O_5，MoO_3，CuO，Co_3O_4，Ag，Pd，Pt，$PdCl_2$
羰基化	$Co_2(CO)_8$，Ni-$CO)_4$，Fe-$CO)_5$，$RhCl_2(CO)PPh_3$
聚合	CrO_3，MoO_2，$TiCl_4$-$Al(C_2H_5)_3$
卤化	$AlCl_3$，$FeCl_3$，$CuCl_2$，$HgCl_2$
裂解	SiO_2-Al_2O_3，SiO_2-MgO，沸石分子筛，活性白土
水合	H_2SO_4，H_3PO_4，$HgSO_4$，分子筛，离子交换树脂
烷基化，异构化	H_3PO_4、硅藻土，$AlCl_3$，BF_3，SiO_2-$AlCl_3$，沸石分子筛

注：PPh_3——三苯基膦。

3. 按反应机理进行分类

按催化反应机理分类，可分为酸碱型催化反应和氧化还原型催化反应两种类型。

（1）酸碱型催化反应　酸碱型催化反应的反应机理可认为是催化剂与反应物分子之间通过电子对的授受而配位，或者发生强烈极化，形成离子型活性中间物种进行的催化反应。如烯烃与质子酸作用，烯烃双键发生非均裂，与质子配位形成 σ-碳碳键，生成正碳离子。即

$$CH_2\!=\!CH_2 + HA \longrightarrow H_3C\!-\!CH_2^+ + A^-$$

这种机理可以看成质子转移的结果，所以又称为质子型反应或正碳离子型反应。烯烃若与路易斯酸作用也可生成正碳离子，它是通过形成 π 键合物并进一步异裂为正碳离子。即

$$CH_2\!=\!CH_2 + BF_3 \rightleftharpoons \underset{\substack{|\\BF_3\\\pi键合}}{CH_2\!-\!CH_2} \rightleftharpoons \underset{\substack{|\\BF_3\\\sigma键合}}{CH_2^+\!-\!CH_2}$$

（2）氧化还原型催化反应　氧化还原型催化反应机理可认为是催化剂与反应物分子间通过单个电子转移，形成活性中间物种进行催化反应。如在金属镍催化剂上的加氢反应，氢分子均裂与镍原子产生化学吸附，在化学吸附过程中氢原子从镍原子中得到电子，以负氢金属键键合。负氢金属键合物即为活性中间物种，它能进一步进行加氢反应。即

$$H\!-\!H + -M\!-\!M- \rightleftharpoons \underset{\substack{|\ \ \ \ |\\-M\!-\!M-}}{\overset{H^\delta\ \ H^\delta}{}}$$

对这两种不同催化反应机理如表 5-2 所示。

表 5-2　酸碱型及氧化还原型催化反应比较

比较项目	酸碱型催化剂	氧化还原型催化剂
催化剂与反应物之间作用	电子对的授受或电荷密度的分布发生变化	单个电子转移
反应物化学键变化	非均裂或极化	均裂
生产活性中间物种	自旋饱和的物种(离子型物种)	自旋饱和的物种(自由基型物种)
催化剂	自旋饱和的分子或固体物质	自旋饱和的分子或固体物质
催化剂举例	酸，碱，盐，氧化物，分子筛	过渡金属，过渡金属氧(硫)化物，过渡金属盐，金属有机配合物
反应举例	裂解，水合，酯化，烷基化，歧化，异构化	加氢，脱氢，氧化，氨氧化

这种分类方法反映了催化剂与反应物分子作用的实质。但是，由于催化作用的复杂性，对有些反应难以将两者截然分开，有些反应又同时兼备两种机理，如铂重整反应。

（三）催化剂的分类

1. 按元素周期律分类

元素周期律把元素分为主族元素（A）和副族元素（B）。用作催化剂的主族元素多以化合物形式存在。主族元素的氧化物、氢氧化物、卤化物、含氧酸及氢化物等由于在反应中容易形成离子键，主要用作酸碱型催化剂。但是，第 Ⅳ～Ⅵ 主族的部分元素，如铟、锡、锑和铋等氧化物也常用作氧化还原型催化剂。而副族元素无论是金属单质还是化合物，由于在反应中容易得失电子，主要用作氧化还原型催化剂。特别是第 Ⅷ 过渡族金属元素和它的化合物是最主要的金属催化剂、金属氧化物催化剂和络合物催化剂。但是副族元素的一些氧化物、卤化物和盐类也可用作酸碱型催化剂，如 Cr_2O_3、$NiSO_4$、$ZnCl_2$ 和 $FeCl_3$ 等这种根据元素周期律对催化剂进行分类的方法，能使人们认识催化剂的化学本质，对了解催化剂的催化作用是有益的。

2. 按固体催化剂的导电性及化学形态分类

按固体催化剂本身的导电性及化合形态可分为导体、半导体和绝缘体三类催化剂，表5-3概括了催化剂的这种分类方法。

表 5-3　按固体催化剂导电性及化学形态分类

类别	化学形态	催化剂举例	催化反应举例
导体	过渡金属	Fe,Ni,Pt,Cu	加氢,脱氢,氧化,氢解
半导体	氧化物或硫化物	V_2O_5,Cr_2O_3,MoS_2,NiO,ZnO,Bi_2O_3	氧化,脱氢,加氢,氨氧化
绝缘体	氧化物盐	Al_2O_3，TiO_2，Na_2O，MgO，分子筛 $NiSO_4$,$FeCl_3$,分子筛,$AlPO_4$	脱水,异构化,聚合,烷基化,酯化,裂解

所谓绝缘体是指在一般温度下没有电子导电，但是在很高温度时它可能具有离子导电性能。这种分类方法对认识多相催化作用中的电子因素对催化作用的影响是有意义的。

（四）固体催化剂的组成与结构

1. 固体催化剂的组成

工业催化过程中使用固体催化剂是最普遍的。固体催化剂的组成从成分上可分为单组元催化剂和多组元催化剂。单组元催化剂是指催化剂由一种物质组成的，如用于氨氧化制硝酸的铂网催化剂。单组元催化剂在工业中用的较少，因为单一物质难以满足工业生产对催化剂性能的多方面要求。而多组元催化剂使用较多。多组元催化剂是指催化剂由多种物质组成。根据这些物质在催化剂中的作用可分为主催化剂、共催化剂、助催化剂和载体。

（1）主催化剂　主催化剂又称为活性组分，它是多组元催化剂中的主体，是必须具备的组分，没有它就缺乏所需要的催化作用。例如，加氢常用的 Ni/Al_2O_3 催化剂，其中 Ni 为主催化剂，没有 Ni 就不能进行加氢反应。有些主催化剂是由几种物质组成，但其功能有所不同，缺少其中之一就不能完成所要进行的催化反应。如重整反应所使用的 Pt/Al_2O_3 催化剂，Pt 和 Al_2O_3 均为主催化剂，缺少其中任一组分都不能进行重整反应。这种多活性组分使催化剂具有多种催化功能，所以又称为双功能（多功能）催化剂。

（2）共催化剂　共催化剂是和主催化剂同时起催化作用的物质，二者缺一不可。例如，丙烯氨氧化反应所用的 MoO_3 和 Bi_2O_3 两种组分，两者单独使用时活性很低但二者组成共催化剂时表现出很高的催化活性，所以二者互为共催化剂。

（3）助催化剂　助催化剂是加到催化剂中的少量物质，这种物质本身没有活性或者活性很小，甚至可以忽略，但却能显著地改善催化剂效能，包括催化剂活性、选择性及稳定性等。根据助催化剂的功能可将其分为以下 4 种。

① 结构型助催化剂　结构型助催化剂能增加催化剂活性组分微晶的稳定性，延长催化剂的寿命。通常工业催化剂都在较高反应温度下使用，本来不稳定的微晶，此时很容易被烧结，导致催化剂活性降低。结构型助催化剂的加入能阻止或减缓微晶的增长速度，从而延长催化剂的使用寿命。例如，合成氨催化剂中的 Al_2O_3 就是一种结构型助催化剂。用磁性氧化铁（Fe_3O_4）还原得到的活性 α-Fe 微晶对合成氨具有很高活性，但在高温高压（820K，$3.0399×10^7$Pa）条件下使用时很快烧结，催化剂活性迅速降低，以致寿命不超过几个小时。若在熔融 Fe_3O_4 中加入适量 Al_2O_3，则可大大地减缓微晶增长速度，使催化剂寿命长达数年。

有时加入催化剂中的结构型助催化剂是用来提高载体结构稳定性的，并间接地提高催化剂的稳定性。例如，用 Al_2O_3 作载体时活性组分 MoO_3 对载体 Al_2O_3 结构稳定性有不良影响，当加入适量 SiO_2 时可使载体 Al_2O_3 结构稳定，SiO_2 就是一种结构型助催化剂有时也可加入少量 CaO，与活性组分 MoO_3 形成 $CaMoO_4$，从而减少活性组分 MoO_3 对载体的影响，因此 CaO 也可称为结构型助催化剂。

② 调变型助催化剂　调变型助催化剂又称电子型助催化剂。它与结构型助催化剂不同，结构型助催化剂通常不影响活性组分的本性，而调变型助催化剂能改变催化剂活性组分的本性，包括结构和化学特性。对于金属和半导体催化剂，调变型助催化剂可以改变其电子因素（d 带空穴数、电导率、电子逸出功等）和几何因素；对于绝缘体催化剂，可以改变其酸碱中心的数量和强度。例如，合成氨催化剂中加入 K_2O，可以使铁催化剂逸出功降低，使其活性提高，K_2O 是一种调变型助催化剂。

③ 扩散型助催化剂　扩散型助催化剂可以改善催化剂的孔结构，改变催化剂的扩散性能。这类助催化剂多为矿物油、淀粉和有机高分子等物质。制备催化剂时加入这些物质，在催化剂干燥焙烧过程中，它们被分解和氧化为 CO_2 和 H_2O 逸出，留下许多孔隙，因此，也称这些物质为致孔剂。

④ 毒化型助催化剂　毒化型助催化剂可以毒化催化剂中一些有害的活性中心，消除有害活性中心所造成的一些副反应，留下目的反应所需的活性中心，从而提高催化剂的选择性和寿命。例如，通常使用酸催化剂，为防止积碳反应发生，可以加入少量碱性物质，毒化引起积碳副反应的强酸中心。这种碱性物质即为毒化型助催化剂。

虽然助催化剂用量很少，但对催化剂的催化性能影响很大。除选择适宜的助催化剂组分外，它的含量也要适量。这些都是催化剂组成关键所在。一些专利往往是与助催化剂的类型和数量有关。

（4）载体　载体是催化剂中主催化剂和助催化剂的分散剂、黏合剂和支承体。载体的作用是多方面的，可以归纳如下。

① 分散作用　多相催化是一种界面现象，因此要求催化剂的活性组分具有足够的比表面积，这就需要提高活性组分的分散度，使其处于微米级或原子级的分散状态。载体可以分散活性组分为很小粒子，并保持其稳定性。例如，将贵金属 Pt 负载于 Al_2O_3 载体上，使 Pt 分散为纳米级粒子，成为高活性催化剂，从而大大提高贵金属的利用率。但并非所有催化剂都是比表面积越高越好，而应根据不同反应选择适宜的比表面积和孔结构的载体。

② 稳定化作用　除结构型助催化剂可以稳定催化剂活性组分微晶外，载体也可以起到这种作用，可以防止活性组分的微晶发生半熔或再结晶。载体能把微晶阻隔开，防止微晶在高温条件下迁移。例如，烃类蒸气转化制氢催化剂，选用铝镁尖晶石作载体时，可以防止活性组分 Ni 微晶在高温（1073K）下晶粒长大。

③ 支承作用　载体可赋予固体催化剂一定的形状和大小，使之符合工业反应对其流体力学条件的要求。载体还可以使催化剂具有一定机械强度，在使用过程中使之不破碎或粉化，以避免催化剂床层阻力增大，从而使流体分布均匀，保持工艺操作条件稳定。

④ 传热和稀释作用　对于强放热或强吸热反应，通过选用导热性好的载体，可以及时移走反应热量，防止催化剂表面温度过高。对于高活性的活性组分，加入适量载体可起稀释作用，降低单位容积催化剂的活性，以保证热平衡。载体的这两种作用都可以使催化剂床层反应温度恒定，同时也可以提高活性组分的热稳定性。

⑤ 助催化作用　载体除上述物理作用外，还有化学作用。载体和活性组分或助催化剂

产生化学作用会导致催化剂的活性、选择性和稳定性的变化。在高分散负载型催化剂中氧化物载体可对金属原子或离子活性组分发生强相互作用或诱导效应，这将起到助催化作用。载体的酸碱性质还可与金属活性组分产生多功能催化作用，使载体也成为活性组分的一部分，组成双功能催化剂。

除选择合适载体类型外，确定活性组分与载体量的最佳配比也很重要。一般活性组分的含量至少应能在载体表面上构成单分子覆盖层，使载体充分发挥其分散作用。若活性组分不能完全覆盖载体表面，载体又是非惰性的，载体表面也可以引起一些副反应。有关载体的选用可参见一些专著。

工业催化剂大多数采用固体催化剂，而固体催化剂通常是由多组元组成的，要严格区别每个组元的单独作用是很困难的。人们所观察到的催化性能，常常是这些组元间相互作用所表现的总效应。

2. 固体催化剂的结构

固体催化剂的结构与其组成有直接关系，但是化学组成不是决定催化剂结构的唯一条件，制备方法对催化剂的结构影响往往更明显。用不同制备方法可制备出组成相同而结构不同的催化剂，这些催化剂所表现出的催化性能差异很大。固体催化剂的组成与结构的关系如图 5-1 所示。

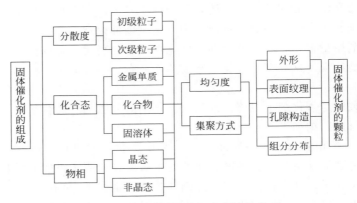

图 5-1　固体催化剂的组成与结构关系

大多数工业用固体催化剂为多组元并具有一定外形和大小的颗粒，这种颗粒是由大量的细粒聚集而成。由于聚集方式不同，可造成不同粗糙度的表面，即比表面纹理，而在颗粒内部形成孔隙构造。这些分别表现为催化剂的微观结构特征，即比表面积、孔体积、孔径大小和孔分布。催化剂的微观结构特征不但影响催化剂的反应性能，还会影响催化剂的颗粒强度，也会影响反应系统中质量传递过程。

制备方法不但影响固体催化剂的微观结构特性，还影响固体催化剂中各组元（主催化剂、助催化剂和载体）的存在状态，即分散度、化合态和物相，这些将直接影响催化剂的催化特性。

（1）分散度　固体催化剂可将组成颗粒的细度按其形成次序分为两类：一类为初级粒子，其尺寸多为埃级（10^{-10} m），其内部为紧密结合的原始粒子；另一类为次级粒子，大小为微米级（10^{-6} m），是由初级粒子以较弱的附着力聚集而成的。催化剂颗粒是由次级粒子构成的（毫米级，10^{-3} m）。图 5-2 形象地说明了初级粒子、次级粒子与催化剂颗粒的构成。

催化剂的孔隙大小和形状取决于这些粒子的大小和聚集方式。初级粒子聚集时，在颗粒中造成细孔，而次级粒子聚集时则造成粗孔。因此，在催化剂制备时调节初、次级粒子的大小和聚集方式，就可以控制催化剂的比表面积和孔结构。还应注意，负载金属催化剂在高分散时金属的物理化学特性可能发生变化。因为高分散度粒子由少量原子（离子）组成，其性质往往与由大量原子组成时不同，同时受载体的影响也更明显。

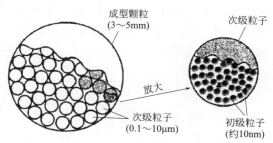

图 5-2　成型催化剂颗粒的构成

（2）化合态　固体催化剂中活性组分在催化剂中可以以不同化合态（金属单质、化合物、固熔体）存在，化合状态主要指初级粒子中物质的化合状态。具有不同化合态的活性组分以不同催化机理催化各种反应进行。例如，过渡金属单质（Ni、Pt、Pd）、过渡金属氧化物和硫化物（V_2O_5、MoO_3、NiS、CoS）及过渡金属固熔体（Ni-Cu 合金、Pd-Ag 合金）都可进行氧化还原型反应，而氧化物（Al_2O_3、SiO_2-Al_2O_3），分子筛和盐类（$NiSO_4$、$AlPO_4$）则催化酸碱型反应，有时制备的催化剂化合态并不是反应所需要的，但通过催化剂预处理可以转化为所需要的化合态。如硫化物催化剂通常是制备出氧化物催化剂，再经硫化预处理即可变为硫化状态。催化剂中组分的化合态与催化剂制备方法有直接关系。因此，通过选择适宜的制备方法可以满足催化剂对各组分化合态的要求。

（3）物相　固体催化剂各组元的物相也是很重要的。因为同一物质当处于不同物相时，其物化性质不同，致使其催化性能也不同。通常催化剂物相可分为非晶态相（无定形相）和晶态相（晶相）两种，结晶相物质又可分为不同晶相。例如，氧化铝就有 γ、η、ρ、σ、χ、κ、θ、α 等物相。当氧化铝处于 α 相时，比表面积很小，对多数反应是无活性的。但氧化铝处于 γ 相时，比表面积较大，对许多反应都有催化活性。在一定条件下非晶态物质可转变成晶态物质，各种晶相之间也可以相互转变，温度与气氛对这种晶相转变起重要作用。固体催化剂由于晶相的转变而改变催化活性和选择性。

（4）均匀度　在研究多组元物系固体催化剂时必须考虑物系组成的均匀度，包括化学组成和物相组成的均匀度。通常希望整个物系具有均匀的组成。例如，合金催化剂要求各部分组成一致，但是由于制备方法与物质的固有特性常常出现组分不均一现象。例如，合成氨用的 α-Fe-Al_2O_3-K_2O 催化剂 K 在表面上的浓度高于体相浓度。在 Ni-Cu 合金催化剂中，由于 Cu 的表面富集，表面层 Cu 的浓度也高于体相浓度。因此，必须注意组分在催化剂的某部分集中分布带来的效应，在有些场合，人们有意识地制造不均匀分布的催化剂，例如，Pd-Al_2O_3 催化剂，为提高 Pd 的利用率，可用专门方法使活性组分 Pd 集中分布在催化剂颗粒表面的薄层中。

综上所述，固体催化剂的组成和结构都是影响催化性能的主要因素。人们在设计和制造固体催化剂时，除关注催化剂的组成配方外，找出适宜的制备方法也是至关重要的。

（五）催化剂的反应性能及对工业催化剂的要求

1. 催化剂的反应性能

催化剂的反应性能是评价催化剂好坏的主要指标，它包括催化剂的活性、选择性和稳定性。

（1）催化剂的活性　催化剂的活性，又称催化活性，是指催化剂对反应加速的程度，可作为衡量催化剂效能大小的标准。换句话说，就是催化反应速率与非催化反应速率之差。二者相比之下非催化反应速率小到可以忽略不计，所以，催化活性实际上就等于催化反应的速率，一般用以下几种方法表示。

① 反应速率表示法

对反应 $\qquad$ A $\longrightarrow$ P

其反应速率有三种计算方法。即

$$r_m = \frac{-\mathrm{d}n_A}{m\,\mathrm{d}t} = \frac{\mathrm{d}n_P}{m\,\mathrm{d}t} \tag{5-1}$$

$$r_V = \frac{-\mathrm{d}n_A}{V\,\mathrm{d}t} = \frac{\mathrm{d}n_P}{V\,\mathrm{d}t} \tag{5-2}$$

$$r_S = \frac{-\mathrm{d}n_A}{S\,\mathrm{d}t} = \frac{\mathrm{d}n_P}{S\,\mathrm{d}t} \tag{5-3}$$

式中　r_m——单位时间内单位质量催化剂上反应物的转化量，$mol/(g \cdot h)$；

$\quad\quad r_V$——单位时间内单位体积催化剂上反应物的转化量，$mol/(L \cdot h)$；

$\quad\quad r_S$——单位时间内单位表面积催化剂上反应物的转化量，$mol/(m^2 \cdot h)$；

$\quad\quad m$——固体催化剂的质量，g；

$\quad\quad V$——固体催化剂的体积，L；

$\quad\quad S$——固体催化剂的表面积，m^2；

$\quad\quad t$——反应时间（接触时间），h；

$\quad\quad n_A$——反应物物质的量，mol；

$\quad\quad n_P$——产物物质的量，mol。

上述三种反应速率可以相互转换，三者关系为：

$$r_V = \rho r_m = \rho S_g r_S$$

式中　ρ——催化剂堆密度，g/m^3；

$\quad\quad S_g$——比表面积，m^2/g。

Boudart 认为三种表示活性方法中以 r_S 为最好，因为多相催化反应实质是靠作用物与催化剂表面起作用的结果。然而，催化剂表面不是每一个部位都具有催化活性，即使两种化学组成和比表面积都相同的催化剂，其表面上活性中心数也不一定相同，导致催化活性有差异。因此，采用转换频率概念来描述催化活性更确切一些。转换频率是指单位时间内每个催化活性中心上发生反应的次数，作为真正催化活性的一个基本度量，转换频率是很有用的。但是，目前对催化剂活性中心数目的测量还有一定困难。尽管用化学吸附方法可测定出金属催化剂表面裸露的原子数，但仍不能确定多少处于活性中心状态；同样，用碱吸附或碱中毒方法测量的酸中心数也不是十分确切。因此，用这一概念描述催化活性受到限制。

用反应速率表示催化活性时要求反应温度、压力及原料气组成相同，以便于比较。

方便起见，工业上常用一个与反应速率相近的时空收率来表示活性。时空收率有平均反应速率的涵义，它表示每小时每升或每千克催化剂所得到的产物量，用它表示活性时除要求温度、压力、原料气组成相同外，还要求接触时间（空速）相同。收率可分为单程收率和总收率。单程收率是指反应物一次通过催化反应床层所得到的产物量。当反应物没有完全反应，再循环回催化床层，直至完全转化，所得到产物总量称为总收率。

② 反应速率常数表示法　对某一催化反应，如果知道反应速率与反应物浓度（或压力）的函数关系及具体数值，即 $r = kf(c)$ 或 $R = kf(p)$，则可求出反应速率常数 k。用速率常数比较催化剂活性时，只要求反应温度相同，而不要求反应物浓度和催化剂用量相同。这种表示方法在科学研究中采用较多，而实际工作中常常用转化率来表示。

③ 转化率表示法　用转化率表示催化剂活性是工业和实验室中经常采用的方法，转化率表达式为：

$$C_A = \frac{\text{反应物 A 转化掉的量}}{\text{流经催化床层进料中反应物 A 的总量}} \times 100\% \tag{5-4}$$

转化率可用摩尔、质量或体积表示。用转化率比较催化活性时要求反应条件（温度、压力、接触时间、原料气浓度）相同。此外，还可用催化反应的活化能高低、一定转化率下所需反应温度的高低来比较催化剂活性大小。通常，反应活化能越低或者所需反应温度越低，催化剂活性越高。

（2）催化剂的选择性　催化剂除了可以加速化学反应进行（即活性）外，还可以使反应向生成某一特定产物的方向进行，这就是催化剂的选择性。这里介绍两种催化剂的选择性的表示方法。

① 选择性（S）

$$S = \frac{\text{目的产物的产率}}{\text{转化率}} \times 100\% \tag{5-5}$$

目的产物的产率是指反应物消耗于生成目的产物量与反应物进料总量的百分数。选择性是转化率和反应条件的函数。通常产率、选择性和转化率三者关系为：

$$\text{产率} = \text{选择性} \times \text{转化率} \tag{5-6}$$

催化反应过程中不可避免会伴随有副反应的产生，因此选择性总是小于 100%。

产率是工程和工业上经常使用的术语，它指反应器在总的运转中，消耗每单位数量的原料（反应物）所生成产物的数量。在总的运转中分离出产物之后，各种反应物可再循环回反应器中进行反应。产率若以摩尔表示，其数值小于 100%（摩尔分数）。但是，若以质量表示，产率超过 100%（质量分数）是可能的。例如，在部分氧化反应中，氧被高选择性地结合到产物分子中，此时每分子产物质量大于每分子原料质量，因此，质量产率可超过 100%。

② 选择性因素（又称选择度）　选择性因素 S 是指反应中主、副反应的表观速率常数或真实速率常数之比。这种表示方法在研究中用的较多。

$$S = \frac{k_1}{k_2} \tag{5-7}$$

对于一个催化反应，催化剂的活性和选择性是两个最基本的性能。人们在催化剂研究开发过程中发现催化剂的选择性往往比活性更重要，也更难解决。因为一个催化剂尽管活性很高，若选择性不好，会生成多种副产物，这样给产品的分离带来很多麻烦，大大地降低催化过程的效率和经济效益。反之，一个催化剂尽管活性不是很高，但是选择性非常高，仍然可以用于工业生产中。

（3）催化剂的稳定性　催化剂的稳定性是指催化剂在使用条件下具有稳定活性的时间。稳定活性时间越长，催化剂的催化稳定性越好。此外，催化剂的稳定性还包括多方面，下面介绍四种。

① 化学稳定性　催化剂在使用过程中保持其稳定的化学组成和化合状态，活性组分和助催化剂不产生挥发、流失或其他化学变化，这样催化剂就有较长的稳定活性时间。

② 耐热稳定性　催化剂在反应和再生条件下，在一定温度变化范围内，不因受热而破坏其物理化学状态，产生烧结、微晶长大和晶相变化，从而保持良好的活性稳定性。

③ 抗毒稳定性　催化剂不因在反应过程中吸附原料中杂质或毒性副产物而中毒失活，这种对有毒杂质毒物的抵抗能力越强，抗毒稳定性就越好。

④ 机械稳定性　固体催化剂颗粒在反应过程中要具有抗摩擦、冲击、重压及温度骤变等引起的种种应力，使催化剂不产生粉碎破裂、不导致反应床层阻力升高或堵塞管道，使反应过程能够平稳进行。

（4）寿命　催化剂的寿命是指催化剂在反应运转条件下，在活性及选择性不变的情况下能连续使用的时间，或指活性下降后经再生处理而使活性又恢复的累计使用时间。

催化剂稳定性通常用催化剂寿命来表示，催化剂的寿命是指催化剂在一定反应条件下维持一定反应活性和选择性的使用时间。这段反应时间称为催化剂的单程寿命。活性下降后经再生又可恢复活性继续使用，累计总的反应时间称为总寿命。

不同催化剂使用寿命各不相同，寿命长的可用十几年，寿命短的只能用几十天。而同一品种催化剂，因操作条件不同，寿命也会相差很大。

工业催化剂在使用过程中通常有随时间而变化的活性曲线。这种活性变化可分为成熟期、稳定期、累进衰化期这三个阶段。一些工业催化剂，最好的活性并不是在开始使用时达到，而是经过一定诱导期之后，逐步增加并达到最佳点，即所谓成熟期。经过这一段不太长的时间后，活性达到最大值，继续使用时，活性会略有下降而趋于稳定，并在相当长时间内保持不变，只要维持最合适的工艺操作条件，就可使催化剂按着基本不变的速率进行。这个稳定期的长短一般就代表催化剂的寿命。随着使用时间增长，催化剂因吸附毒物或因过热使催化剂发生结构变化等原因，致使催化剂活性完全消失，经历这种累进衰化期后，催化剂就不能再继续使用，有的催化剂经再生后还可再继续使用，而有的催化剂则需重新更换。

相对来说，催化剂的寿命长，表示使用价值高，但对催化剂的使用寿命也要综合考虑，有时从经济观点看，与其长时期在低活性下工作，不如在短时间内有很高活性。特别对失活后容易再生的催化剂或可以低价更新的催化剂更是如此。

2. 对工业催化剂的要求

具有工业生产实际意义，可以用于大规模生产过程的催化剂称为工业催化剂。一种好的工业催化剂应具有适宜的活性、高选择性和长寿命。

为了提高工业生产的效率，通常希望催化剂的活性高一些，即转化原料的能力强一些，但这不是绝对的，对有些热效应较大的反应必须选择适宜的转化率。例如，氧化反应多为强放热反应，催化剂活性过高，反应中放出热量也大，如果反应热不能及时有效地从反应器中移走，就会引起床层温升剧烈，从而破坏最适宜的操作条件，甚至使催化剂烧结失活。因此，要求工业催化剂活性适宜，以保持反应床层的热平衡。

影响工业生产效率的另一重要因素是催化剂的选择性，通常总是要求工业催化剂具有高选择性。催化剂选择性高不仅降低原料单耗，而且可以简化反应产物的后处理，节约生产费用。在某些场合，选择性也是保证反应过程平稳进行的必要条件。例如，乙烯气相氧化制环氧乙烷，它的主反应（部分氧化）热效应 ΔH 为 $-121.2kJ/mol$（553K），而副反应完全氧化的热效应 ΔH 为 $-1322kJ/mol$（553K），若催化剂选择性降低，副反应放出的巨大热量将引起床层温升提高，破坏反应正常进行，甚至会使催化剂烧结失活。此外，催化剂的高选择性还可避免生成有害的副产物污染环境，这也是十分重要的问题。

催化剂的稳定性也是影响工业生产效率的一个主要因素。催化剂稳定性差，使用时间短，催化剂的寿命就短。为了恢复催化剂活性，就得反复进行再生或者更换新催化剂，这些操作会造成生产工时的损失，导致生产效率降低，这对大规模生产装置是极其不利的。因此，要求工业催化剂具有优良的稳定性和良好的再生重复性，以保证催化剂寿命长。但是有些催化剂的寿命很短。例如，催化裂化催化剂非常容易积碳，使催化剂失活，为此工业生产操作采用流化床反应器，以适应频繁再生的需要。

工业催化剂的活性、选择性和寿命除决定于催化剂的组成结构外，与操作条件也有很大关系。这些条件包括原料的纯度、生产负荷、操作温度和压力等。因此，在选择或研制催化剂时要充分考虑到操作条件的影响，并选择适宜的配套装置和工艺流程。此外，催化剂的价格也是要考虑的。然而，对于寿命长的催化剂，其成本占总生产成本的份额很小，为了追求高催化效率，保证生产产品质量，采用一些贵金属催化剂是可行的。近年来对催化剂造成的环境污染和设备腐蚀也引起人们极大关注。因此，对工业催化剂的要求更高，除要求催化剂在反应过程中不造成污染外，也希望废弃的催化剂不对环境造成污染，如用分子筛催化剂替代固体磷酸催化剂就是其中一例。

（六）多相催化反应体系的分析

1. 多相催化反应过程的主要步骤

多相催化反应由一连串的物理过程与化学过程所组成，图 5-3 表明多孔固体催化剂上气固相催化反应所经历的各步骤。其中反应物和产物的外扩散和内扩散属于物理过程，物理过程主要是质量和热量传递过程，它不涉及化学过程。反应物的化学吸附、表面反应及产物的脱附属于化学过程，它涉及化学键的变化和化学反应。

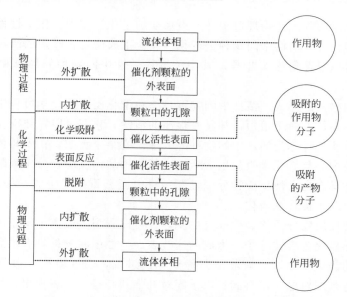

图 5-3　在多孔固体催化剂上气固催化反应的步骤

2. 多相催化反应中的物理过程

（1）外扩散和内扩散　反应物分子从流体体相通过附在气、固边界层的静止气膜（或液膜）达到颗粒外表面，或者产物分子从颗粒外表面通过静止层进入流体体相的过程，称为外扩散过程。外扩散的阻力来自流体体相与催化剂表面之间的静止层，流体的线速将直接影响外扩散过程。

反应物分子从颗粒外表面扩散进入到颗粒孔隙内部，或者产物分子从孔隙内部扩散到颗粒外表面的过程，称为内扩散过程。内扩散的阻力大小取决于孔隙内径粗细、孔道长短和弯曲度。催化剂颗粒大小和孔隙内径粗细将直接影响内扩散过程。

虽然物理过程（内外扩散）与催化剂表面化学性质关系不大，但是扩散阻力造成的催化剂内外表面的反应物浓度梯度也会引起催化剂外表面和孔内不同位置的催化活性的差异。因此，在催化剂制备和操作条件选择时应尽量消除扩散过程的影响，以便充分发挥催化剂的化学作用。

（2）扩散控制的判断和消除　外扩散的阻力来自气固（或液固）边界的静止层，流体的线速将直接影响静止层的厚度。通过改变反应物进料线速（空速）对反应转化率影响的实验，可以判断反应区是否存在外扩散影响。值得注意的是在固定床反应中仅用改变流体质量空速来测定外扩散区是没有意义的，因为空速变化接触时间也跟着变化。为了保持接触时间不变，应按比例同时改变空速及床层填充高度，这样测定外扩散才是有意义的。

内扩散阻力来自催化剂颗粒孔隙内径和长度，所以催化剂颗粒大小将直接影响分子内扩散过程。通过催化剂颗粒度大小变化对反应转化率影响的实验，可以判断反应区内是否存在内扩散的影响。反应区的内扩散效应不仅影响催化剂的转化率，还会影响催化剂的选择性。人们有时利用这种内扩散阻力造成形状大小不同产物分子扩散速率的差异，进行产物择形催化。例如，用乙苯与乙烯（或乙醇）择形烃化直接合成对二乙苯就是其中一例。

3. 多相催化反应的化学过程

对于多相催化反应除上述物理过程外，更重要的是化学过程。化学过程包括反应物化学吸附生成活性中间物种；活性中间物种进行化学反应生成产物；吸附的产物通过脱附得到产物，同时催化剂得以复原等多个步骤。其中关键是活性中间物种的形成和建立良好的催化循环。

（1）活性中间物种的形成　活性中间物种是指在催化反应的化学过程中生成的物种，这些物种虽然浓度不高，寿命也很短，却具有很高的活性，它们可以导致反应沿着活化能降低的新途径进行。这些物种称为活性中间物种。大量研究结果表明，在多相催化中反应物分子与催化剂表面活性中心是靠化学吸附生成活性中间物种的。反应物分子吸附在活性中心上产生化学键合，化学键合力会使反应物分子键断裂或电子云重排，生成一些活性很高的离子、自由基，或反应物分子被强烈极化。

化学吸附可使反应物分子均裂生成自由基，也可以异裂生成离子（正离子或负离子）或者使反应物分子强极化为极性分子，生成的这些表面活性中间物种具有很高的反应活性。因为离子具有较高的静电荷密度，有利于其他试剂的进攻，表现出比一般分子更高的反应性能；而自由基具有未配对电子，有满足电子配对的强烈趋势，也表现出很高的反应活性。对于未解离的强极化的反应物分子，由于强极化作用使原有分子中某些键长和键角发生改变，引起分子变形，同时也引起电荷密度分布的改变，这些都有利于进行化学反应。

值得注意的一个问题是生成活性中间物种有些是对反应有利的，但也有些对反应不利。这些不利的活性中间物种会导致副反应的发生，或者破坏催化循环的建立。因此必须设法消除不利于反应的活性中间物种的生成。另一个问题是生成的活性中间物种，除可加速主反应外，有时也会由此引出平行的副反应，此时要注意控制形成活性中间物种的浓度，抑制平行副反应的发生。

（2）催化循环的建立　由于催化剂参加催化作用，使反应循新的途径进行，而反应终了催化剂的始态与终态并不改变，这说明催化系统中存在着由一系列过程组成的催化循环，它既促使了反应物的活化，又保证催化剂的再生。

催化反应与化学计量反应的差别就在于催化反应可建立起催化循环。在多相催化反应中，催化循环表现为：一个反应物分子化学吸附在催化剂表面活性中心上，形成活性中间物种，并发生化学反应或重排生成化学吸附态的产物，再经脱附得到产物，催化剂复原并进行再一次反应。一种好的催化剂从开始到失活为止可进行百万次转化，这表明该催化剂建立起良好的催化循环。若反应物分子在催化剂表面形成强化学吸附键，就很难进行后继的催化作用，结果成为仅有一次转换的化学计量反应。由此可见，多相催化反应中反应物分子与催化剂化学键合不能结合得太强，因为太强会使催化剂中毒，或使它不活泼，不易进行后继的反应，或使生成的产物脱附困难。但键合太弱也不行，因为键合太弱，反应物分子化学键不易断裂，不足以活化反应物分子进行化学反应。只有中等强度的化学键合，才能保证化学反应快速进行，构成催化循环并保证其畅通，这是建立催化反应的必要条件。

根据催化反应机理和催化剂与反应物化学吸附状态，可将催化循环分为两种类型。

① 非缔合活化催化循环　在催化反应过程中催化剂以两种明显的价态存在，反应物的活化经由催化剂与反应物分子间明显的电子转移过程，催化中心的两种价态对于反应物的活化是独立的，这种催化循环称为非缔合活化催化循环。

② 缔合活化催化循环　在催化反应过程中催化剂没有价态的变化，反应物分子活化经由催化剂与反应物配位，形成络合物，再由络合物或其衍生出的活性中间物种进一步反应，生成产物，并使催化剂复原，反应物分子活化是在络合物配位层中发生的，这种催化循环称为缔合活化催化循环。

4. 多相催化反应的控制步骤

多相催化反应是由一连串物理过程和化学过程所构成，由于各步骤的阻力大小不同，催化反应的总包速率将取决于阻力最大的步骤，或者说固有反应速率最小的步骤，这一步骤称为催化反应的控制步骤。气固相催化反应 7 个串联步骤如图 5-3 所示。总的可分为两类控制步骤，即扩散控制与化学反应控制，后者又称为动力学控制。

当催化反应为扩散控制时，催化剂的活性无法充分显示出来，即使改变催化剂的组成和微观结构，也难以改变催化过程的效率。只有改变操作条件或改善催化剂的颗粒大小和微孔构造，换句话说，只有消除内、外扩散的影响，才能提高催化效率。反之，催化反应若为动力学控制时，从改善催化剂组成和微观结构入手，可以有效地提高催化效率。动力学控制对反应操作条件也十分敏感。特别是反应温度和压力对催化反应的影响比对扩散过程的影响大得多。因此，人们千方百计在催化反应过程中消除扩散控制，以便更好地发挥催化剂的作用。

总之，对于快速化学反应或者在高催化活性的催化剂下进行反应时，由于化学过程阻力很小，就容易出现扩散控制；当使用细孔催化剂进行反应时，就要考虑可能会出现内扩散控制。特别值得一提的是，催化反应的控制步骤不是一成不变的。原来为动力学控制的反应，由于反应温度提高，尽管扩散速率增加，但是较小，而本征速率常数则按指数增加。这样，整个反应区内，在颗粒孔内就会产生显著的反应物浓度梯度。此时由动力学控制转变为内扩散控制。因此，对多相催化反应体系要进行辩证的分析和认识，才能找到适宜的操作条件，以便充分发挥催化剂的作用。

二、工业催化剂的制造方法

（一）催化剂生产的特点和现状

众所周知，催化剂的研制和生产涉及许多学科的专门知识。过去由于测试技术不能适应，使催化剂的制备理论发展很慢，在较长一段时期内催化剂的制造技术一直被看成是"捉摸不透的技巧"，催化剂生产工厂犹如"矿物加工厂"。

近年来，以科学理论指导催化剂生产已受到各国学者的普遍重视，先进的测试技术正广泛用于催化剂的开发和生产，催化剂的制备科学正在形成。催化剂生产技术正在从"技巧"水平逐渐提高到"科学"水平。

由于催化剂的制备工艺随催化剂的使用目的而异，即使是同样组成的催化剂也因具体要求不同而有多种多样的制备和控制步骤，而且生产中的过程参数又大多是保密的，因而要评述各种催化剂的具体生产工艺条件是困难的。这里介绍的只是催化剂生产的一般原理及有规律性的普遍问题。

1. 催化剂生产的特点

催化剂与其他大规模生产的化工产品不同，它必须在实际工作条件下长时期运转中能保持优异性能才有工业应用的价值。所以，即使实验室的各种试验结果好的高活性催化剂，也并不意味着工业催化剂的完成。

一般所讲的催化剂制法，通常是指以完成该催化剂的成型产品为对象。可是在这一制备阶段，表面上生成的催化物质并不多。即在表面上是以尚未生成催化物质的母体物质形式存在的，只有把它装填到反应系统，经活化操作后方能生成真正的催化物质。因此，作为催化剂的制法，如果不包括原料配制、浸渍、成型、焙烧和活化等各种阶段，则不能说是完整的。

在组织或进行工业催化剂生产时，应该注意以下事项。

（1）满足用户对催化剂的性能要求　作为工业催化剂必须具备的性质，除了高活性和选择性好以外，还应具有较长的寿命和合理的流体力学特性。长的寿命是指需要具有良好的热稳定性、机械稳定性、结构稳定性和耐中毒性，保证在实际生产中长期稳定运转。合理的流体力学特性是从化学工程观点要求催化剂具有最佳的颗粒形状和较好的颗粒强度。

这些性质与催化剂的化学组成和物理结构密切相关且又常常是互相矛盾的。为了提高机械强度有时必须适当减少一部分表面积，为了提高选择性又常常需要消除结构中的细孔而使活性有所下降。合理处理种种对应因素，确定适宜的催化剂配方的工作一般在实验室中进行，但是在确定配方的基础上，催化剂生产中还必须进一步选择正确的操作方法和质量控制步骤。

（2）达到良好的制备重复性　催化剂生产中由于原料来源改变或操作控制中极细小的变化都会引起产品性质的极大变化。制备重复性问题在实验室研究制备工艺的阶段就应引起重视。当几种制备技术都能达到同样的性能要求时，应尽量选择操作可变性较大的制备方法，使生产控制容易一些。

为了达到良好的制备重复性，必须制订确切的原料规格，严格控制过程条件，并确立必要的分析测试项目使成品催化剂性能稳定在所要求的范围内。

（3）生产装置应有较大的适应性　催化剂生产的质量一般不大，但产品品种却是极为繁多。为了适合品种多、灵活性大的特点，催化剂生产者常把各类生产设备装配成几条生产线，将使用相同单元操作的几种催化剂按需要量和生产周期的长短安排于同一些生产线上生产。这样可以提高设备利用率，降低产品成本，并生产出不同组成及形状的各种催化剂。

（4）注意废料处理，减少环境污染　催化剂生产中常常产生大量有毒的废气和废液，在设计生产装置时必须考虑到废气处理和废液中无机盐的回收问题，生产过程中也应尽量避免使用毒性大的物质作原料以改善劳动条件。

（5）尽量保证催化剂原料价廉易得　催化剂生产常使用精制原料，并由大量技术熟练的劳动力参与生产，因而催化剂的生产费用常常十分昂贵。为了使产品在技术经济上能与市场上的同类产品做竞争，催化剂生产者还必须经常了解催化剂的市场动态、科研情况及实际使用效果，保持与使用工厂及贸易界的密切联系。

2. 催化剂生产现状

20 世纪 40 年代初期，国外大部分催化剂是由使用催化剂的工厂自己生产的。到 40 年代后期，欧美等工业发达的国家才开始形成独立的催化剂生产企业。现在，炼油和石油化工过程用的许多催化剂（如加氢脱硫、催化裂化、重整、合成氨、合成甲醇等）已大批量生产，用户可根据特殊要求在市场上购买。但也有许多催化剂是一些大型石油或化学公司为本公司特有的化工过程而专门开发的。

国外直接从事催化剂生产的公司大致可分为以下三种类型。

（1）大型石油或化工企业兼营催化剂生产和销售业务　如美国 Dow、Monsanto 及 UCC 等大型企业都拥有专门的催化研究机构，除进行催化应用研究外，也进行基础理论研究。这些企业的催化剂分部除生产本公司内部需要的各类催化剂外，还垄断着某些公司发明的工艺过程中应用的催化剂专门生产技术，并经营生产和销售业务。像美国 Halcon 催化剂工业公司是环氧乙烷银催化剂和顺酐催化剂的最大生产者。Shell 化学品公司多年来一直是乙苯脱氢制苯乙烯催化剂的主要生产者。

（2）专营催化剂生产和销售业务的公司　这些企业一般都有各自的特点，拥有生产某一类催化剂的专门技术，有些公司还按客户要求订制或委托开发催化剂。如 Engelhard 金属和化学品公司是贵金属催化剂的最大生产者，也是美国福特和通用汽车公司车用催化剂的最大供应者。Harshaw 化学品公司和 UCI 公司等在客户委托研制新催化剂的营业额上也占相当比重。

（3）在产、销催化剂的同时兼营工程设计及咨询业务的企业　催化剂生产企业一般都设有研究开发、生产制造、销售服务、新产品试制等部门。研究开发部配备有不同规模的实验室从事催化剂的制备、改进和放大等研究，并进行分析、质量控制和产品检验等工作。技术服务部设有技术服务队到使用公司生产的催化剂的工厂去参与开车和运转，了解催化剂在工业生产中的使用情况，并解决生产中遇到的技术性问题。此外，大多数先进的生产工厂都采用电子计算机进行动力学计算，完整的动力学数据可供计算工业反应器的最优结构和反应条件时使用。如 Holdor Topsoe 公司是丹麦公司在美国的分公司，除供应 ICI 法甲醇、蒸汽转化等的催化剂外，还兼营工程设计和咨询业务。

（二）催化剂的主要生产技术

催化剂的制备方法很多，而工业上制备固体催化剂最常用和普遍的方法是沉淀法、浸渍法和混合法。其他方法应用不太普遍，只是对某些专用催化剂生产有用。所以，这里主要介绍沉淀法、浸渍法和混合法的生产原理。

沉淀法、浸渍法和混合法这三种工艺基本上都包括：原料预处理、活性组分制备、热处理及成型等四个主要过程。选用的主要单元操作有：研磨、沉淀、浸渍、还原、分离、干燥、焙烧等。单元操作的安排和每一步骤的操作条件对成品催化剂的性能都会有显著影响。

催化剂制备工艺路线的选择通常在实验室中进行。有些催化剂可采用多种工艺路线制取，所得产品的化学组成虽然相同，而物化性质和催化性能却可能会产生很大差别。一种在流程图上看来似乎很优越的生产方法，在实际生产中也许会遇到很多意想不到的问题，因而生产方法的选择不能单纯以减少生产步骤为基准，而需要在制备规模逐级放大的过程中找出能满足催化性能要求而又尽量经济、简单的生产工艺。

国外多数催化剂生产企业都设有设备完善的催化剂实验室，用于决定催化剂的制备工艺，研究催化剂配方中各个参数对成品性能的影响，进行过程工艺试验并制备少量催化剂样品供用户评价和试用。

实验室的研究结果在正式用于生产前，通常还需经过耗时的逐级放大过程，为工业生产提供设计数据，解决生产设备的选型和材质问题，并确定生产操作方法和测试控制项目。每一单元操作的逐级放大倍数不一定完全一致，某些关键性制备步骤的放大倍数宜小一些，有利于暴露和发现问题，但对于某些通用的单元操作，如洗涤、干燥等的放大倍数就可取大一些。

催化剂的生产规模一般需视需要量和催化剂制备工艺的不同而不同。沉淀法的处理量宜大一些才能进行过滤等操作，混合法的量则需视定型设备的能力而定。

（三）催化剂生产原料的选择和规格的确定

选择及开发催化剂必须考虑金属资源及价格，铁、铝等广泛应用的金属是不成为问题的，而选用稀有金属、贵金属及有战略意义的矿产资源时就需慎重考虑。如在 C_1 化学涉及的一些工艺中，用 Rh 催化剂可能性很大。在羰基合成工艺中采用 Rh 催化制代替 Co 的趋势在增多，而 Rh 的世界产量极少。如 C_1 化学普遍开发，Rh 的资源问题就不得不加以考虑。除了在催化剂配方中尽量降低 Rh 使用比例外，还应考虑催化剂使用后进行 Rh 的回收。

生产选用的原材料对决定生产路线起着重要作用。在明确了原料中杂质影响的前提下，应尽可能选用供应充足和价格便宜并无毒的物质作原料。原料选用时也要考虑到使净化方法尽量简化。为了降低成本，应尽量采用工业原料或一般化学试剂。

沉淀法和浸渍法的原料大多为水溶性好的盐类。盐的阴离子或阳离子要易于用洗涤或热分解操作除去。常用的盐类有碳酸盐、硝酸盐、乙酸盐、草酸盐、铵盐及钠盐等。有些催化剂也选用硫酸盐或氯化物为原料。使用硝酸盐时应考虑到除去烟道气中 NO_x 的措施，而以氯化物或硫酸盐作原料时，大量洗涤水中的 SO_4^{2-} 和 Cl^- 必须在污水处理前除去。

制备金属催化剂的原料选择时，除应考虑到盐类的溶解度、溶液的稳定性外，还应考虑盐类的可还原性和在下一步的干燥、焙烧等操作中的迁移性等问题。

催化剂生产中原料规格的确定要慎重考察，原料规格一般需经过多年对杂质影响的研究才能确定，在原料来源有变化时必须进行生产前的检验工作。例如，早期生产的 CO 低温变换催化剂（$CuO/ZnO/Al_2O_3$），原料规格中只规定了原料 Cu 的纯度在 99.5% 以上，但后来发现活性下降的原因是有些原料的含铅量高于 0.05% 之故，所以以后又增加了含铅量 < 0.05% 的指标才使催化剂的性能稳定。

在实验室进行催化剂筛选时，通常就应对选择原料进行技术经济评价。例如，活性氧化铝很早以来就用作催化剂载体及脱水催化剂。制备 Al_2O_3 需采用含铝原料，经与 NaOH 溶液或氨水反应生成水合氧化铝沉淀，再焙烧脱水制得产品。采用的铝盐有 $Al_2(SO_4)_3 \cdot 18H_2O$、$Al(NO_3)_3 \cdot 9H_2O$ 及 $AlCl_3 \cdot 6H_2O$。从化学组成看，只有 Al^{3+} 及 OH^- 是对产品有贡献的，而 SO_4^{2-}、NO_3^-、Cl^- 等则是不必要的，需在生产过程中用水洗净或经焙烧除去。因 NO_3^- 盐易溶于水，易被水洗净，而且在不太高的温度下焙烧即可除去，所以，由于节省费用而常为催化剂生产所选用。用 $AlCl_3 \cdot 6H_2O$ 为原料制得的 Al_2O_3 用作铂重整催化剂载体，由于遗留部分 Cl^- 于载体中，而有利于重整反应，其催化活性高于以 $Al(NO_3)_3 \cdot 9H_2O$ 为原料者。用 $Al_2(SO_4)_3 \cdot 18H_2O$ 为原料制得的 Al_2O_3 载体用来制作 $Ni\text{-}Mo/Al_2O_3$ 加氢脱硫催化剂，其价格要比用其他两种铝盐为原料便宜得多，而活性并无逊色。

无论是沉淀法或浸渍法制备催化剂，都需事先制取原料溶液，生产上对盐类溶解操作的要求是：盐类的溶解应尽量完全以提高原料利用率，溶液浓度应尽可能高以减轻设备负荷及输送动力费用，溶解速度应尽量快以提高设备利用率。一般采用加温或强制搅拌等措施可以达到上述要求。

（四）沉淀法生产催化剂

工业上几乎所有固体催化剂在制备时都离不开沉淀操作，它们大都是在金属盐的水溶液加入沉淀剂，从而制成水合氧化物或难溶或微溶的金属盐类的结晶或凝胶，从溶液中沉淀、分离，再经洗涤、干燥、焙烧等工序处理后制成。即使是浸渍法制备的负载型催化剂，在其生产过程中也会使用沉淀操作。

1. 沉淀法生产催化剂的基本原理

所谓沉淀是指一种化学反应过程，在过程进行中参加反应的离子或分子彼此结合，生成沉淀物从溶液中分离出来。沉淀有晶形和非晶形之分。晶形又可分为粗晶形和细晶形两种。一般沉淀过程很复杂，有许多副反应发生，生成沉淀是晶形还是非晶形，决定于沉淀过程的聚集速率及定向速率，所谓聚集速率是指溶液中加入沉淀剂而使离子浓度乘积超过溶度积时，离子聚集起来生成微小晶核的速率。定向速率是离子按一定晶格排列在晶核上形成晶体的速度。如果聚集速率大而定向速率小，将得到非晶形沉淀，反之，如果定向速率大而聚集速率小，就得到晶形沉淀。

聚集速率主要由沉淀条件所决定，其中最重要的是溶液的过饱和度。当加入沉淀剂后，溶液中沉淀物质过饱和度越大，则聚集速率越大。如果细晶沉淀物质从浓溶液中析出时，由于溶液中过饱和程度很大，聚集速率超过定向速率，就会得到非晶形沉淀。由此可知，要想获得粗大的晶体，在沉淀反应开始时，溶液中沉淀物质的过饱和度不应太大。而沉淀反应进行时，应维持适当的过饱和度。

定向速率主要决定于沉淀物质的本性，极性较强的盐类一般具有较大的定向速率，因此常生成晶形沉淀，如 $NiCO_3$、$MgNH_4PO_4$ 都有较大的定向速度，容易形成晶形沉淀。在适当的沉淀条件下，溶解度较大的，就易形成粗晶形；溶解度小的常形成细晶形。

某些金属氢氧化物和硫化物沉淀大都不易形成晶形，尤其是高价金属离子的氢氧化物，如氢氧化铝、氢氧化铁等。它们结合的 OH^- 越多，越难定向排列，很易形成大量晶核，以致水合离子来不及脱水就发生聚集，形成质地疏松、体积较大的非晶形或胶状沉淀。二价金属离子（Mg^{2+}、Cd^{2+} 等）的氢氧化物由于 OH^- 较少，如果条件适宜，还可形成晶形沉淀。

同一金属离子硫化物的溶解度一般都比氢氧化物小，因此硫化物的聚集速率很大，定向速率很小，即使是二价金属离子的硫化物，也大多数是非晶形或胶状沉淀。

在生产催化剂时，应根据催化剂性能对结构的不同要求，注意控制沉淀类型及晶粒大小，以得到预定组成和结构的沉淀物。

晶形沉淀和非晶形沉淀的条件在许多方面是不同的，根据催化剂表面结构、杂质含量、机械强度等要求不同，有些参数是要通过晶形沉淀来达到，也有的性能只有通过非晶形沉淀才能满足，所以要根据具体情况来选择沉淀条件。

一般来说，形成晶形沉淀的条件如下。

① 沉淀作用应在适当的稀溶液中进行。这样使沉淀作用开始时溶液的过饱和度不至于过大，可以使晶核生成速率降低，有利于晶体长大，但溶液也不宜太稀，以免增加沉淀物的溶解损失。

② 沉淀剂应在不断搅拌下缓慢地加入，使沉淀作用开始时过饱和程度不太大而又能维持适当的过饱和，避免发生局部过浓，生成大量晶核。

③ 沉淀应在热溶液中进行，这样可使沉淀的溶解度增大，过饱和度相对降低，有利于晶体成长。此外，温度越高，吸附杂质越少，沉淀也可以纯净些。

④ 沉淀作用结束后应经过老化。沉淀在其形成之后发生的一切不可逆变化称为沉淀的老化。这些变化主要是结构变化和组成变化。老化作用可使微小的晶体溶解，粗大的晶体长大。老化是将沉淀物与母液一起放置一段时间。经过老化后沉淀不但变得颗粒粗大易于过滤，而且使表面吸附现象减少，使沉淀物中的杂质容易洗涤掉，结晶形状变得更为完善。

形成非晶形沉淀的条件如下。

① 沉淀作用应在较浓的溶液中进行，在不断搅拌下，迅速加入沉淀剂，这样可获得比较紧密凝聚的沉淀，而不至于成为胶体溶液。

② 沉淀应在热溶液中进行，可使沉淀比较紧密，减少吸附现象。沉淀析出后，用较大量热水稀释，减少杂质在溶液中浓度，使部分被吸附的杂质转入溶液。

③ 为防止生成胶体溶液，应在溶液中加入适当的电解质。

④ 沉淀结束后一般不宜老化，而应立即过滤，以防沉淀进一步凝聚，使原来沉淀在表面上的杂质更不易洗掉。但有些产品也可加热水放置老化，以制取特殊结构的沉淀。如生产活性氧化铝时，先制取无定形沉淀，再根据需要选择不同老化条件生成不同类型的水合氧化铝。

2. 沉淀剂的选择

工业催化剂生产时，采用什么沉淀反应和选择什么样的沉淀剂，首先必须保证催化剂性能要求，同时还应能满足技术经济要求。在选择沉淀剂时应考虑以下几个方面。

① 尽可能选用易分解并含易挥发成分的物质作沉淀剂。常用的沉淀剂有碱类（氢氧化钠、氢氧化钾等）、尿素、氨气、氨水、铵盐（碳酸铵、碳酸氢铵、硫酸铵、草酸铵等）、二氧化碳、碳酸盐（碳酸钠、碳酸钾、碳酸氢钠等）等。其中碳酸钠及氢氧化钠是较为通用的沉淀剂。这些沉淀剂的各个成分，在沉淀反应结束后，经过洗涤、干燥或焙烧时，有的可以被洗去（如 Na^+），有的可转化为挥发性气体（如 CO_2 气体）而逸出，一般不会遗留在催化剂中。

② 在保证催化剂活性的基础上，形成的沉淀物必须便于过滤和洗涤。粗晶形沉淀带入的杂质少，便于过滤和洗涤。例如，用 OH^- 沉淀 Fe^{2+} 时，生成的 $Fe(OH)_2$ 颗粒细，可使

催化剂活性提高，但颗粒过细，就难以过滤及洗涤。而用 CO_3^{2-} 沉淀 Fe^{2+} 时，所得 $FeCO_3$ 颗粒较粗，便于过滤洗涤，但所得催化剂活性有所下降。

③ 沉淀剂本身溶解度要大，这就可以提高阴离子浓度，使金属离子沉淀完全。溶解度大的沉淀剂，可能被沉淀物吸附的量较少，也容易被洗脱。

④ 沉淀物的溶解度要小，使原料得以充分利用，这对镍、银等价格较高的金属更显重要。而且沉淀物溶解度越少，沉淀反应越完全。

⑤ 尽可能不带入不溶性杂质，以减少后处理工序。沉淀剂应该无毒，避免造成环境污染。

3. 沉淀法制造催化剂的工艺过程

沉淀法生产催化剂包括原料金属盐溶液配制、中和沉淀、过滤、洗涤、干燥、焙烧、粉碎、混合和成型等工艺过程，如图 5-4 所示。

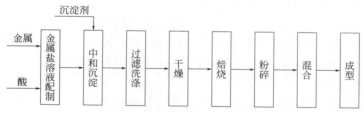

图 5-4　沉淀法制造催化剂的工艺过程示意图

（1）金属盐类溶液的配制　催化剂生产常用金属作为原料，需将金属溶解制成溶液。除在实验室或少量生产场合采用已制成的金属硝酸盐、硫酸盐外，一般盐类，特别是有色金属盐类，大多用酸溶解金属和金属氧化物制取。由于硝酸盐易溶于水，并且在后工序易于除去，不影响催化剂质量，所以多用硝酸溶解金属。

硫酸价格虽比硝酸便宜，但硫酸根易被催化剂溶液中的沉淀物及盐类吸附而不易洗净，而且有些化工工艺过程不允许催化剂本身含硫量高，以防催化剂发生不可逆中毒。盐酸和金属生成的卤化物，除特殊用途以外（如 $TiCl_3$ 催化剂），大部分催化剂都要有氯根（Cl^-）。所以，工业上用沉淀法制取催化剂，大多数采用硝酸溶解金属，容易制得高纯度的催化剂。

由于硝酸的腐蚀性，溶解通常在不锈钢制作的溶解槽中进行。溶解过程会产生大量氧化氮气体，对人体有害，因此要求溶解槽尽量密闭，并装有排气管。

配制金属盐类溶液时要掌握溶液的浓度。浓度过稀，有些沉淀物溶解于水的量就会增加，而且生产设备的体积相应加大，经济上不合算；浓度过高，不但会增加杂质的吸留，不易洗净，而且会影响催化剂的活性。

（2）中和沉淀　金属盐溶液配制好后，下一步工序就是中和沉淀，它是催化剂制备的通用单元操作，在分散催化剂的不同组分中起着重要作用。催化剂生产采用的各种沉淀技术有：沉淀剂加到金属盐（需要沉淀组分）溶液的直接沉淀法；金属盐溶液加到沉淀剂中的逆沉淀法；两种或多种溶液同时混合在一起引起快速沉淀的超均相共沉淀法。

沉淀的生成过程实质上是晶核的形成和成长过程。沉淀条件，如加料顺序、温度、pH 值、溶液浓度及搅拌程度等对催化剂的结构性能或化学组成均有显著影响。所以，控制条件是否选择适当，都会使催化剂的表面结构、热稳定性、选择性、机械强度及成型性能发生很大差别。

① 加料顺序　中和沉淀时的加料顺序可分为"顺加法"、"逆加法"和"并加法"三种。

把沉淀剂加到金属盐溶液中称为"顺加法"，把金属盐溶液加到沉淀剂中称为"逆加法"，把沉淀剂及金属盐溶液同时按比例加到沉淀槽中称为"并加法"。

加料顺序是影响沉淀物结构和颗粒分布的重要因素。例如，把沉淀剂 NaOH 溶液加到悬浮着硅藻土的硝酸铜溶液中所得成品的比表面积为 $27m^2/g$，但若将硝酸铜溶液加到 NaOH 溶液中，则比表面积可达到 $110m^2/g$。

用"顺加法"中和沉淀时，由于几种金属盐溶液的溶度积不同，就要分成先后沉淀，而用"逆加法"沉淀时，则在整个沉淀过程中 pH 值是变值。为了避免上述两类情况，工业上可用"并加法"将盐溶液及沉淀剂分放在高位槽中，在充分搅拌下按比例同时放入中和槽中，保持 pH 值恒定下产生沉淀。

② 沉淀 pH 值　由于经常选用碱性或酸性物质作沉淀剂，所以 pH 值的影响特别显著。pH 值的改变可使晶粒的大小与排列方式及结晶完全度不同，从而使成品催化剂的比表面积和孔结构有很大差别。制备 Al_2O_3 时 pH 值的影响就是最突出的例子，在同样制备条件下，pH 值不同，所得产品的晶相就会有显著差别。

③ 沉淀温度　沉淀时的温度不同，所得沉淀物的结合状态也不一样。低温沉淀并增加过饱和度有利于晶核生成，这时会形成晶核极细的沉淀，所得产品粒子堆积密度大，成型后弧度高。当溶液中溶质数量一定时，沉淀温度升高会使过饱和度降低，从而使晶核生成速率减少，不利于沉淀进行。

不同沉淀温度会获得不同产品。在制备活性氧化铝例子中也是十分明显的。例如，在使 CO_2 通入偏铝酸钠溶液制备沉淀时，低于 40℃ 时生成拜耳石，高于 40℃ 时则生成三水铝石。

④ 搅拌速度　沉淀时提高搅拌速度有利于晶核生成。因为从热力学角度来看，这些动能能供应形成新相所需的能量，因而促进晶核成长。但速度过高时，这种影响就会减少。

⑤ 溶液浓度　在溶液中生成沉淀的过程是固体（即沉淀物）溶解的逆过程，当溶解速度与沉淀速度达到平衡时，溶液达到饱和状态，溶液中开始生成沉淀的首要条件之一是其浓度超过过饱和浓度。溶液浓度提高，即过饱和度增大有利于晶核生成。晶核析出速度随过饱和度增加而急剧增大。晶核成长速度随过饱和度增加缓慢增大的情况。晶粒随过饱和度增加而减小。

⑥ 沉淀物的老化　沉淀法生产催化剂时，沉淀反应结束后，沉淀物与溶液在一定条件还需接触一定时间，沉淀物的性质在这期间会随时间而发生变化，它所发生的不可逆结构变化称为老化（或称陈化、熟化），老化过程从形成沉淀直到洗涤、过滤以致除去水分为止。老化期间发生的变化主要有：晶粒成长、晶型完善及凝胶脱水收缩。用沉淀法生产活性氧化铝时，沉淀新生成的水合氧化铝通常是无定形的，有较高的水合度，易被稀酸和水胶溶，对阴离子吸附能力很强，给出一个模糊的 X 射线衍射图。新生成的水合氧化铝在室温下经放置老化后，逐渐失水，溶解度、胶溶性及吸附能力都降低，给出细而明显的 X 射线衍射图，这是由于晶粒长大和晶型转变所致。可见控制老化条件可使沉淀更完善。

（3）过滤及洗涤　在制备催化剂及载体时，一般对杂质离子的含量要进行一定的限制，因为，即使很少量的杂质离子也会影响制得催化剂的性质。在实际生产过程中，往往由于经济上或其他原因，在制备催化剂的原料中不可避免地会带进杂质离子，这时就需用过滤及洗涤方法除去沉淀物中的杂质离子。

中和液过滤可使沉淀物与水分离，同时除去硝酸根（NO_3^-）、硫酸根（SO_4^{2-}）、氯根（Cl^-）、铵（NH_4^+）及钠（Na^+）、钾（K^+）。酸根与沉淀剂中的 K^+、Na^+、NH_4^+ 生成的盐类都溶解于水，在过滤时可大部分除掉。过滤后的滤饼仍含有 $60\%\sim90\%$ 的水分，这些水分中仍含部分盐类，因此，对过滤后的滤饼还必须进行洗涤。

洗涤过程实际上是老化过程的继续，所以选择洗涤温度和洗涤液时不仅要考虑使杂质离子能很快除去，而且还要兼顾对沉淀物性质的影响。

洗涤看起来简单，但涉及范围也很广，尤其是洗涤液的选择对于洗涤过程还是很重要的。洗涤液常选用蒸馏水或脱离子水。在某些情况下经实验证明无不良影响时，也可采用自来水或软水来洗涤。一般情况下，可根据下述情况来选择洗涤液。

① 对于溶解度较大的沉淀，最好用沉淀剂的稀溶液来洗涤，以减少沉淀物因溶解而造成的损失。

② 溶解度很少的非晶形沉淀，一般用含电解质的稀溶液洗涤，这样可使非晶形沉淀在洗涤过程中不被分散成胶体。

③ 沉淀的溶解度很小而且又不易生成胶体时，可以用去离子水或蒸馏水洗涤。

④ 热洗涤液容易将沉淀洗净，但热洗涤液中沉淀损失也较多，所以只适用于溶解度很小的非晶形沉淀。

（4）干燥及焙烧 经洗涤、过滤后的滤饼，含水率一般为 $60\% \sim 90\%$，需进行加热干燥。干燥是滤饼的脱水过程，水分从沉淀物内部借扩散作用而到达表面，再从表面借热能汽化而脱除掉，催化剂的部分孔结构也就在这时候形成。催化剂生产用干燥设备有：箱式干燥器、履带式干燥器、耙式干燥器、回转式干燥器、喷雾干燥器等。干燥温度一般为 $100 \sim 160 \, ℃$。干燥设备类型、加料体积对干燥器体积的比例、干燥空气循环速度、干燥器中水蒸气分压、干燥器内温度分布以及干燥物料厚度等都会对干燥结果产生影响。由于物料性质、结构及周围介质不同，干燥机理也不一样，所以产品的孔结构形成也就不完全相同。因此在选择干燥设备类型及操作条件时一定要结合干燥物料的性质加以选择。

焙烧是催化剂的热处理过程，焙烧的目的可归纳如下。

① 通过热分解反应除去物料的易挥发组分（如 NO_2、CO_2、NH_3 等）及化学结合水，使之转化为所需的化学成分，形成稳定的结构。

② 通过焙烧时发生的再结晶过程，使催化剂获得一定的晶型、晶粒大小和孔结构。

③ 通过微晶适当烧结，提高机械强度。

目前常用的焙烧方式有厢式、带式、圆筒式、转筒式及隧道窑式等。

焙烧方式、焙烧条件以及物料不同，使焙烧结果有明显差异。一般来讲，催化剂焙烧温度不宜太高，这样有利于提高催化剂活性，但温度过低会失去催化剂的热处理作用，使催化剂性能不稳定。工业上，催化剂的焙烧温度以低于经常操作温度为佳，但也有些催化剂，如烃类蒸气转化催化剂、分子筛催化剂等都是在较高温度下焙烧。

经过焙烧后的催化剂，相当一部分是以高价的氧化物形态存在，尚未具备催化活性，还必须用氢气或其他还原性气体还原成活泼的金属或低价氧化物，对一些加氢或脱氢反应用催化剂尤是如此。由于催化剂一经还原后，在使用前不应再暴露于空气中，以免剧烈氧化引起着火或失活，因此还原通常在催化剂使用厂进行，还原操作正确与否，将对催化剂使用性能有非常大的影响，所以催化剂生产厂应对用户提供详细的还原操作条件。近来，为了采用更有利的还原条件，也有在催化剂生产工厂内进行还原，还原后的催化剂在惰性气体中钝化后再运往用户。

（5）催化剂成型 催化剂的几何形状和几何尺寸，对流体的阻力、气流速度梯度分布、温度梯度分布、浓度梯度分布等都有影响，它直接影响到催化过程的实际生产能力及生产费用。固体催化剂常用的形状有球形、柱形、片状、条状、环状以及特殊情况，如网状、带状、蜂窝状或为不规则的块状、粉末。催化剂成型颗粒的形状及大小，一般是根据制备催化剂的原料性质及工业生产所用反应器要求确定的。

目前，工业上常用的反应器有四种类型：固定床、沸腾床、悬浮床及移动床。催化剂形态不仅对反应器压力降有影响，而且对反应物和产物的扩散速度影响很大。如固定床反应器常采用片状、球状及圆柱状等各种形状催化剂，一般直径在 4mm 以上。催化剂成型目的，除了提高机械强度外，还在于减少流体流动所产生的压力降，防止发生沟流，获得均匀的流体流动。沸腾床反应器常使用直径 $20\sim150\mu m$ 或更大粒径的微球催化剂。无棱角的微球具有良好的流动性能并可降低催化剂流化所产生的磨耗。移动床所用催化剂的形状为小球状，直径为 $3\sim4mm$，容易不断移动。悬浮床反应器则要求催化剂颗粒在液体中容易悬浮循环流动，所以常采用 $1\sim2mm$ 的球形颗粒。

由此可见，催化剂的形状及尺寸是根据催化剂的实际需要选定的。一般在选择成型方法及机械时，首先应考虑下面这些因素。

a. 原料种类　即对催化剂粉体原料的物理化学性质，如相对密度、黏度、挥发性、粒度分布、形状、硬度、含水率等性质预先应有所了解，以确定粉体的填充特性及成型形状。

b. 成型产品的形状　如上所述，不同催化反应及反应装置，催化剂要求不同的形状和大小，因此要根据用途确定成型产品的形状大小、抗压强度、耐磨性等。

c. 添加剂种类　为了使成型物料具有流动性，增加聚集性和易于脱模，往往在粉体物料中加入适当黏结剂及润滑剂等添加剂，因此要了解添加剂的物理化学特性及操作工艺。

随着催化剂制备技术的进展，成型方法也有很大的发展，目前常用的成型方法有：压缩成型法、挤出成型法、转动造粒法、油中成型法及喷雾成型法等。

① 挤出成型法　这种方法是将催化剂粉料或湿物料和适量水分或黏合剂充分混合和碾捏成具有可塑性的糊状物料，然后放置在带有多孔模板的挤出机中，粉料经挤出机构被挤压入模板的孔冲，并以圆柱形或其他不规则形状的挤出物挤出，在模板外部离模面一定距离处装有刀片，将挤出物切断成适当长度。它能获得直径固定、长度范围较广的催化剂成型产品，是十分常用的催化剂成型方法。

常用的挤出机有活塞式及螺旋式两种类型。活塞式挤条机由圆筒体、活塞、多孔板及切割刀、传动机构等组成。成型用催化剂粉料先经碾和机碾和后，将膏状物放入圆筒中，在活塞推动下，通过具有一定直径的多孔板喷嘴挤出成细条状，再由切割刀切成所需长度。操作中可边切割边干燥，再在适宜温度下焙烧。

螺旋式挤条机由圆筒缸、螺杆、多孔板、加热或冷却夹套及传动机构等组成，如图 5-5 所示。螺杆起着输送物料的作用，又起着对物料的加压作用，螺杆在回转时就将粉料加压挤出。挤出物长度的控制，或者是简单地使挤出物挤出后自行断裂，或者装以高速旋转的刀具割下挤出物。

活塞式挤条机的成型操作一般是不连续的，而螺旋式挤条机不但操作连续，而且挤出物料结实、密度大。

与压缩成型法相比较，挤出成型法所得产品的机械强度比压片法差，断面角容易粉化。它具有成型能力大、生产费用低的优点，通常在允许成型产品长度不齐的情况下，尤其在生产低压、低流速反应所用催化剂时比较适用，并能生产出压片法难以生产的 $1\sim3mm$ 粒径的颗粒。挤出成型法常用于塑性好的胶泥状物料如铝胶、硅胶、盐类和氢氧化物的成型。

② 压缩成型法　这种成型方法主要采用压片机成型。压片机的主要机件是由一对上下冲头、一个冲模及供料装置组成，上下两个冲头可以承担较大的压力负荷，把要成型的催化

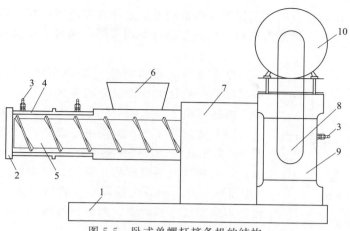

图 5-5　卧式单螺杆挤条机的结构

1—机座；2—孔板架；3—冷却水接管；4—机筒；5—螺杆；6—喂料斗；
7—齿轮箱；8—皮带轮；9—减速机；10—电机

剂粉末由供料装置送入冲模，经冲压成型后被上升的下冲头排出。冲头借助凸轮做上下垂直运动。成型产品的形状取决于冲头及冲模的形状。对于圆柱形产品，冲头和冲模也制成圆柱形。控制进入冲模中物料的装填量和冲头的冲程可以调整颗粒的长径比，调整压力可以控制产品的相对密度和强度。

特点：

a. 成型产物粒径一致，质量均匀；

b. 可以获得堆密度较高的产品，强度好，表面光滑；

c. 可以采用干粉成型，或只添加少量黏合剂成型，减少干燥动力消耗。

缺点：

a. 即使使用润滑剂，加压成型时压片机的冲头及冲模磨损仍较大；

b. 每台机器的生产能力低，生产小颗粒催化剂尤其如此；

c. 难以成型球形颗粒。

根据以上特点，压缩成型法常适用于高压、高流速等固定床反应用催化剂的成型。

③ 转动成型法　这种成型法是将催化剂粉料和适量水（或黏合剂）送至转动的容器中，由于摩擦力和离心力的作用，容器中的物料时而被升举到容器上方，时而借重力作用而滚落到容器下方，这样通过不断滚动作用，润湿的物料互相黏附起来，逐渐长大成为球形颗粒。根据成型时所使用的容器形式不同，又有不同类型的转动成型机，它们的设备结构基本相同，都有一个倾斜转动盘，常见的有转盘式造粒机及荸荠式成球机。前者大都用于催化剂粉末成球，后者在分子筛生产中应用较广泛。无论哪种设备结构，它们都由球盘、调节转盘角度的操纵机构、调速电机及给料系统所组成。

④ 油中成型法　这是利用溶胶在适当的 pH 值和浓度下凝胶化的特性。把溶胶以小滴形式滴入矿物油等介质中，由于表面张力的作用而形成球滴，球滴凝胶化形成小球。将此凝胶小球老化后，再进行洗涤、干燥、焙烧等过程而制得产品。

油中成型法由于利用凝胶化的特性，所以它只对具有凝胶性质的铝胶、硅胶及硅铝胶等一些特殊物料才适用。用这种方法制得的微球产品粒度为 $50\sim500\mu m$，小球的粒度可为 $2\sim5mm$。

⑤ 喷雾成型法　喷雾成型是利用喷雾干燥原理进行催化剂成型的一种方法。喷雾干燥

是喷雾与干燥两者密切结合的工艺过程。所谓喷雾，是原料浆液通过雾化器的作用喷洒成极细小的雾状液滴。干燥，则是由于热空气同雾滴均匀混合后，通过热交换和质交换使水分蒸发的过程。

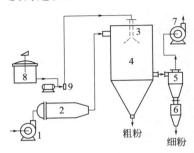

图 5-6　喷雾成型工艺过程
1—送风机；2—热风炉；3—雾化器；
4—喷雾成型塔；5—旋风分离器；
6—集料斗；7—抽风机；
8—浆液罐；9—送料泵

喷雾成型主要包括空气加热系统、料液雾化及干燥系统、成型产品收集及气固分离系统，其工艺过程如图 5-6 所示。由送风机 1 送入的空气经热风炉 2 加热后作为干燥介质送入喷雾成型塔 4 中，需要喷雾成型的浆液由泵 9 送至雾化器 3，雾化液与进入塔中的热风接触后水分迅速蒸发，经干燥后形成粉状或颗粒成品。废气及较细的成品在旋风分离器 5 中得到分离，最后由抽风机 7 将废气排出。主要成型产品由喷雾成型塔下部收集，而较细的成品则由旋风分离器下部的集料斗 6 收集。

喷雾成型是采用雾化器将催化剂料液分散成雾滴，并用热风干燥雾滴而成型为微球状产品。根据料液及不同雾化方式可将喷雾成型分为下面几种类型。

一是压力式喷雾成型。这是利用高压泵使料液具有很高压力（2～20MPa），并以一定速度沿切线方向进入喷嘴旋转室，形成绕空气旋流心旋转的环形薄膜，然后再从喷嘴喷出，生成空心圆锥形的液雾层，使其与干燥室中的热空气接触。由于蒸发面积大，料液中的水分在几秒钟内蒸发，而其中溶质则成为干物料而沉降于干燥室底部。

二是离心式喷雾成型。这是将有一定压力（较压力式的料液压力低）的料液，送到 5000～20000r/min 的高速旋转的圆盘上，由于离心力的作用，液体被拉成薄膜，并从盘的边缘抛出形成雾滴，雾滴再与热空气接触。

三是气流式喷雾成型。这是利用速度为 200～300m/s 的高速压缩气流对速度不超过 2m/s 的料液流的摩擦分裂作用，达到雾化料液的目的。雾化用压缩空气的压力一般为 203～709kPa。

压力式喷雾成型适于生产颗粒粗大的微球产品。离心式喷雾成型常用于粒度分布均匀的细颗粒微球产品。气流式喷雾成型由于动力消耗大，一般适用于小型或实验室设备。

（五）凝胶法生产催化剂或载体

凝胶法是沉淀法制造催化剂的特殊例子。凝胶与沉淀在化学上是密切相关的过程。但在产品的物理性质上则有很大区别。沉淀过程中所得到的是晶形沉淀。凝胶则是一种体积庞大、疏松，含水很多的非晶形沉淀，它实际上是一些胶体粒子互相凝结、固化而形成的立体网络结构，经脱水后就可得到多孔性大表面积的固体。所以，这种制造方法特别适用于主要组分是氧化铝或二氧化硅的催化剂或载体。

凝胶过程大致可分为缩合与凝结两个阶段。缩合就是溶质分子或离子缩合为胶粒（1～100nm 之间的粒子），胶粒分散在溶剂介质中，称为溶胶。当溶剂介质为水时，就称为水溶胶。凝结就是胶粒（溶胶）间进一步合并转变为三维网络骨架，失去了流动性，形成湿凝胶，进一步老化、干燥转变为干凝胶。

下面以多孔硅胶为例，说明凝胶法制备过程。

硅胶是熟知的无机化学老产品，由于具有某些可贵性质，如耐酸性、较高耐热性（可在 500～600℃ 下长期反应）、较好的耐磨强度以及较低的表面酸性（可降低某些反应的结焦），已广泛用作工业催化剂及载体。

生产多孔硅胶的流程如图 5-7 所示。起始原料是硫酸及水玻璃。将一定浓度的硫酸及水玻璃以并流方式加入沉淀罐，并控制好加料速度及凝胶时的 pH 值。凝胶经老化后，用温水洗去 Na^+ 及 SO_4^{2-}。洗净的水凝胶用稀氨水浸泡以降低胶粒的亲水性。然后在一定温度下快速干燥，最后经焙烧制得干凝胶产品。

图 5-7　多孔硅胶生产工艺示意图

正如沉淀法制造催化剂的工艺过程所述，凝胶法制得的产品结构特征受各种制备条件所影响。如沉淀搅拌速度、温度、pH 值、洗涤及干燥条件、焙烧温度等都会影响硅胶基本粒子的大小。其中以 pH 值影响尤为显著。如在 pH 为酸性条件下发生胶凝，硅酸的缩合速率很慢，SiO_2 的胶束很小，形成的基本粒子细小，无数细孔就形成了高的比表面积（可达 $800m^2/g$）。而在 pH 值为 7～8 条件下胶凝时，缩合速率增加，SiO_2 胶束有的合并增大，有的消失，产生较大的基本粒子，结果是平均孔径及孔容增大，比表面积降低。一般通过调节各种制备条件，可方便地制得常规密度、低密度及高密度这三种硅胶。

（六）浸渍法生产催化剂

1. 浸渍法的一般工艺过程

在一种载体上浸渍一种或几种活性组分的技术，是生产负载型催化剂广为采用的方法。通常，将载体浸泡于含有活性组分的溶液中的操作称为浸渍。有时负载组分是以蒸气相方式浸渍载体，又称为蒸气相浸渍法。载体与活性组分接触一定时间后，再采用过滤、蒸发等方法将剩余的液体除去，活性组分就以离子或化合物的微晶方式负载在载体表面上，然后再经干燥、焙烧等后处理活化过程，制得最终催化剂产品。粒状载体浸渍法的工艺流程如图 5-8 所示。它是先将载体制成一定形状（如球状、条状等），然后进行浸渍、干燥等工艺，成品不需要再进行成型加工。

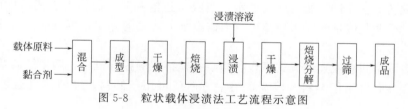

图 5-8　粒状载体浸渍法工艺流程示意图

多数情况下浸渍法并不是直接应用含活性组分本身的溶液来与载体浸渍，而是使用这种活性组分的易溶于溶剂的盐类或其他化合物的溶液，这些盐类或化合物负载在载体表面上以后，加热时就分解得到所需要的活性组分，所以浸渍法所用溶液中含活性组分的物质，应具有溶解度大、结构稳定，且在焙烧时可以分解成稳定性化合物的特征。通常用硝酸盐、乙酸盐、草酸盐或铵盐等可分解的盐类来配制浸渍液。例如，以 SiC 为载体的乙烯氧化用银催化剂，就是将一定浓度的 $AgNO_3$ 溶液浸渍在 SiC 上，再经干燥、焙烧分解制得 Ag_2O/SiC 催化剂。

有时为了节约原料，也可用难分解的盐作原料浸渍载体后，再用沉淀法使活性组分沉积在载体上。例如，制备催化裂化用硅酸铝催化剂时，可以先用硫酸铝溶液浸渍硅凝胶，然后加入氨水，使产生氢氧化铝沉积在硅凝胶上，再洗去 SO_4^{2-} 及 Na^+ 等杂质离子。

浸渍法通常包括载体预处理（抽空或干燥）、浸渍液配制、浸渍、除去过量液体、干燥及焙烧等步骤。从使用效果看，浸渍法的主要特点是：

① 它可以采用已成型好的载体，无需再进行以后的催化剂成型操作；

② 浸渍法能将一种或几种活性组分负载在载体上，活性组分系分布在载体表面上，活性组分的利用率较高，用量少，这对于使用像钯、铂等贵金属作活性组分时具有更显著的意义；

③ 浸渍法催化剂的物性在很大程度上取决于所用载体的性质，载体的孔结构基本上决定了成品催化剂的结构，因而载体的选择以及必要的预处理是浸渍法生产中首先需要注意的事项。催化剂所需各种机械性能及物化性能，也可以通过选择合适的载体来达到。

因为浸渍法有上述特点，所以被认为是一种比较简便可行的生产方法，常用于制备活性组分含量较低或需要较高机械强度的催化剂。

2. 常用浸渍工艺

浸渍法的基本原理，一方面是因为载体的孔隙与液体接触时，由于表面作用而产生毛细管压力，使液体渗透到毛细管内部；另一方面是因为活性组分在载体表面上的吸附。根据这种原理，工业上常用的浸渍工艺有下述几种。

（1）湿法　该法是将事先处理好的载体浸渍于过量的活性组分溶液中，溶液吸足后将催化剂放入热空气中处理以使溶液蒸发及盐类分解。过量的浸渍液在严格控制溶液浓度恒定和防止载体污染的前提下仍可多次循环使用。这种方法容易生成泥浆状物质，催化剂上活性组分的最终浓度也不易精确控制，常用于载体是惰性物质的场合。

（2）干法　又称喷洒法或等体积吸附法。它是先将载体放在转鼓或捏合机中，然后将浸渍溶液不断喷洒到翻腾着的载体上进行浸渍。这种方法容易控制催化剂中活性组分的含量，又可免去多余浸渍液的过滤操作。干法生产的关键是喷洒溶液的质量（或体积）应等于载体完全润湿所需的溶液质量（或体积）。这一液固比可用简单的实验方法测得，也就是测定载体的吸水率，单位为 g/mL。方法是先将已称量好的一定量干燥载体放入锥形瓶中，在不断搅动下用微量滴定管往锥形瓶内逐渐滴水，当吸水达饱和时，载体失去流动性而呈黏附状，此即为终点。根据载体量和吸水率便可算出需要加入溶液的体积，再按活性组分的负载量配制所需浓度的溶液。

干法浸渍可用间歇或连续方式操作。当装有搅拌桨的捏合机中，两个螺旋桨按相反方向旋转时，一个方向可用于装料和浸渍，另一方向就可用于卸料。浸渍液可通过计量泵连续送入。

还有一种喷洒浸渍法，是将浸渍液直接喷洒到流化床中处于流化状态的载体上，它适合于制备微球流化床催化剂。控制不同工艺操作条件，在流化床内可依次完成浸渍、干燥、分解和活化过程，从而缩短生产周期，改善操作环境。

（3）色层浸渍法　它又称竞争吸附法。此法是在浸渍液中加入与活性组分在载体上的吸附速度相同的第二组分，载体在吸附活性组分的同时也吸附第二组分。所加入的第二组分就称为竞争吸附剂。这种作用就叫作竞争吸附。

由于竞争吸附剂的参与，载体表面的一部分被竞争吸附剂所占据，另一部分吸附了活性组分。这就使少量的活性组分不只是分布在颗粒的外部，也能渗透到颗粒内部，从而达到均匀分布的目的。例如，重整、加氢裂化及异构化催化剂常用色层浸渍法来制备，既可达到均匀浸渍目的，也能减少贵金属的用量。铂重整催化剂 Pt/γ-Al$_2$O$_3$ 是利用这种方法制备的典型例子。在用氯铂酸浸渍 γ-Al$_2$O$_3$ 时，虽然溶液会在几分钟内就渗透了整粒载体，但是氯铂酸的吸附速度要比渗透速度大，主要吸附在颗粒表层的孔壁上，而脱附又比扩散慢，等到建立吸附平衡要用相当长的时间。如果在浸渍液中加入第二种吸附剂，如硝酸、乙酸、草酸、柠檬酸或盐酸后，由于它们在载体上的吸附速度与氯铂酸相差不远，载体在吸附氯铂酸的同时，也以适当的速度吸附竞争吸附剂，使少量氯铂酸能在较短时间内渗透到颗粒中心，达到均匀分布目的。而且采用不同用量的竞争吸附剂，还可控制活性组分的浸渍深度，对第二组分应尽可能选择对催化作用不产生有害影响的物质，并在后序焙烧过程中可以分解挥发掉。

色层浸渍法具有干式浸渍法的优点，重复性和操作精确性都较好，而且产品性能比浸渍法稳定，受干燥、焙烧和还原等条件的影响较小。由于浸渍液的强腐蚀性而需使用特殊材质的设备。另外，由于载体与浸渍液的接触时间较长（一般需数小时），所以设备生产能力较低，投资费用比以上两种方法要高。当使用贵金属溶液浸渍时，还需配备有从残渣和母液中回收贵金属的设施。

（4）离子交换法　这种方法制备催化剂是利用载体表面存在着可进行交换的离子，将活性组分通过离子交换负载在载体上，然后也通过适当后处理，如洗涤、干燥、焙烧、还原等工序制成金属负载催化剂。这种方法在制备程序和操作工艺上与上述吸附法大致相同，只是在浸渍过程中达到离子交换平衡，实现离子交换。它特别适用于制备钯、铂等贵金属催化剂，能将小至 0.5～3nm 微晶直径的贵金属粒子均匀地负载在载体上。

分子筛是常用的催化剂及载体，它的一个重要性质是可以进行可逆的阳离子交换，当分子筛与金属盐的水溶液相接触时，溶液中的金属阳离子可以进到分子筛中，而分子筛中的阴离子可被交换下来进入溶液中。例如，分子筛表面附有的大量 Na$^+$，可用 Ca^{2+}、Mg^{2+} 及稀土金属离子进行交换。经交换以后的分子筛，在吸附选择性、吸附容量及催化性能上都会发生显著变化。举例来说，将 CaY 用 [Pt(NH$_3$)$_4$]$^{2+}$ 进行离子交换制得的催化剂，与使用 [PtCl$_6$]$^{2-}$ 用浸渍法载以同量铂量制得的催化剂相比，在对己烷异构的活性及对 N、S 等抗毒性能上，前者要比后者优越得多。这种催化活性的不同主要由于分子筛经离子交换后可以调节晶体内的电场、表面酸性，而且交换后的分子筛，孔径也会产生显著变化。

近来，有机离子交换物质，即离子交换树脂也逐渐广泛用于有机催化反应。能为酸、碱催化的化学反应，几乎都能为含有相似基团的离子交换树脂所催化。离子交换树脂用作催化剂的优点是：反应物与催化剂容易分离，副产物少，对反应器腐蚀小；目前存在的主要缺点是树脂耐热性差、机械强度低。

上述各类方法中，活性组分在载体上的均匀分布是保证浸渍质量的关键，这不仅与浸渍过程有关，还将受到干燥和焙烧等操作工艺条件的影响。在浸渍前通常需要了解溶液在载体与浸渍液间平衡分配的初步知识，以用于确定一定活性组分含量所需的浸渍溶液量和浓度。此外还应该了解活性组分在载体上的吸附特性，以便于确定浸渍条件（浸渍温度、时间等），有时由于原料盐的溶解度低或为使多种活性组分达到均匀分布，常需进行多次浸渍。显然，浸渍次数越多，工艺就越复杂，成本也将大大提高。

（七）混合法生产催化剂

混合法是制造多组分工业固体催化剂最简便的方法。该法是将两种或两种以上催化剂组分，以粉状细粒子形态，在球磨机或碾子上经机械混合后，再经干燥、焙烧和还原等操作制得的产品。传统的合成氨和合成硫酸催化剂都是用这种方法生产的典型例子。

这种生产方法是单纯的物理混合，所以催化剂组分间的分散程度不如沉淀法及浸渍法。为了提高催化剂机械强度，一般也需加入一定量的黏合剂。常用的混合法又可分成以下几种。

1. 干混法

也称机械混合法，它是将活性组分、助催化剂、载体及黏结剂等组分放在混合器或研磨机中进行机械混合。干混法的工艺过程如图 5-9 所示。混合后在进行筛分、成型、干燥、焙烧等工序。采用这种方法制备催化剂，研磨混合操作是控制催化剂比表面积、粒度分布、机械强度以及催化活性的关键步骤。此法操作虽然简单，但产品的粒度分布主要决定于所选设备的类型、研磨时间以及产品本身性质，所以对特定物料必须仔细选择设备和操作条件。此外，干混法通常采用先成型后焙烧的工艺，所以活性组分或助催化剂以金属氧化物形态为宜。如采用易分解的金属盐类，就容易造成催化剂碎裂。

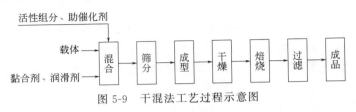

图 5-9　干混法工艺过程示意图

2. 湿混法

也称混浆法。此法是将一种固态组分与其他几种活性组分的溶液捏和后，再经成型、干燥、筛分、焙烧等工艺制得成品。这种方法往往需要较高的焙烧温度，焙烧条件往往决定了与选择性有关的催化剂比表面积。硫酸生产用氧化钒催化剂的制备工艺过程如图 5-10 所示。将预先制备好的 V_2O_5-K_2SO_4 混合浆液与已精制的硅藻土加入适量水及硫黄，在轮碾机中经充分碾压成可塑性物料，然后放入螺旋挤条机中成型为 6mm 的圆柱体，通过链式干燥机干燥后经过筛再送入滚筒式焙烧窑中焙烧，最后经过筛、包装即得产品。

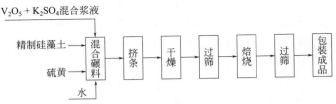

图 5-10　氧化钒催化剂制造工艺示意图

在氧化钒催化剂制造过程中，焙烧条件是十分重要的因素。一般焙烧温度为 $500 \sim 550℃$，焙烧时间为 90min。通过焙烧，可以除去造孔剂硫黄和杂质有机物，并形成良好的孔结构，使 V_2O_5 与 K_2SO_4 共熔并在载体上重新分配，同时提高催化剂的机械强度。

3. 熔融法

它是借高温条件将金属氧化物或碳酸盐与耐火物质前体的固态溶液或化合物经熔融还原为金属与耐火氧化物。这种制法虽然应用不太普遍，但对某些催化剂，如合成氨及骨架镍催化剂的制备还是很重要的。

熔融操作通常在电弧炉、电阻炉或感应炉中进行。例如，用此法生产合成氨用熔铁催化剂时，将精选过的天然磁铁矿与合成磁铁矿约以等量混合，再加入 Al_2O_3、KNO_3 等添加剂，仔细混合均匀后放入电炉中熔融。熔融温变为 $1550\sim1600℃$，时间约数小时。冷却后将块状熔合体用粉碎机粗碎，最后筛选 $3\sim6$ 目的粒度为成品，熔融温度、环境气氛及熔浆冷却速度等操作条件都有可能影响催化剂性能，操作时要加以注意。

三、催化剂性能的评价和测试

（一）催化剂微观性质和宏观物理性质的测定简述

前面已经介绍，一种催化剂能用于工业上必须具备良好的活性及选择性、有长期使用的稳定性及高的机械强度。而要满足上述要求，就要求催化剂有合适的比表面积及孔结构、最佳的化学组成及相组成、适宜的形状及良好的机械强度。

然而，由于某种对立的因素，不可能制备出一种具有上述最高水准性能的催化剂。例如，要提高机械强度，就难免牺牲一部分比表面积；要使催化剂具有较高选择性，就必须除去其大部分较细的孔，这样就会使活性有所下降。所以，实际上一种成功的催化剂配方就是各种对立因素的合理平衡。

对一些大规模生产的化工产品，如果产品性能符合某些预定的规格就会有市场。可是，对催化剂来说并不如此，因为一种催化剂的起始物理和化学性质并不能完全说明其工业应用的实际价值。有些催化剂可能具备所有认为有效的物理化学特性，但却可能在工业反应器中不能发挥有效作用。只有那些在实际操作条件下，经历 $1\sim2$ 年保证时间内能保持其特殊催化性能的才是可接受的催化剂。

如上所述，大多数催化剂制备过程都或多或少经历研磨、沉淀、洗涤、干燥、成型和焙烧等单元操作，而制备中各种工艺条件都会影响产品性质。尤其在催化剂大规模生产时，质量控制是一个复杂的问题，除了严格选择单元操作和控制条件外，还要在生产过程的每一阶段中，对中间产物进行严格测试，确保成品催化剂性能。

下面简单介绍制备催化剂时，为保证催化剂质量，通常对原料、中间体及成品物性所进行的分析测试项目。

1. 化学组成和相组成测定

催化剂生产需要的化工原料种类繁多，化工原料的质量好坏直接影响催化剂的质量。有的催化剂原料要求苛刻，在实验室条件还容易达到，但在工业生产中，由于原料用量多、价格昂贵或者来源困难而达不到要求。有时，原料等级、产地选定以后，也要对不同时间及批号的原料进行检验。所以，在催化剂生产中，要保持不同批号生产的催化剂质量，就要对各种所用原料及中间体的化学组成进行化学分析，尤其对影响催化剂使用性能的某些杂质必须限制在规定范围之内。

除了化学组成以外，催化剂的相组成在很大程度上决定了其表面和表观性能以及活性、选择性和稳定性，而载体的相组成也对决定催化剂的结构性能、机械强度及使用稳定性起着重要作用。所以，为了控制及评价催化剂质量，常要用 X 射线衍射技术对载体、成品催化剂及生产中间阶段的中间产品进行晶相鉴定。

2. 比表面积测定

工业催化剂表面的定性和定量研究工作是催化剂评价的重要技术。虽然催化剂比表面积大是必要条件之一，但具有大比表面积的固体物料未必见得一定有催化活性。另外，起始表面积大一般也不一定能满足工业催化剂的要求，需要的是在使用过程中能保持其比表面积。所以，不论是在催化剂生产及评价阶段，还是在不同应用阶段，测定催化剂的比表面积是十分重要的。

特别在催化剂制备中间过程中，经常测定中间产品的比表面积，不但有助于控制中间产品质量，而且也能检验过程的制备技术对最终产品所产生的影响。比表面积测定大多采用BET 法，而活性组分的表面积测定可采用选择吸附或化学吸附的方法。

3. 孔结构测定

催化剂所有的绝大部分表面是由无数发达的孔壁提供的。因而孔隙率也是评价和控制目的产物质量标准的重要参数。每克催化剂的颗粒内孔隙体积的总和即为孔容。孔容也是催化剂颗粒强度和密度的间接量度。早期测定孔容的方法是密度法，测定结果随选择测定真密度和颗粒密度的方法不同而有差异。现在常用的孔容测定法有水滴定法、四氯化碳吸附法、压汞测定法等。水滴定法由于分析速度快，方法简便，特别适用于流化床用微球催化剂。

为了更好地了解反应物在催化过程中的扩散行为、催化剂内表面的利用率，以及催化剂的机械强度与制备的关系，除了要求测定作为孔隙总和的孔容以外，还要求测定在此总孔隙中不同大小的孔隙所贡献的体积分数，即不同等效圆柱孔半径范围内的孔体积对总孔容的占有率所示的孔分布。有时要求特定范围的孔分布是为了提高催化剂的选择性，因此孔分布测定也是评价催化剂和质量控制的有用手段。测定孔分布的方法有压汞法、毛细管凝缩法及预吸附法等。

4. 颗粒大小分布测定

催化剂制备时的起始物料、中间体及成品的颗粒大小分布对催化剂的表面和表观性能有较大影响。例如，较小颗粒将形成较细的孔和较高表面积，较小颗粒也能导致热处理时烧结速度加快，提高产品机械强度，但也会由于形成小孔而使扩散受到限制。所以，颗粒大小及其分布测定也是一种有用手段，特别是控制催化剂的起始物料及中间产物的质量，例如，在催化剂生产每步操作之后检查颗粒大小分布能有效地控制沉淀反应与研磨操作。

颗粒大小的测定也能用于测定催化剂在热处理时和使用中的烧结速度。一种在反应操作中其颗粒大小逐渐增加的催化剂是不适宜于工业应用的，所以这种测定也是选择任何特定工业催化剂的方法之一。

颗粒大小分布常用筛析、沉降技术、光学显微镜和电子显微检查法等测定。

5. 机械强度测定

虽然催化剂颗粒的机械强度对工业催化剂具有相当重要性，但它毕竟不是一种本质的性质。在一些工业应用过程中，催化剂的机械或物理破损常是导致过程停车和造成比因催化剂失活需要更高频率更换催化剂的原因，所以要求催化剂具有足够的机械强度，在生产过程中也必须对催化剂的机械强度做正确测定。

6. 活性试验

在工业反应器实际操作条件下，用大型反应器对催化剂进行预定运转时间的活性试验是评价催化剂工业适用性的唯一直接方法。然而，评价的费用很大且十分费时，所以作为催化剂生产质量控制目的是不太可能被采用的。而且这种长时间的活性及稳定性试验结果，不仅取决于操作条件、催化剂装填体积，还决定于反应器设计及原料杂质含量。所以，除非将催化剂加到运转工厂的反应器中，通常很少采用这种方法来评价催化剂。

为了达到控制催化剂生产质量的目的，催化剂活性试验的常规方法，是在尽可能模拟生产操作条件下，用实验室小型反应器来进行。选定几种生产批号，在实验室小试和中间试验规模的反应器中，模拟生产工艺操作条件进行长时间试验以评价寿命。在为任何特定工业生产需要评价催化剂的特性时，常在与工厂并联侧线的中间试验装置中进行活性试验。试验后的催化剂再进行测试，测定各种物理参数，并计算这些数值随操作时间而改变的速度，从而评价催化剂的总寿命与效率。

（二）催化剂的分析测试技术简介

催化剂是一种极其微妙的物质，有时采用同样原料、相同方法制得的催化剂，由于批量不同，其活性和选择性却会产生较大差异。为什么同样类型的催化剂，由于制备方法及原料不同会产生活性和选择性差异呢？为了阐明这种原因，人们曾采用各种方法进行研究。所以过去几十年中，催化技术的主要变化集中于将分析技术应用于催化剂测试上，特别是应用各种物理化学技术来弄清催化剂的化学组成、控制因素、催化机理和本质。研究催化剂的测试技术多种多样。从测定结果看，可以大致分为结构表征（如孔结构、比表面积、晶相、表面形貌、表面价态和结构等）及性能表征（如动力学参数、机械强度、稳定性等）两类。每类表征技术，从所得信息层次来说，又有宏观及微观之分。近十几年来，发展并应用了不少新技术，如低能电子衍射、俄歇能谱、离子能谱等，使人们对催化作用的了解进入到原子-分子的微观层次。在宏观测定上，除了比表面积测定、晶相测定、热分析等技术已成为催化研究的常规分析方法以外，一些表面状态和结构测试技术，如电子能谱、红外光谱、穆斯堡尔谱和吸附滴定技术的应用也越来越广泛。一些分析技术及它们在催化技术中的应用如表5-4所示。

表 5-4 用于催化研究的分析技术

项目	分析技术
颗粒度	筛分法,重力沉降法,显微镜法,光散射法
孔结构	吸附法,压汞法,电子显微镜法
表面积	BET法,色谱法
强度	加压,降落试验法
物相组成及晶体结构	X射线衍射法,电子显微镜
表面酸碱性	指示剂法,色谱法,热分析,红外光谱,电子顺磁共振
相变化	差热分析
吸附热	热量计,色谱法
表面吸附态	程序升温热脱附法,红外光谱,光电子能谱,穆斯堡尔谱
价态分析	光电子能谱
元素分析	光电子能谱

项目	分析技术
表面形貌和结构	电子显微镜,紫外漫反射光谱,光电子能谱
反应热变化	热分析,电子显微镜
积碳、老化和中毒	热分析,电子顺磁共振,光电子能谱
活性相分布	电子顺磁共振,光电子能谱,穆斯堡尔谱,电子探针
金属-载体相互作用	红外光谱,电子能谱,穆斯堡尔谱

四、催化剂制备实训

(一)实训目的

通过铝盐与碱性沉淀剂的沉淀反应,掌握氧化铝催化剂和催化剂载体的制备过程;了解制备氧化铝水合物的技术和原理;掌握活性氧化铝的成型方法。

(二)实验原理

1. 以铝盐为原料

用 $AlCl_3 \cdot 6H_2O$、$Al_2(SO_4)_3 \cdot 18H_2O$、$Al(NO_3)_3 \cdot 9H_2O$、$KAl(SO_4)_2 \cdot 12H_2O$、$Al(NO_3)_3$ 等的水溶液与沉淀剂——氨水、$NaOH$、Na_2CO_3 等溶液作用生成氧化铝水合物。

$$AlCl_3 + 3NH_4OH \longrightarrow Al(OH)_3 \downarrow + 3NH_4Cl$$

2. 以偏铝酸钠为原料

偏铝酸钠可在酸性溶液作用下分解沉淀析出氢氧化铝。此原料在工业生产上较经济,是常用的生产活性氧化铝的路线,但常因混有不易脱除的 Na^+,故常用通入 CO_2 的方法制各种晶型的 $Al(OH)_3$。

$$2NaAlO_2 + CO_2 + 3H_2O \longrightarrow Na_2CO_3 + 2Al(OH)_3 \downarrow$$
$$NaAlO_2 + HNO_3 + H_2O \longrightarrow NaNO_3 + Al(OH)_3 \downarrow$$

制备过程中有 Al^{3+} 和 OH^- 存在是必要的,其他离子可经水洗被除掉。

另外还有许多方法,它们都是为制取特殊要求的催化剂或载体而采用的。制备催化剂或载体时,都要求除去 S、P、As、Cl 等有害杂质,否则催化活性较差。

为了得到较好的催化剂,实验室常使用硝酸铝。因为制作过程中使用的硝酸根离子,不必洗涤得非常干净,在后续操作中可以分解,但使用其他原料时有些离子很难洗涤干净,故常常被采用。

制备活性氧化铝的操作程序是:

将铝盐溶解成稀溶液—用碱液中和沉淀—洗去酸根离子—过滤—成型—干燥—浸渍活性组分—干燥—灼烧—成品

也可以不浸渍活性组分直接用它作催化剂。

制备过程中,所用条件的不同,如浓度、温度、加料顺序、加料速度、老化时间等各因素微小变化就可得到不同的晶形、不同的孔径、不同的比表面积和最终强度不同的催化剂。

本实验采用铝盐与氨水沉淀法,将沉淀物在 pH=9~9.5 范围内老化一定时间,使之变成假一水软铝石，再打浆洗涤，残余的硝酸根离子可在后续的灼烧中分解掉。干燥活性氧化铝颗粒，添加黏合剂，经催化剂挤出成型机成型后得一定形状的催化剂颗粒，干燥后即成为使用的催化剂。

沉淀是制成一定活性和物性的关键，对滤饼洗涤难易有直接影响。其操作条件决定了颗粒大小、粒子排列和结晶完整程度。加料顺序、浓度和速度也有影响，沉淀中 pH 值不同，得到的水化物则不同。例如：

$$Al^{3+} + OH^- \begin{cases} pH < 7 \longrightarrow 无定形胶体 \\ pH = 9 \longrightarrow \alpha\text{-}Al_2O_3 \cdot H_2O \qquad 胶体 \\ pH > 10 \longrightarrow \beta\text{-}Al_2O_3 \cdot H_2O \qquad 结晶 \end{cases}$$

当 Al^{3+} 倾倒于碱液中时，pH 值由大于 10 向小于 7 转变。产物有各种形态水化物，不易得到均一型体。如果反向投料，若 pH 不超过 10，只有两种型体，经老化也会趋于一种型体。为此，并流接触并维持稳定 pH 值，可得到均一的型体。

老化是使沉淀形成不再发生可逆结晶变化的过程；同时使一次粒子再结晶、纯化和生长；另外也使胶粒之间进一步黏结，胶体粒子得以增大。这一过程随温度升高而加快，常常在较高温度下进行。

洗涤是为了除去杂质。若杂质以相反离子形式吸附在胶粒周围而不易进入水中时，则需用水再搅拌情况下把滤饼打散成浆状物再过滤，多次反复操作才能洗净。若有 SO_4^{2-} 存在则难以完全洗净。当 pH 近于 7 时，$Al(OH)_3$ 会随水流失，一般应维持 pH>7。

酸化胶溶是为成型需要设置的。这个过程是在胶溶剂存在下，使凝胶这种暂时凝集起来的分散相重新变成溶胶。当向 $Al(OH)_3$ 中加入少量 HNO_3 时发生如下反应：

$$Al(OH)_3 + 3HNO_3 + H_2O \longrightarrow Al(NO_3)_3 + 3H_2O$$

生成的 Al^{3+} 在水中电离并吸附在 $Al(OH)_3$ 表面上，NO_3^- 为反离子，从而形成胶团的双电层，仅有少量 HNO_3 就足以使凝胶态的滤饼全部发生胶溶，以致变成流动性很好的溶胶体。当 Cl^- 或 Na^+ 或其他离子存在时，溶胶的流动性和稳定性变差。应尽可能避免杂质存在，否则会影响催化剂的活性。利用溶胶在适当 pH 和适当介质中能溶胶化的原理，可把溶胶以小滴形式滴入油层，这是由于表面张力而形成球滴，球滴下降中遇碱性介质形成凝胶化小球，以制备 Al_2O_3 小球催化剂。

（三）主要设备和试剂简述

① 不锈钢搅拌釜：容积 1L，一个。

② 温度控制器：功率 2kW 一套。

③ 搅拌器（转速控制器、支架）一台。

④ 布氏漏斗及抽滤瓶一套。

⑤ 烧杯 250mL、1000mL 各一个。

⑥ 真空系统及干燥系统一套。

⑦ 微型喷雾干燥机及成型机各一套。

⑧ 硝酸铝和氨水。

（四）实验流程及面板布置图

催化剂制备工艺流程图及板面布置图由天大北洋化工实验设备公司提供，如图 5-11、图 5-12 所示。

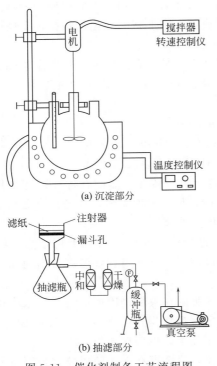

(a) 沉淀部分

(b) 抽滤部分

图 5-11　催化剂制备工艺流程图

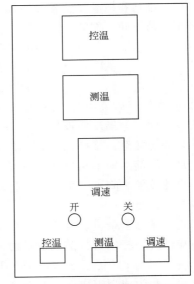

图 5-12　催化剂制备板面布置图

（五）操作步骤

1. 溶液配制

① 将硝酸铝配制成 5％水溶液，取 200mL，倒入 500mL 圆烧瓶内；

② 将氨水配制成 6％浓度；

③ 将装有硝酸铝水溶液的烧瓶放在加热包上，安装搅拌器将搅拌桨放入瓶内，开动搅拌器，调节转速使溶液快速翻转，此后将氨水快速倒入一部分，有部分沉淀出现，但很快消失，同时去取样检验测 pH 值，不到 pH＝9 还可以加氨水，直至达到 9 为止；

④ 注意观察搅拌情况，能大致判断是否达到要求，这就是快达要求前搅拌速度突然减慢，以后又加快，这时基本快达到 pH＝9 了。

2. 老化处理

① 实际 pH 可控制在 9～9.5；

② 当达到要求后，让加热包升温，控制在 40～45℃，搅拌 20min 以后再升温至 60℃静置 30min，此称为老化过程，可使氢氧化铝沉淀变成假一水软铝石。

3. 过滤

① 提前准备好过滤系统，将滤纸铺放在过滤漏斗内，上部用蒸馏水润湿后慢慢开启真空抽一下；

② 注意不能突然加真空，要慢慢加真空，否则易抽破滤纸；

③ 此后轻轻倒入老化物，直至得到滤饼抽干为止。

4. 打浆洗涤

① 沉淀中要清除酸根离子，可以在漏斗内直接用水洗涤滤饼，但必须很长时间。

② 采用将滤饼用水在搅拌情况下打碎成浆状，再一次抽滤很快就洗净酸根离子。

③ 本实验由于时间所限，仅打浆洗涤两次，虽然不能洗净，但保留的硝酸根离子可在灼烧中分解掉。如有硫酸根、氯、钠离子时就不能只洗涤两次，那是洗不净的。

5. 干燥

喷雾干燥得到活性氧化铝可直接作催化剂使用，如果还要添加浸渍活性组分，要将所需组分制成水溶液，按等体积法浸渍，干燥后灼烧成最终产品。

6. 成型

将活性氧化铝颗粒添加黏合剂（5％的淀粉）等经催化剂挤出成型机成型后得一定形状的催化剂颗粒，干燥后即成为使用的催化剂，使用时需活化。

（六）故障处理

① 开启电源开关指示灯不亮，并且没有交流接触器吸合声，则保险坏或电源线没有接好。

② 开启仪表等各开关时指示灯不亮，并且没有继电器吸合声，则分保险坏或接线有脱落的地方。

③ 开启电源开关有强烈的交流震动声，则是接触器接触不良，应反复按动开关可消除。

④ 控温仪表、显示仪表出现四位数字，则告知热电偶有断路现象。

注意！当控温热电偶传感器未能放在规定位置或将它拉出后忘记插入即开始升温，此时热电偶感知的温度是室温，由于给定温度均高于室温很多，控温仪必然要启动加热件加温，但热电偶一直的感知温度是室温，故加热不停止，反以最大功率加热。此时的加热件可能由于温度的不断升高而烧毁。

（七）注意事项

① 温度控制是该实验关键之处，并注意 pH 的调节。

② 必须熟读使用说明书，熟悉仪表的使用方法。

③ 开启设备电源之前，一定要检查电源、管路、热电偶头是否完好。

④ 电源接地必须要完好牢固，如果没有完好接地可能有触电危险。

（八）装置参考图片

催化剂成型装置图，如图 5-13～图 5-15 所示。

图 5-13　催化剂挤出成型机

图 5-14　催化剂挤出模片

图 5-15　微型喷雾干燥机

（九）催化剂研磨机使用说明书

1. 工作原理

本装置是利用变频调速的卧式电机带动研磨桶实现同步旋转，研磨桶内的小球与物料发生摩擦和碰撞，使物料在摩擦力的作用下有效地研磨、粉碎、分散和均质，从而得到精细超微粒粉碎的效果。

2. 技术参数

额定电压：220V、50Hz；
电机功率：120W。

3. 操作说明

把所需研磨的催化剂砸碎至5～10目，将砸好的催化剂和研磨球一起装入研磨桶，开启电机通过变频调速器控制转速。研磨一定时间后可停机打开研磨桶观察所研磨颗粒是否符合要求，如不符合继续研磨直至符合要求。变频器使用详见220V系列变频调速器使用手册。

4. 电路原理图

催化剂研磨机电炉原理图由天大北洋化工设备公司提供，如图5-16所示。

思考题

1. 什么是催化作用？
2. 催化剂的组成是什么？
3. 催化剂的结构是什么？

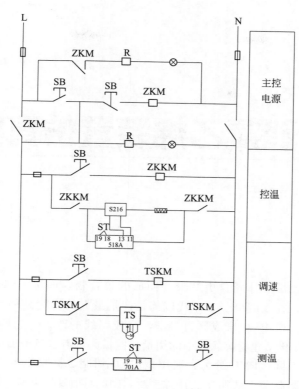

图 5-16 电路原理图

4. 催化剂生产原料的选择原则是什么？

5. 催化剂的制备方法是什么？

6. 为保证催化剂质量，通常对原料、中间体及成品物性所进行的分析测试项目有哪些？

7. 活性氧化铝的制备原理是什么？

8. 制备活性氧化铝的操作程序是什么？

9. 如何控制活性氧化铝的质量？

10. 氧化铝的用途有哪些？

11. 如何提高氧化铝的洗涤效率？

12. 沉淀法制备催化剂的工艺流程是什么？

项目六 聚氯乙烯装置仿真实训

一、概述

聚氯乙烯是由氯乙烯单体经自由基聚合而成的聚合物，简称 PVC，是最早实现工业化生产的树脂品种之一，在 20 世纪 60 年代以前是产量最大的树脂品种，20 世纪 60 年代后退居第二位。近年来，由于 PVC 合成原料丰富，合成路线的改进，树脂中氯乙烯单体含量的降低，价格低廉，其在化学建材等领域中的用量日益扩大，需求量增加很快，地位逐渐上升。

根据应用范围的不同，PVC 分为：通用型 PVC 树脂、高聚合度 PVC 树脂、交联 PVC 树脂。由于通用型树脂制备方法简单、用途广泛，因此目前现货市场上流通的绝大部分是通用型的 PVC 树脂。而高聚合度和交联 PVC 树脂一般在特殊领域应用比较多。其分类如图 6-1 所示。

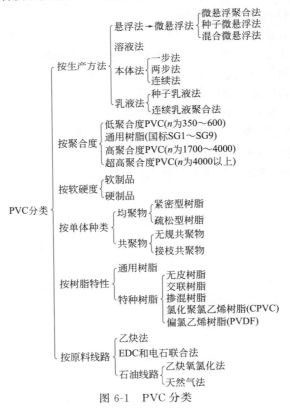

图 6-1　PVC 分类

（一）聚氯乙烯的性能

1. 一般性能

聚氯乙烯树脂为白色或淡黄色粉末，相对密度为 1.35～1.45；可以通过加入增塑剂量的多少调整其制品的软硬程度，制成软硬相差悬殊的制品。纯聚氯乙烯的吸水率和透气性都很小。

2. 力学性能

聚氯乙烯有较高的硬度和力学性能，并随分子量的增大而提高，但随温度的升高而下降。聚氯乙烯中加入的增塑剂数量多少对力学性能影响很大，一般随增塑剂含量的增大，力学性能下降。硬质聚氯乙烯的力学性能好，其弹性模量可达 1500～3000MPa；而软质聚氯乙烯的弹性模量仅为 1.5～15MPa，但断裂伸长率高达 200％～450％。聚氯乙烯的耐磨性一般，硬质聚氯乙烯的静摩擦因数为 0.4～0.5，动摩擦因数为 0.23。

3. 热学性能

聚氯乙烯热稳定性十分差，纯聚氯乙烯树脂在 140℃即开始分解，到 180℃迅速分解，而黏流温度 160℃，因此纯聚氯乙烯树脂难以用热塑性方法加工。聚氯乙烯的线膨胀系数较小，具有难燃性，其氧化指数高达 45 以上。

4. 电学性能

聚氯乙烯的电性能较好，但由于本身极性较大，其介电常数、介电损耗角正切值和体积电阻率较大，电绝缘性不如 PE 和 PP；聚氯乙烯的电性能受温度和频率的影响较大，同时耐电晕性不好，一般只能用于中低压和低频绝缘材料。聚氯乙烯的电性能与聚合方法有关，悬浮法较乳液法好，并且受添加剂种类影响较大。

5. 环境性能

聚氯乙烯可耐除发烟硫酸和浓硝酸以外的大多数无机酸、碱、多数有机溶剂（如汽油、矿物油及乙醇等）和无机盐，适合作化工防腐材料。但能够溶解于醚、酮、氯化脂肪烃和芳香烃等有机溶剂，其中最好的溶剂是四氢呋喃和环己酮。PVC 的光、热稳定性较差，在 100℃以上或经长时间阳光暴晒，就会分解产生氯化氢，并进一步自动催化分解、变色，使白色制品逐渐由白色—浅红—红—棕—黑的颜色的变化，使制品的性能变差。

6. 加工性能

各种 PVC 树脂有着不同的粒径范围。悬浮 PVC 树脂典型平均粒径为 $125\mu m$ 左右，粒径分布集中在 $50～250\mu m$。采用筛分、激光散射、扫描电镜可以测定 PVC 树脂粒径，其中筛分法最简单常用。筛分适于测定粒径大于 $30\mu m$ 的粒子，筛分时经常遇到的困难是产生静电，导致颗粒聚并，产生分析误差，加抗静电剂（如三氧化二铝）或用湿法筛分可克服这一缺点。树脂的干燥和加工要求悬浮 PVC 有较均匀的粒径，如果小粒子太多，易产生粉尘，并使增塑剂吸收不匀；如果大颗粒太多，则吸收增塑剂困难，不易塑化而产生鱼眼或凝胶粒子。

PVC 树脂的热稳定性是检验其分解温度的指标，树脂加工温度必须低于其分解温度。PVC 树脂随着加工温度的不同呈现不同的形态。85℃以下，玻璃态，软化点 75～85℃，玻璃化转变温度在 80℃ 上下；85～175℃，黏弹态，树脂无明显熔点；175～190℃，熔融态；190～200℃，黏流态。一般情况 PVC 树脂在 100℃ 就开始分解，180℃ 以上快速分解，200℃ 以上剧烈分解并变黑。树脂加工时，一般硬制品加工温度在 170～200℃，软制品加工温度在 150～180℃。

（二）聚氯乙烯的用途

聚氯乙烯的应用如表 6-1 所示。

表 6-1　聚氯乙烯树脂的应用

类别		具体应用
硬质聚氯乙烯	管材	上、下水管，输气管、输液管、穿线管
	型材	门、窗、装饰板、木线、家具、楼梯扶手
	板材	可分为瓦楞板、密实板、发泡板等。用于壁板、天花板、百叶窗、地板、装饰材料，家具材料、化工防腐贮槽等
	片材	吸塑制品如包装盒等
	丝类	纱窗、蚊帐、绳索
	瓶类	食品、药品及化妆品的包装材料
	注塑制品	管件、阀门、办公用品罩壳及电器壳体等
软质聚氯乙烯	薄膜	农用大棚膜、包装膜、日用装饰膜、雨衣膜、本皮膜
	电缆	中、低压绝缘和护套上电缆料
	鞋类	雨鞋、凉鞋及布鞋的鞋底、鞋面材料
	革类	人造革、地板革及壁纸
	其他	软透明管、唱片及垫片

二、聚氯乙烯生产的主要原料

（一）氯乙烯性质

氯乙烯（VCM），又名乙烯基氯，是一种应用于高分子化工的重要的单体，可由乙烯或乙炔制得。其为无色、易液化气体，沸点 -13.9℃，临界温度 142℃，临界压力 5.22MPa。氯乙烯是有毒物质，肝癌与长期吸入和接触氯乙烯有关。它与空气形成爆炸性混合物，爆炸极限 4%～22%（体积分数），在压力下更易爆炸，贮运时必须注意容器的密闭及氮封，并应添加少量阻聚剂。

氯乙烯易燃，与空气混合能形成爆炸性混合物。遇热源和明火有燃烧爆炸的危险。燃烧或无抑制剂时可发生剧烈聚合。其蒸气比空气重，能在较低处扩散到相当远的地方，遇火源会着火回燃。

（二）氯乙烯主要生产方法

1. 乙烯氧氯化法

现在工业生产氯乙烯的主要方法分三步进行：第一步乙烯氯化生成二氯乙烷；第二步二

氯乙烷热裂解为氯乙烯及氯化氢；第三步乙烯、氯化氢和氧发生氧氯化反应生成二氯乙烷。

（1）乙烯氯化　乙烯和氯气加成反应在液相中进行。

$$CH_2\!=\!\!CH_2+Cl_2\longrightarrow CH_2ClCH_2Cl$$

采用氯化铁或氯化铜等作催化剂，产品二氯乙烷为反应介质。反应热可通过冷却水或产品二氯乙烷汽化来移出。反应温度 $40\sim110℃$，压力 $0.15\sim0.30MPa$，乙烯的转化率和选择性均在 99% 以上。

（2）二氯乙烷裂解　二氯乙烷裂解生成氯乙烯。

$$ClCH_2CH_2Cl\longrightarrow CH_2\!=\!\!CHCl+HCl$$

反应是强烈的吸热反应，在管式裂解炉中进行，反应温度 $500\sim550℃$，压力 $0.6\sim1.5MPa$；控制二氯乙烷单程转化率为 $50\%\sim70\%$，以抑制副反应的进行。

（3）氧氯化反应　乙烯、氯化氢和氧发生氧氯化反应。

$$CH_2\!=\!\!CH_2+2HCl+O_2\longrightarrow CH_2ClCH_2Cl+2H_2O$$

2. 乙炔法

在氯化汞催化剂存在下，乙炔与氯化氢加成直接合成氯乙烯。

$$CH\!\equiv\!CH+HCl\longrightarrow CH_2\!=\!\!CHCl$$

其过程可分为乙炔的制取和精制、氯乙烯的合成以及产物精制三部分。

在乙炔发生器中，电石与水反应产生乙炔，经精制并与氯化氢混合、干燥后进入列管式反应器。管内装有以活性炭为载体的氯化汞（含量一般为载体质量的 10%）催化剂。反应在常压下进行，管外用加压循环热水（$97\sim105℃$）冷却，以除去反应热，并使床层温度控制在 $180\sim200℃$。乙炔转化率达 99%，氯乙烯收率在 95% 以上。副产物是 1,1-二氯乙烷（约 1%），也有少量乙烯基乙炔、二氯乙烯、三氯乙烷等。此法工艺和设备简单，投资低，收率高；但能耗大，原料成本高，催化剂汞盐毒性大，并受到安全生产、保护环境等条件限制，不宜大规模生产。

3. 混合烯炔法

该法是以石油烃高温裂解所得的乙炔和乙烯混合气（接近等摩尔比）为原料，与氯化氢一起通过氯化汞催化剂床层，使氯化氢选择性地与乙炔加成，产生氯乙烯。分离氯乙烯后，把含有乙烯的残余气体与氯气混合，进行反应，生成二氯乙烷。经分离精制后的二氯乙烷，热裂解成氯乙烯及氯化氢。氯化氢再循环用于混合气中乙炔的加成。

三、聚氯乙烯生产的方法及原理

（一）生产方法简介

在工业化生产氯乙烯均聚物时，根据树脂应用领域，一般采用 5 种方法生产，即本体聚合、悬浮聚合、乳液聚合、微悬浮聚合和溶液聚合。

1. 本体聚合法

一般采用"两段本体聚合法"，第一段称为预聚合，采用高效引发剂，在 $62\sim75℃$ 温度下，强烈搅拌，使氯乙烯聚合的转化率为 8% 时，输送到另一台聚合釜中，再加入含有低效引发剂的等量新单体，在约 60℃ 温度下，慢速搅拌，继续聚合至转化率达 80% 时，停止反应。

本体聚合氯乙烯单体中不加任何介质，只有引发剂。因此，此法生产的 PVC 树脂纯度较高，质量较优，其构型规整，孔隙率高而均匀，粒度均一。但聚合时操作控制难度大，PVC 树脂的分子量分布一般较宽。

单体本身由引发剂、光、热、辐射作用下引发的聚合反应。

优点：

① 无杂质，产品纯度高，聚合设备简单；

② 易制造板材、型材、透明制品等。

缺点：

① 体系黏度大，聚合热不易扩散，反应难以控制，易局部过热，分子量分布宽，影响力学性能；

② 自动加速作用大，严重时可导致爆聚。

2. 悬浮聚合法

液态氯乙烯单体以水为分散介质，并加入适当的分散剂和不溶于水而溶于单体的引发剂，在一定温度下，借助搅拌作用，使其呈珠粒状悬浮于水相中进行聚合。聚合完成后，经碱洗、汽提、离心、干燥得到白色粉末状 PVC 树脂。

优点：

① 体系黏度低，聚合热易扩散，聚合反应温度易控制，聚合产物分子量窄；

② 分子量比溶液聚合高，杂质比乳液聚合的少；

③ 聚合产物为固体珠状颗粒，易分离、干燥。

缺点：

① 存在自动加速作用；

② 必须使用分散剂，且在聚合完成后，很难从聚合产物中除去，会影响聚合产物的性能（如外观、老化性能等）；

③ 聚合产物颗粒会包藏少量单体，不易彻底清除，影响聚合物性能。

选取不同的悬浮分散剂，可得到颗粒结构和形态不同的两类树脂。国产牌号分为 SG（疏松型-"棉花球"型）树脂、XJ-紧密型（"乒乓球"型）树脂。疏松型树脂吸油性好，干流动性佳，易塑化，成型时间短，加工操作方便，适用于粉料直接成型，因而一般选用悬浮法聚合的疏松型树脂作为 PVC 制品成型的基础原料。目前各树脂厂所生产的悬浮法 PVC 树脂基本上都是疏松型的。

3. 乳液聚合法

氯乙烯单体在乳化剂作用下，分散于水中形成乳液，再用水溶性的引发剂来引发，进行聚合，乳液可用盐类使聚合物析出，再经洗涤、干燥得到 PVC 树脂粉末，也可经喷雾干燥得到糊状树脂。

优点：

① 水，廉价安全，聚合热易扩散，聚合反应温度易控制；

② 聚合体系即使在反应后期黏度很低，也适于制备高黏性的聚合物；

③ 聚合速率快，能获得高分子量的聚合产物，可低温聚合；

④ 可直接以乳液形式使用。

缺点：

① 需固体产品时，分离繁琐，成本高；

② 产品中留有乳化剂等杂质，产物纯净性稍差。

乳液法 PVC 树脂粒径极细，树脂中乳化剂含量高，电绝缘性能较差，制造成本高。该树脂常用于 PVC 糊的制备。因此，该法生产出来的树脂俗称糊树脂。

4. 微悬浮聚合法

像悬浮法那样使用油溶性引发剂，在用乳化剂分散稳定的细小氯乙烯单体液滴中引发聚合，生成适当粒径的 PVC 乳液，经破乳、洗涤、干燥后得到 PVC 树脂粉末。制备 $0.1 \sim 2\mu m$ 粒径范围的氯乙烯单体乳液是微悬浮聚合法的关键，一般称这一过程为均化过程。此种是生产 PVC 糊树脂的另一种方法，该法生产的树脂具有良好的加工性能，能满足大多数加工的需要，具有乳液法树脂很难达到的某些优良性能。

5. 溶液聚合法

以甲醇、甲苯、苯、丙酮作溶剂，使氯乙烯单体在溶剂中聚合，由于溶剂具有链转移剂作用，所以溶液聚合物的分子量和聚合速率均不高。聚合得到的 PVC 树脂因不溶于溶剂而不断析出。

优点：

① 聚合热易扩散，聚合反应温度易控制；

② 体系黏度低，自动加速作用不明显，反应物料易输送；

③ 体系中聚合物浓度低，向高分子的链转移生成支化或交联产物较少，因而产物分子量易控制，分子量分布较窄；

④ 可以溶液方式直接成品。

缺点：

① 单体被溶剂稀释，聚合速率慢，产物分子量较低；

② 存在溶剂链转移反应，因此必须选择链转移常数小的溶剂，否则链转移反应会限制聚合产物的分子量；

③ 消耗溶剂，溶剂的回收处理及设备利用率低，导致成本增加；

④ 溶剂很难完全除去；

⑤ 溶剂的使用导致环境污染问题。

此种 PVC 树脂不宜于做一般成型用，仅作为涂料、黏合剂，与乙酸乙烯酯等共聚时使用，是目前各种聚合方法中产量最少的一种方法。

几种方法尽管聚合工艺不同，但聚合反应机理相同，即都是自由基聚合。在使用这些方法生产的树脂中，以悬浮法产量最大，而且由于悬浮聚合法设备投资和生产成本低，应用领域宽，各种聚合方法的发展方向是逐步向悬浮聚合生产路线倾斜。一些过去采用其他方法生产的树脂品种，已开始采用悬浮聚合工艺生产。

（二）氯乙烯悬浮聚合基本原理

1. 原料及辅助材料

（1）原材料的性质

① 单体 VCM　氯乙烯单体质量标准如表 6-2 所示。

表 6-2　氯乙烯单体质量标准

指标名称		优等品	一等品	合格品
氯乙烯(质量分数)/%	≥	99.96	99.95	99.90
乙炔/(μg/g)	≤	5	8	10
1,1-二氯乙烷/(μg/g)	≤	80	120	150
1,2-二氯乙烷/(μg/g)	≤	3	3	5
反1,2-二氯乙烷/(μg/g)	≤	8	8	10
其他低沸物(以 C_2H_2 计)/(μg/g)	≤	3	3	5
其他高沸物(以1,1-二氯乙烷)/(μg/g)	≤	100	150	200
酸性物质(以 HCl 计)/(μg/g)	≤	0.1～0.7	0.1～0.7	0.7～1.0
铁/(μg/g)	≤	0.60	0.8	1.00
水/(μg/g)	≤	100	200	300

② 纯水　硬度 $\leq 1 \times 10^{-6}$，pH 值 5.5～7.5，氯根 $\leq 10 \times 10^{-6}$，电阻率 $> 5 \times 10^5 \Omega \cdot cm$，含氧 $8.4 \times 10^{-6} \sim 10.7 \times 10^{-6}$。

(2) 辅助材料性质　氯乙烯悬浮聚合过程中，聚合配方体系或为改善树脂性能而添加各种各样的助剂，其中用得比较广泛的有以下几种。

① 引发剂　引发剂是容易分解生成自由基的化合物，可分为有机和无机两大类。有机引发剂能溶于亲油性单体或溶剂中，故可称为油溶性引发剂，而无机类引发剂可溶于水，属水溶性。

VCM 悬浮聚合采用油溶性引发剂，包括偶氮类和有机过氧化物类化合物。偶氮类引发剂的结构通式为（R—N＝N—R′）。偶氮二异丁腈（AIBN）和偶氮二异庚腈（ABVN）在 VCM 悬浮聚合中都有应用。AIBN 活性相对较低，一般在 45～65℃下使用，而 ABVN 活性较高，在 VCM 悬浮聚合中使用较多。由于 AIBN 和 ABVN 分解产生的自由基含有氰基，对 PVC 树脂卫生性有一定影响，近年来有用过氧化物引发剂替代偶氮类引发剂的趋势。

油溶性过氧化物引发剂是过氧化氢分子中 1 个或 2 个氢原子被有机基团取代而生成的有机过氧化物。按取代基的不同可分为过氧化二烷烃（RO—OR′）、过氧化二酰（RCO—OCR′）、过氧化羧酸酯（RCOO—OR′）和过氧化二碳酸酯类（ROCOO—OOCOR′）等，而每一类中随 R、R′基团的变化（R、R′可以相同或不同）又产生出不同结构和活性的引发剂品种。

② 分散剂　在 VCM 悬浮聚合中，一般都溶有（或分散有）分散剂，分散剂的作用是稳定由搅拌形成的单体油珠，阻止油珠的相互聚集或合并。分散剂的组合将影响到聚合产品的主要性能，如表观密度、孔隙率、颗粒形态、粒径分布、"鱼眼"消失速度、热加工熔融时间乃至残留单体含量等。

③ 热稳定剂　具有理想结构的 PVC 应当对热稳定，但通过自由基聚合得到的实际 PVC 分子链中存在支化、不饱和键、不稳定氯、头-头结构等化学缺陷结构，导致 PVC 热稳定性降低，容易分解变色。为了提高树脂的白度和热稳定性，有时加入有机锡或硬脂酸钡，对聚合后产品的热稳定性有显著效果。前者还有整粒作用，减少过细粒子生成。用量一般在 0.02%～0.15%。

④ 螯合剂　在聚合体系中有时不可避免地带入少量如 Fe^{3+}、Fe^{2+} 等金属离子，大多数重金属离子都是显色的，会使树脂白度降低；Fe^{3+}、Zn^{2+}、Cu^{2+} 等离子又会促进大分子

PVC 的降解，使热稳定性降低，Fe^{3+} 对 PVC 树脂的颗粒形态和粒径分布还会产生不良的影响等。因此，在 VCM 悬浮聚合时必须除去体系中的金属离子，特别是铁离子。目前，最常用的是乙二胺四乙酸（EDTA）的钠盐和钙盐，也有选用亚磷酸酯类作为螯合剂，它可以有效地螯合金属离子，也提高树脂的热稳定性，并控制加工过程中的初期变色。

⑤ 扩链剂　由氯乙烯自由基聚合机理可知，在无链转移剂的条件下氯乙烯向单体的链转移常数很大，且随温度的改变而有较大变化。因此，VCM 聚合链终止形成大分子的主要方式是以活性链向单体链转移为主，PVC 分子量仅决定于聚合温度。当聚合温度较高时，链转移速率快，树脂的分子量低，反之则分子量高。工业上主要通过聚合温度来调节 PVC 树脂的分子量，并形成不同型号的树脂品种。可见，为了获得分子量较高的 PVC 树脂就必须在较低的温度下进行聚合。但是，由于反应温度较低，聚合速率很低且难于及时移走反应热，因此不得不延长反应时间，即使采用高效引发剂，反应时间也在 14h 以上，造成聚合釜的利用率降低。另外，为能及时移走聚合热，采用温度更低的冷却介质，也增加了生产成本。

为此，在制备高聚合度 PVC 树脂时，往往在配方中加入扩链剂并在较高的温度聚合，以达到增大聚合速率、缩短聚合时间、提高生产效率、降低生产成本的目的。

⑥ 链转移剂　在正常的聚氯乙烯生产中，聚氯乙烯的聚合度仅取决于聚合温度，温度越高聚合度越低，因此欲获得低聚合度的 PVC，聚合反应就应在较高的温度下进行。但是，在高温下聚合会给 PVC 生产带来不利的影响：第一，釜温越高釜内压力就越大，则对聚合釜的耐压等级和设备能力都有更高的要求；第二，在较高的温度下聚合会加重粘釜，这样将延长清釜时间，从而降低聚合釜的生产能力；第三，PVC 树脂的孔隙率会随着聚合温度的升高而降低，不利于树脂中残留 VCM 的脱除，也不利于加工；第四，在高温下聚合产物 PVC 的支链增多，使树脂的热稳定性变差，白度降低。为克服上述不足，通常在聚合中加入某种物质，使聚合反应既在较低的温度下进行，又能得到较低聚合度 PVC，这种物质就称为链转移剂。

⑦ 终止剂　对于 VCM 悬浮聚合，当 VCM 转化率大于出现压降时的临界转化率后，如果继续聚合将导致 PVC 树脂孔隙率下降；更重要的是，转化率大于 80％ 以后，大分子自由基之间的歧化终止增加，易生成较多的支链结构，影响产品的热稳定性和加工性能。因此，在 VCM 聚合到一定程度加入终止剂就可以使聚合反应急剧减慢或完全停止，达到控制聚合程度和提高树脂热稳定等性能的目的。而且终止剂的加入可以消耗残留引发剂，消除或减轻后处理和加工过程中引发剂对树脂热稳定性的不利影响等。

⑧ 抗鱼眼剂　PVC 产品中难于加工或不易加工的透明粒子称为鱼眼。

目前，国内 PVC 生产厂家在 VCM 悬浮聚合时大多采用常温加料、冷搅、逐步升温和恒温聚合的传统工艺。在冷搅和升温过程中引发剂就开始分解而引发 VCM 单体聚合，生成分子量较高的 PVC；VCM 液滴内引发剂浓度局部太高以及升温时与高温的釜壁接触易形成快速粒子，该两现象对于采用高效引发剂更为显著。高分子量树脂和快速粒子在加工过程难于塑化，这就是造成制品出现鱼眼的主要原因。为防止快速粒子和高分子树脂的产生，往往在加料时就与其他物料一起加入抗鱼眼剂。

最常用的抗鱼眼剂为 BHA，其化学名为叔丁基-4-羟基苯甲醚，又名丁基羟基茴香醚、丁基大茴香醚。商品 BHA 是 3-叔丁基-4-羟基苯甲醚（3-BHA）与 2-叔丁基-4-羟基苯甲醚（2-BHA）的混合物，其中 3-BHA 的含量在 90％ 以上，其效力比 2-BHA 强 1.5～2 倍。除了 BHA 外，常用的抗鱼眼剂还有丁醇、磷钼酸和甲基黄原酸钾等。对于采用热水加料新工艺，一般很少采用抗鱼眼剂。

⑨ 消泡剂　在聚合反应结束回收未反应单体时，往往由于降压而引起气体体积的急剧膨胀和料层内液态单体的沸腾，使回收的气相单体夹带出许多树脂泡沫，造成管道及回收系统堵塞，因此在聚合釜或出料槽开启回收阀之前应加入消泡剂做消泡处理。

常用的消泡剂为乳化硅油（含 $30\%\sim35\%$ 低黏度硅油），其用量 $16mg/kg$ 就有显著效果，使用时以 10 倍左右软水稀释，自聚合釜或出料槽的加料罐借高压水加入。目前大多数厂家都是采用自动控制程序按批量加入釜内。

⑩ pH 值调节剂（缓冲剂）　对于无离子水系统，几乎没有碳酸根离子（CO_3^{2-}），加入的氯乙烯单体略呈酸性（pH 值在 5 左右），空气中二氧化碳的溶入易使 pH 降低，由此可影响到聚合分散体系的稳定性，严重时造成爆聚。为避免这一现象出现，常添加缓冲剂如碳酸氢钠来稳定聚合反应体系的 pH 值，通常用量为 $0.02\%\sim0.04\%$（对单体）。碳酸氢钠还可起一定的热稳定剂作用，与硫化钠一起投加时有较好效果。近来，大多数厂家采用碳酸氢铵和氨水一起调节反应釜内聚合体系的 pH 值，保证控制在 7～9。

目前，国内已开发出新型复合液体缓冲剂。该缓冲剂加入釜内呈中性（pH 值近似于7），反应结束后釜内浆料 pH 值仍保持在 7 左右，用量远低于碳酸氢钠，有较好的应用前景。

⑪ 抗氧剂　当 O_2 与 PVC 大分子在较高温度下（如旋风干燥或喷雾干燥）接触，就会反应生成自由基或过氧化物，所生成的 PVC 大分子自由基可迅速与空气中的 O_2 结合，产生 PVC 大分子过氧自由基 ROO·。另外，聚合结束后，聚氯乙烯树脂中还有残留的引发剂，引发剂活性越低残留量就越大，这些残存的引发剂在后处理过程中（如浆料汽提或喷雾干燥）因受高温热而分解成自由基。

这些 PVC 大分子链由于自由基重排而分解造成断裂，使分子量大幅度降低，导致 PVC 制品力学性能下降。

为了防止 PVC 大分子因氧化降解进而导致的制品力学性能下降，一般在聚合结束时向聚合体系内加入抗氧剂。抗氧剂通过阻止自由基链的传递来阻止链式反应的进行，从而提高 PVC 大分子的抗氧能力。

⑫ 防粘釜剂　在 VCM 聚合过程中，PVC 会黏结到聚合釜内壁和釜内构件等表面，如不及时清除就会逐渐累积，并且不断被填隙聚合而致密，经历升温聚合而轻度塑化形成粘釜物。该粘釜物一方面使传热系数变小，釜传热能力下降，不利于反应热的移走；另一方面部分粘釜物脱落掺杂在树脂中，使树脂的颗粒特性、热稳定性、脱除残留单体和加工性能变差。为了防止或减轻聚合粘釜，除了提高聚合釜内壁和内构件的表面光洁度外，在其表面喷涂防粘釜剂是常用的有效方法。

2. 氯乙烯悬浮聚合反应机理

VCM 悬浮聚合属于均相的自由基型加聚链锁反应，反应的活性中心是自由基，其反应机理分为链引发、链增长、链转移及链终止几个步骤。

（1）链引发　链引发是形成单体自由基活性中心的反应，通常包括引发剂均裂形成初级自由基 R· 和初级自由基与 VCM 加成形成单体自由基。

$$I \xrightarrow{k_d} 2R\cdot$$

$$R\cdot + CH_2{=}\underset{|}{\overset{}{C}}H \xrightarrow{k_p} R{-}CH_2{-}\underset{|}{\overset{\cdot}{C}}H$$
$$\qquad\quad Cl \qquad\qquad\qquad Cl$$

式中　　k_d——引发剂分解速率常数；

　　　　k_i——引发速率。

　　上述两步反应中引发剂分解是决定速率的一步，但链引发必须包括后一步反应。一般情况下，初级自由基一经形成，立刻就与单体加成，形成单体自由基。但也可能发生副反应，而不参与引发单体生成单体自由基，无法继续链增长。这些副反应包括引发剂诱导分解、笼内再结合终止、氧或阻聚杂质与初级自由基作用等，使活性消失，引发效率 f 小于1。

　　（2）链增长　　链引发阶段形成的单体自由基，不断地加成单体分子，构成链增长反应。其反应为：

$$\sim\!CH_2\!-\!\overset{\cdot}{C}H + CH_2\!=\!\underset{\underset{Cl}{|}}{C}H \xrightarrow{k_p} \sim\!CH_2\!-\!\underset{\underset{Cl}{|}}{C}H\!-\!CH_2\!=\!\overset{\cdot}{C}$$

式中　　k_p——增长速率系数。

　　每加成一次，产生一个新的自由基，其结构与前一个自由基大体相同，只不过多了一个单体单元，两者活性基本相同，有相同的增长速率系数 k_p。链增长速率极快，在0.01s至几秒内就可完成，聚合度可达数千甚至上万。

　　在增长反应中，单体的加成可能有"头-尾"连接和"头-头"连接两种形式。

$$\sim\!CH_2\!-\!\underset{\underset{Cl}{|}}{C}H\cdot + CH_2\!=\!\underset{\underset{Cl}{|}}{C}H \longrightarrow \sim\!CH_2\!-\!\underset{\underset{Cl}{|}}{C}H\!-\!CH_2\!-\!\underset{\underset{Cl}{|}}{C}H\cdot \quad \text{（头-尾）}$$

$$\sim\!CH_2\!-\!\underset{\underset{Cl}{|}}{C}H\!-\!CH_2\!-\!\underset{\underset{Cl}{|}}{C}H\cdot + CH\!=\!CH_2 \longrightarrow \sim\!CH_2\!-\!\underset{\underset{Cl}{|}}{C}H\!-\!CH_2\!-\!\underset{\underset{Cl}{|}}{C}H\!-\!\underset{\underset{Cl}{|}}{C}H\!-\!CH_2\cdot \quad \text{（头-头）}$$

　　由于电子效应和位阻效应，PVC链增长以"头-尾"连接为主，"头-头"连接数量很少。如60℃用偶氮二异丁腈引发时，10000个单体单元约有15个头-头连接。

　　链增长反应是形成大分子的主要反应，该反应取决于增长活性链末端自由基的性质，与引发剂种类和介质条件等无关，因此形成的PVC大分子链中氯取代基在空间无规则排列，PVC规整度低，属无定形聚合物。

　　（3）链终止　　增长的活性链带有独电子，当两个链自由基相遇时，独电子消失而使链终止。因此自由基聚合的终止反应是双分子反应，它有偶合和歧化两种形式。

　　两个大分子链自由基末端的独电子相互结合成共价键，形成饱和大分子的反应称为偶合终止。如

$$\sim\!CH_2\!-\!\underset{\underset{Cl}{|}}{\overset{\overset{H}{|}}{C}}\cdot + \cdot\underset{\underset{Cl}{|}}{\overset{\overset{H}{|}}{C}}\!-\!CH_2\!\sim \xrightarrow{k_t} \sim\!CH_2\!-\!\underset{\underset{Cl}{|}}{\overset{\overset{H}{|}}{C}}\!-\!\underset{\underset{Cl}{|}}{\overset{\overset{H}{|}}{C}}\!-\!CH_2\!\sim$$

式中　　k_t——链终止速率系数。

　　一链自由基夺取另一链自由基上的 β 氢原子而终止，称为歧化终止。结果形成两个聚合物分子，夺得氢原子的大分子端基饱和，失去氢原子的则不饱和。如

$$\sim\!CH_2\overset{\cdot}{C}H + \cdot\underset{\underset{Cl}{|}}{\overset{\overset{H\cdot}{|}}{C}}\!-\!CH_2\!\sim \xrightarrow{k_t} -CH_2CH_2 + \underset{\underset{Cl}{|}}{\overset{\overset{H}{|}}{C}}\!=\!CH\!\sim$$

　　自由基聚合过程中，这两种终止形式也可能同时发生，视单体的结构和反应条件而变。

　　（4）链转移　　在VCM聚合过程中，向单体链转移反应显著，主要有以下几种反应形式。

　　① 向单体VCM链转移——形成端基双键PVC　　VCM悬浮聚合链终止的方式已证实，

当转化率在 $70\% \sim 80\%$ 以下时，以向单体 VCM 链转移为主，致使 PVC 高分子链端存在双键。

$$\sim CH_2-\overset{\text{H}}{\underset{\text{Cl}}{\text{C}}}\cdot + \overset{\text{H}}{\text{C}}=\overset{\text{H}}{\underset{\text{Cl}}{\text{C}}} \xrightarrow{k_{tr}} -CH=CHCl + CH_3-\overset{\bullet}{\underset{\text{Cl}}{\text{CH}}}$$

式中　k_{tr}——链转移反应速率常数。

②　向高聚物链转移——形成支链或交联 PVC　生成的 $-CH_2-\overset{\bullet}{\underset{\text{Cl}}{\text{C}}}$ 继续与 $CH_2=CHCl$ 反应可生成支链高聚物或相互结合形成交联高聚物。

$$\sim CH_2-\overset{\bullet}{\underset{\text{Cl}}{\text{C}}}\cdot + -CH_2-\overset{\text{H}}{\underset{\text{H}}{\text{C}}}-Cl \xrightarrow{k_{tr}} -CH_2-CH_2 + -CH_2-\overset{\bullet}{\underset{\text{Cl}}{\text{C}}}-$$

（三）影响聚合反应的因素

影响聚氯乙烯颗粒形态的主要因素有聚合温度、搅拌、引发剂、分散剂、最终转化率、水比等。

1. 温度对聚合的影响

在 VCM 悬浮聚合中不存在链转移时，PVC 的分子量几乎取决于聚合温度，按照所生产树脂型号的要求，聚合温度一般在 $45 \sim 65℃$ 范围内选择。在较高温度下聚合，树脂粒径增长减慢，最终平均粒径减小。

聚合温度对 PVC 颗粒结构影响还深入到微观层次。转化率相同时，聚合温度高的 PVC 树脂颗粒内部的初级粒子聚集程度大，堆砌紧密，从而使孔隙率减小，脱吸 VCM 速率也减慢。

2. 聚合悬浮液体系的 pH 值对聚合反应的影响

聚合体系的 pH 值对聚合反应影响很大，一般必须严加控制。pH 值升高，引发剂分解速率加快，对缩短反应时间有好处。但 pH＞8.5 时，如果用聚乙烯醇（PVA）作分散剂，PVA 中的酯基可继续醇解，使醇解度增加，从而使 VCM 液滴发生兼并，粒子变粗或结块。

pH 值过低，影响分散剂的分散和稳定能力，用 PVA 作分散剂时，粘釜加剧。特别是在用明胶作分散剂时，pH 值低于其等电点，则会出现粒子变粗，直至爆聚结块。

pH 值严重偏碱性时，分散剂的保胶能力对 PVC 树脂表观密度、吸油率的影响将被破坏，会出颗粒料。

3. 搅拌体系对聚合反应的影响

在悬浮聚合过程中，聚合釜的搅拌有多重作用，如液液分散、混匀物料、帮助传热、保持颗粒悬浮等。搅拌对 PVC 的粒径及分布、孔隙率等均有显著影响。

以搅拌和孔隙率关系为例，随着搅拌转速的增加，初级粒子变细，树脂内表面积增大，内部结构疏松，孔隙率增大，如图 6-2 所示。

从分散剂角度看，增加搅拌强度，将使液滴变细。但

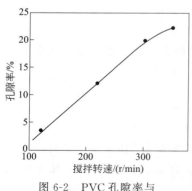

图 6-2　PVC 孔隙率与搅拌转速的关系

强度过大，促使液滴碰撞而并粒，使颗粒变粗。

搅拌强度还影响到微观颗粒结构层次。曾有实验表明，随着转速增加，初级粒子变细，吸油率增大，如表 6-3 所示。

表 6-3　搅拌转速对树脂初级粒子和吸油率的影响

转速/(r/min)	初级粒子直径/μm	增塑剂吸收率/%
100	2(1.5～2.5)	21.6
150	1.7(1.5～2.0)	25.4
200	1.5(1.0～2.0)	27.0
250	1.0(0.8～1.2)	30.0
330	0.8(0.5～1.0)	33.2
400	0.6(0.5～0.8)	45.5

4. 引发剂对聚合反应的影响

引发剂的选择和用量对聚合反应、聚合物的分子结构和产品质量有很大影响。

（1）引发剂浓度和引发剂活性的影响　链引发速率越大，链自由基浓度也越高。然而链引发速率的大小与引发剂分解速率和引发剂的浓度成正比，因此，同一引发剂、同一温度下，引发剂的浓度越大，链引发速率越大，链自由基浓度也越高，链增长速率越大。

当引发剂分解活性高时，一般链引发速率也大。对同一引发剂，链引发速率随温度升高而迅速增加。

引发剂的用量与反应时间按一次方成反比，引发剂用量多，则单位时间内所产生的自由基也相应增多，故反应速率快，聚合时间短，设备利用率高。但用量过多，反应激烈，不易控制，如反应热不及时移出，则温度、压力均会急剧上升，容易造成爆炸聚合的危险，对树脂质量也不利。

（2）不同引发剂对树脂质量的影响　使用不同的引发剂不但可以决定氯乙烯单体聚合时分子间结合的方式和引发速率，而且也影响树脂的质量。

作为 PVC 聚合引发剂最常用的品种有月桂酰过氧化物（LPO）及 3,5,5-三甲基己酰过氧化物，由于其分解温度要求高，作为低温聚合引发剂使用时，在聚合反应前半期，反应速度较慢，而后半期则会加速，这样就导致了反应后半期反应热移出较困难。而采用过氧化特戊酸正丁基酯引发剂可减少鱼眼，成为性能较好的引发剂。过氧化特戊酸正丁基酯半衰期为 10h，反应温度为 55%，存在生产率偏低的缺陷，其改良后的品种二异丙基过氧化二碳酸酯（IPP）可以使反应速度加快，提高生产率。

5. 分散剂对聚合反应的影响

从悬浮聚合的成粒机理可以看出，分散剂的作用，是稳定由搅拌形成的单体油珠和阻止油珠的相互聚合及合并。

分散剂的组合将影响反应的正常进行，同时影响聚合产品的主要性能，如表观密度、孔隙率、颗粒形态、粒径分布、"鱼眼"消失速度、热加工熔融时间乃至残留单体含量等。

分散剂的水溶液具有保胶功能，作为高分子化合物的分散剂，其水溶液的黏度是依分子量（聚合度）而变化的，即黏度越大或分子量越高，吸附于氯乙烯-水相界面的保护膜强度越高，越不容易发生膜破裂的并粒变粗现象。

分散剂的水溶液具有界面活性，分散剂水溶液的表面张力越小其表面活性就越高，所形成的单体油珠越细，所得到的树脂颗粒表观密度越小，也越疏松多孔。

分散剂对 PVC 而言是一种杂质，不能用量太多，否则会使 PVC 树脂热稳定性变差，还会影响树脂的其他性能。

分散剂加入的先后对 PVC 性能有一定的影响，一般来说先加分散剂后加 VCM。如果在加完 VCM 单体再加分散剂，会使 PVC "鱼眼" 数增多，也会使 PVC 颗粒变粗。

6. 水油比对聚合反应的影响

在 PVC 悬浮聚合中，水是分散介质，并作为传热介质。水油比是指水和单体的质量比。水油比的大小影响单体分散液滴的数量和大小，从而影响聚合体系的分散、合并速率直至宏观成粒过程，最终集中反映到树脂的颗粒特性上。随着水油比的降低，表观密度和吸油率都有明显的提高，一般水油比大，VCM 分散好、传热好、反应易控制。但为了提高设备利用率，生产上尽量采用小水油比。随着水油比的缩小，体系中固体体积分数上升，当水油比小到一定值时，体系黏度骤升，因此，水油比不能无限缩小。否则，由于体系黏度大，影响传热及搅拌均匀性（即易发生分层现象），甚至爆聚结块。

对不同类型树脂，应采用不同水油比，以免体系黏度骤升影响搅拌效果、温度分布均匀性以及传热效果。由于聚合反应是逐步进行的体系，黏度随反应进行而升高，反应初期黏度并不高。根据这一特点，不少厂家为提高设备利用率，采用小水油比，然后在反应过程中，连续注水，以保证体系固体体积分数不越过极值。目前很多厂家采用的聚合反应过程，特别是反应中、后期多次加入上注水工艺就是基于这一原理的。

7. 转化率对聚合反应的影响

要获得质量较好的疏松型树脂，必须使最终转化率控制在 85％以下，甚至 80％～82％。

当转化率较低时，液滴表面有一层分散剂皮膜。以 PVA 为例，随着聚合的进行，PVA 的保护膜逐渐变成 PVA/PVC 接枝共聚物，皮膜黏附将越来越牢固。转化率 5％～15％时，液滴有聚并的倾向，处于不稳定状态。转化率＞30％，皮膜强度增加，聚并减少，渐趋稳定。VCM（密度 0.85g/mL）转变成 PVC（密度 1.4g/mL）时，体积收缩，总收缩率达39％。收缩有两种情况：一种是保护能力强，如明胶，液滴或亚颗粒均匀收缩，最后形成孔曲率很低的实心球，即紧密型树脂；另一种是保护能力适中，尤其加有适量油溶性分散剂，初级粒子聚结成开孔结构的比较疏松的聚结体，类似海绵结构。转化率达到 70％，海绵结构变得牢固起来，变成不再活动的骨架，其强度足以抵制收缩力，最后形成疏松颗粒。转化率小于 70％时，VC-PVC 体系以两相存在，一相是接近纯单体相，另一相是 PVC 被 VCM 所溶胀的 PVC 富相。这阶段纯单体相的饱和蒸气压加水的蒸气压，等于聚合釜的操作压力，PVC 颗粒内外压力相平衡。转化率＞70％，纯单体相消失，大部分 VCM 溶胀在 PVC 的富相内，其产生的 VCM 分压将低于饱和蒸气压或釜的操作压力，继续聚合时，外压大于颗粒内压力。颗粒塌陷，表皮折叠起皱，破裂，新形成的 PVC 逐步充满粒内和表面的孔隙，而使孔隙率降低。

为制得较为疏松的树脂，除分散剂、搅拌等条件合适外，最终转化率应控制在 85％以下。即釜的压力下降 0.1～0.15MPa 时，加终止剂，终止聚合，快速泄压，回收单体，出料，可望增加 PVC 疏松程度。

8. 杂质对聚合反应的影响

（1）氧对氯乙烯悬浮聚合的影响　在氯乙烯悬浮聚合中，存在氧气时，会导致 pH 值的降低，当聚合釜内不含氧或含很少量氧时，体系 pH 值下降缓慢；若含氧量高时，反应体系 pH 值在反应开始后则急剧下降，一般反应 2.5h 后下降幅度增大。

氧的存在对聚合反应起阻聚作用，这是由于长链的游离基吸收氧，而生成氧化物，使链终止。生成的氧化物在 PVC 中，使热稳定性也显著变坏，产品易于变色。由于氧的存在会引起聚合体系 pH 值降低，随之粘釜也会加重。如表 6-4 所示。

表 6-4　氧含量对聚合度的影响

O_2 含量/$\times 10^{-6}$	0	3.57	17.87
PVC 聚合度	935.4	893.3	377.4

（2）铁对悬浮聚合的影响　无论水、单体、引发剂还是分散剂中的铁，都对聚合反应有不利的影响。它使聚合诱导期增长，反应速率减慢，产品的热稳定性变坏，还会降低产品的介电性能。此外铁还会影响产品的均匀度。铁质能与有机过氧化物引发剂反应，影响反应速率。

（3）乙炔对聚合的影响　乙炔和引发剂游离基、单体游离基或链游离基发生链转移反应，乙炔含 π 键，氢原子又活泼，既可以和游离基加成，又可发生氢原子转移反应，这种转移反应速率比单体高，但产生游离基活性都比较低，因此，不仅使 PVC 聚合度降低，还会使聚合速率变慢。

所产生的炔型游离基进行链增长反应，使 PVC 大分子中含烯丙基氯（或乙炔基）链节，导致 PVC 产品的热稳定性变坏。

（4）乙醛及 1,1-二氯乙烷对聚合的影响　单体中的乙醛及 1,1-二氯乙烷都是活泼的链转移剂，能降低聚氯乙烯聚合度及反应速率，虽然低含量的乙醛及 1,1-二氯乙烷可以消除 PVC 大分子端基双键，对 PVC 热稳定性有一定好处，但乙醛及 1,1-二氯乙烷的存在对产品的聚合度、反应速率都会产生较大影响。如表 6-5、表 6-6 所示。

表 6-5　乙醛对聚合产品聚合度的影响

乙醛含量/%	0	0.195	0.78	2.92	7.8
PVC 聚合度	935.4	831.0	767	500.8	315.5

表 6-6　1,1-二氯乙烷对 PVC 聚合度的影响

1,1-二氯乙烷含量/%	0	0.29	1.15	4.3	11.6
PVC 聚合度	935.4	810.4	800.7	799.8	546.8

（5）Cl^- 对悬浮聚合的影响　由于有机过氧化物引发剂具有氧化性，Cl^- 的存在，促使引发剂分解，额外消耗了一部分引发剂，降低了引发剂的引发速率，延长了聚合时间。

聚合用水中 Cl^- 的存在，对聚合物颗粒度影响很大，特别是对 PVA 分散体系，易使颗粒变粗，所以一般聚合用水，Cl^- 控制在 10×10^{-6} 以下。如表 6-7 所示。

表 6-7　C1⁻ 对 PVC 颗粒度的影响

水中含氯根/$\times 10^{-6}$	40目过筛量/kg	正品收率/%
20	820	20.5
7.5	3880	95.2

（四）氯乙烯悬浮聚合主要设备

1. 聚合釜

聚合釜是实现聚合反应的核心设备。通常有搪瓷釜和不锈钢聚合釜之分，目前企业主要采用不锈钢聚合釜生产。VCM悬浮聚合工艺中，聚合釜逐渐从小型向大型发展。目前发达国家对聚合釜容积的要求有逐步加大的趋势。基本上70m³以下的聚合釜已在淘汰之列。美国PVC聚合釜的容积大都在70～135m³。日本聚合釜的容积为150m³左右，德国已成功开发出200m³多用途大型聚合釜。在吸收国外先进技术的基础上，我国已开发出了国产化的大型聚合釜及其生产工艺，目前国内具有代表性的大型聚合釜有无内冷管的105m³和120m³聚合釜、带有8根内冷管的108m³聚合釜、顶伸式搅拌的135m³聚合釜等。中国石油化工股份有限公司齐鲁分公司使用的135m³聚合釜是目前国内已投产的最大的聚合釜之一。随着PVC生产规模的不断扩大，聚合釜大型化已成为当今主流趋势。这主要是因为采用大型聚合釜可提高PVC树脂的质量和均一性，降低消耗定额，减少设备占地面积，降低设备投资和维修费用，容易实现生产全过程的自动控制，图6-3、图6-4是两种常用聚合釜的结构简图。

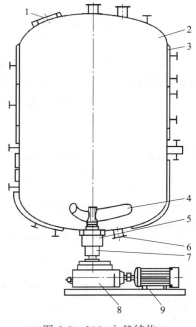

图 6-3　100m³ 釜结构

1—人孔；2—釜体；3—夹套；4—搅拌；
5—机械密封；6—底阀；7—齿轮联轴器；
8—电机；9—减速机

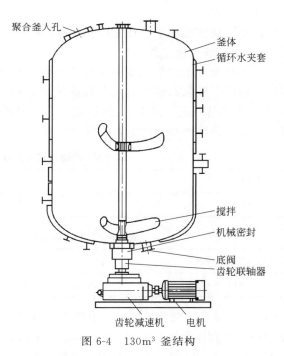

图 6-4　130m³ 釜结构

2. 大直径穿流式汽提塔

在氯乙烯聚合过程中，当转化率达到 85%～90% 时，PVC 树脂的颗粒形态、疏松程度及结构性能处于较好的状态，此时即可加入终止剂结束聚合反应。但由于氯乙烯树脂颗粒的溶解和吸附作用，使聚合反应结束出料时含有高达 2%～3% 残留单体，即使按通常的单体回收工艺处理，也还残留 1%～2% 的单体。如果树脂料浆在进入离心干燥系统之前不经汽提脱吸处理，会使残留的氯乙烯单体在以下过程中逐渐扩散逸出，造成环境污染及单体损耗。

离心机运转中逸入操作区空气中，并溶于离心母液，排放时继续污染；干燥操作时随热风排入大气，并于成品包装口逸入操作区空气中；成品树脂内残留的单体，会在贮存和运输过程中发生缓慢的扩散而污染环境；塑化加工时受热而大量逸入操作区空气中。

在成型制品中仍残留一定数量的氯乙烯，还会在制品的使用过程中发生扩散。例如，用作自来水管或食品药物包装时，会发生单体往水或食品的迁移，最终进入人体内。

因此，树脂中残留氯乙烯必须进行汽提处理，并宜在离心脱水（敞口）操作之前进行。经汽提处理后料浆中残留单体，宜控制在 20mg/kg 以下，以使成品树脂残留单体低于 8mg/kg，基本可满足上述要求。

PVC 料浆中的 VCM 脱除，早期采用碱处理槽工艺，后发展成釜式汽提工艺，随着 PVC 技术的迅速发展和对环保工作的日益重视，PVC 生产企业大多选用具有节能、环保、操作简单等优点的塔式汽提工艺。各种塔式汽提的工艺技术大体相同，但从节能和提高汽提效率角度考虑，应用较多的有大直径穿流式汽提塔。如图 6-5 所示。

孔率为 8%～11%，为提高筛板传质效率和塔的操作弹性，也有采用大小孔径混合的双孔径筛板。塔内设置有 20～40 块筛板，借助若干拉杆螺栓和定位管固定，保持板间距为 300～600mm。

塔顶设有喷淋管和回流冷凝器。塔顶冷凝器借助管间通入的冷却水以将列管内上升蒸汽中的水分冷凝，这样既可降低塔顶脱出单体气流的含水量，又能节省塔顶防止筛板堵塞而连续喷入的无离子水量。

为保证气液接触时筛板上泡沫高度的均匀，对塔板水平及塔身垂直高度也有严格的要求，该穿流式筛板塔空塔气速一般为 0.6～1.4m/s，筛板孔速在 6～13m/s，物料在塔内平均停留时间为 4～8min。

穿流式筛板塔的结构比较复杂，板效率较低，设备过高，投资大，处理后浆料中残留的单体含量在 50～400mg/kg 范围内。

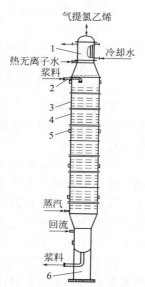

图 6-5　大直径穿流式
汽提塔结构图
1—回流冷凝器；2—喷嘴；
3—塔节；4—筛板；
5—视镜；6—裙座

3. 离心机

氯乙烯悬浮聚合时，一般要加入水的量是氯乙烯的 1.0～1.2（质量）倍，当聚合达到预定的转化率，约有 80% 的氯乙烯转化成 PVC，而聚合初期加入的水却保持原量，形成 PVC 悬浮液，俗称 PVC 浆料。该浆料含有 70%～85% 的水分，在物料进入干燥工序前应进行脱水处理，使聚氯乙烯滤饼含水量控制在 25% 以下。用于分离 PVC 树脂浆料的离心机通常有沉降式和过滤式两大类，目前 PVC 生产厂家普遍使用螺旋沉降式离心机，如图 6-6 所示。

4. 旋风干燥器

PVC 浆料经离心脱水后仍有 20%～25% 的水分，需要通过干燥的方法除去，才能达到合格成品树脂的水分率在 0.3% 以下的要求。旋风干燥在聚氯乙烯树脂生产中是常采用的方法之一。

旋风干燥器结构如图 6-7 所示。

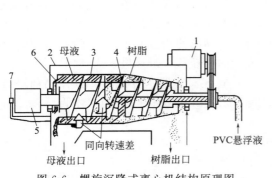

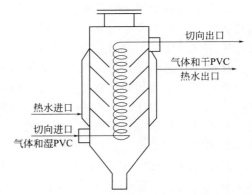

图 6-6　螺旋沉降式离心机结构原理图

1—电机；2—外罩；3—转筒；4—螺旋；
5—齿轮箱；6—溢流堰板；7—过载

图 6-7　旋风干燥器结构示意图

旋风干燥器由一个带夹套的圆柱体组成，内有一定角度的几层环形挡板，将干燥器分成多个室，挡板中间有导流板，最下部为一个带锥形的干燥室，停车时由下面的放料口放料、清床底。

高速气流带着湿的 PVC 树脂颗粒从旋风干燥器的底部切线进入最下面的一个干燥室，热气流和树脂颗粒在干燥室中高速回转，因树脂颗粒与气体之间的角速度差相当大，故其传热、传质的效率比较高。离心力将固体颗粒与气体分开，颗粒在回转中角动量减少，随气流通过挡板中心的开口进入上一层干燥室，由于离心力作用颗粒再次做旋转运动，如此逐步进入上一层干燥室直至干燥终了。

由于气体和颗粒之间速率的差异，小颗粒的树脂在干燥器内停留时间短，大颗粒在干燥器内停留时间长，这样小颗粒树脂就不至于因停留时间长而过度干燥，因此不同粒径的树脂都能得到良好的干燥。干燥好的树脂从旋风干燥器的顶部出来，经过旋风分离器将树脂与空气分开，经筛分后树脂进入包装工序。

旋风干燥器的主要特点是：能耗低，汽耗为 0.4～0.5t 蒸汽/t 树脂；工艺流程简单，运行稳定，操作方便，对树脂颗粒形态要求低；切换树脂型号或停车容易，清床简单，不易产生黑黄点。

四、聚氯乙烯仿真实训

（一）实训目的

通过本装置的实训，学生能够掌握聚氯乙烯生产的原料的物化性质，生产的原理、聚氯乙烯生产的工艺流程及操作条件的控制。为以后进入相关工厂的工作打下坚实的理论基础与操作技能。

（二）工艺流程

聚氯乙烯生产过程由聚合、PVC 汽提、VCM 处理、废水汽提、脱水干燥、VCM 回收系统等部分组成。同时还包括主料、辅料供给系统、真空系统等。其生产流程如图 6-8 所示。

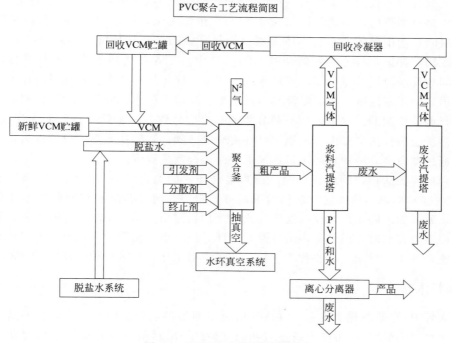

图 6-8　PVC 生产流程示意框图

1. 抽真空系统

聚合釜（R101）在加料之前必须进行氮气吹扫和抽真空。在抽真空之前应把聚合釜（R101）上的所有的阀门和人孔都关闭好，釜盖锁紧环置于锁紧的位置上。检查一下抽真空系统是否具备开车的条件，相关的手阀是否处在正确的位置上，打开聚合釜抽真空阀，开启抽真空系统。开始抽真空，直到聚合釜中压力降到真空状态。然后关闭抽真空阀，检查真空情况。出料槽（V201）和汽提塔进料槽（V202）抽真空的方法与聚合釜（R101）抽真空的方法大致相同，区别仅在于打开或关闭有关的抽真空管道上的阀门。

2. 进料、聚合

在聚合釜开始加料之前，需用一种特殊的溶液喷涂聚合釜的内壁，涂料粘在聚合釜内壁和内部部件上，使在正常情况下经常发生的粘壁现象降到最低程度。这样就可以降低聚合釜的开盖频率，减少清釜次数。首先对反应釜（R101）在密闭条件下进行涂壁操作在聚合釜的釜壁和挡板上，形成一层疏油亲水的膜，从而减轻了单体 VCM 在聚合过程中的粘釜现象，然后再开始进行投料生产。然后将脱盐水注入反应器（R101）内，启动反应器的搅拌装置，等待各种其他助剂的进料，水在氯乙烯悬浮聚合中使搅拌和聚合后的产品输送变得更加容易，另外它也是一种分散剂，能影响着 PVC 颗粒的形态。然后加入的是引发剂，氯乙烯聚合是自由基反应，而对烃类来说只有温度在 $400\sim500℃$ 以上才能分裂成为自由基，这样高的温度远远超过了聚合的正常温度，不可能得到高分子，因而不能采用热裂解的方法来提供自由基。而是应采用某些可在较适合的聚合温度下，能产生自由基的物质来提供自由基。如偶氮类、过氧化物类物质。接下来再加入分散剂，它的作用是稳定由搅拌形成的单体油滴，并阻止油滴相互聚集或合并。氯乙烯原料包括两部分：一是来自氯乙烯车间的新鲜氯乙烯，二是聚合后回收的未反应的氯乙烯。新鲜单体和回收单体都是用来进行聚合釜加料，二者的配比是可调整的，但通常控制在 3∶1。一般情况下，回收单体的加料量是取决于回收单体加料时贮槽中单体的量。单体分别由加料泵（P101）从新鲜单体贮槽（V101）和从回收单体贮槽中抽出，再打入到聚合釜（R101）中。二者在搅拌条件下进行聚合反应，控制反应时间和反应温度。将冷却水或热蒸汽通入釜内冷却挡板和夹套，其目的在于移出反应热，维持恒定的反应温度。反应温度是通过在聚合反应过程中，调节通过挡板和夹套的冷却水流量进行调节控制的。这个聚合釜调节器的输出信号作为一个设定点，输入到副调节器。这个调节器就会去检测夹套出口水温，打开夹套调节阀，直到达到温度设定点为止。在正常情况下，通过调节夹套冷却水的流量，即可控制聚合反应温度。

当聚合反应到达预定的终止点时，或当聚合釜内的聚合反应进行到比较理想的转化率时，PVC 的颗粒形态结构性能及疏松情况最好，希望此时进行泄料和回收而不使反应继续进行下去，就要加入终止剂使反应立即终止。当加料时由于某些加料程序不正常、聚合反应特别剧烈而难以控制时，或是釜内出现异常情况，或者设备出现异常都可加入终止剂使反应减慢或是完全终止。反应生成物称为浆料，转入下道工序，并放空聚合反应釜（R101）。

3. 浆料汽提

当已做好 PVC 浆料输送准备，并确信这釜料的质量是合格的，可将浆料输送到以下的两个槽：出料槽（V201）和汽提塔进料槽（V202）。出料前，打开浆料出料阀和聚合釜底阀，启动相应的浆料泵（P201）。出料槽（V201）既是浆料贮槽，又是氯乙烯脱气槽。通常，单体回收不在釜中进行，只有当物料不通过汽提塔和已知釜内物料质量不好，需采取特殊处理方法时，才采用这种釜内回收单体的方法。随着浆料不断地打入这个出料槽（V201），槽内的压力会不断升高，此时将装在出料槽蒸气回收管道上的调节阀打开。氯乙烯蒸气管道上的调节阀，可以防止回收系统在高脱气速率下发生超负荷现象。有效地控制出料槽（V201）的贮存量，是达到平稳、连续操作的关键。出料槽（V201）的体积应不仅能容纳下一釜输送来的物料加上冲洗水的量，又能保证稳定不间断地向浆料汽提塔加料槽（V202）供料。可以根据聚合釜（R101）送料的情况和物料贮存的变化，慢慢地调整汽提塔供料的流量。浆料在出料槽（V201）中经过部分单体回收后，经出料槽浆料输送泵（P202）打入汽提塔进料槽（V202）中。再由汽提塔加料泵（P203）送至汽提塔（T201）。汽提塔的浆料流量可以用流量计可以测得。其流量可以通过装在通向汽提塔的浆料管道上的流量调节阀进行控制。浆料供料进入到一个螺旋板式热交换器（E201）中，并在热交换器中被从汽提塔（T201）底部来的热浆料预热。这种浆料之间的热交换的方法可以节省汽提所需的蒸汽，并能通过冷却汽提塔浆料的方法，缩短产品的受热时间。带有饱和水蒸气的氯乙烯蒸气，从汽提塔（T201）的塔顶逸出，进入到一个立式列管冷凝器（E301）中，绝大部分的水蒸气可以在这个冷凝器中冷凝。液相与气相物料在冷凝器（E301）底部分离，被水饱和的氯乙烯从这个汽提塔冷凝器（E301）的侧面逸出，进入连续回收压缩机（C302）系统当中；冷凝液则被打入废水槽（V401）中，集中处理。PIC301可以自动调节氯乙烯气体出口的流量，来调节汽提塔（T201）的塔顶压力，来稳定汽提塔内的压力。经过汽提后的浆料，将从汽提塔底部打出，经过浆料汽提塔热交换器（E201）后，打入浆料混料槽（V601）。在通向浆料混料槽的浆料管道上，装有一个液位调节阀，通过控制这个调节阀，调节T201浆料出口流量，控制使塔底浆料的液位维持在一定的高度。

4. 干燥

浆料混合槽（V601）的作用主要有两个：一是离心机加料的浆料缓冲槽；二是将每个批次的浆料进行充分混合，使PVC产品的内在指标稳定，减小波动。从而有利于下游企业的深加工，保证塑料制品的质量稳定。离心机加料泵（P601）将PVC浆料由浆料混合槽（V601）送至离心机（F601），以离心方式对物料进行甩干，由浆料管送入的浆料在强大的离心作用下，密度较大的固体物料沉入转鼓内壁，在螺旋输送器推动下，由转鼓的前端进入PVC贮罐，母液则由堰板处排入沉降池。

5. 废水汽提

含有饱和VCM的废水，送到一个废水汽提塔中汽提，再将废水排入下水之前把水中的VCM汽提出来。去废水汽提塔的废水的缓冲能力是由一个碳钢的废水贮罐（V401）提供的。其废水来源有几个方面：

（1）来自V302；

（2）来自V303；

（3）来自E301。

这些废水首先送入废水贮槽，在该废水贮罐上装有一个液位指示器，用来调整废水汽提塔的加料流量，使废水贮槽液位处于安全位置。废水进料泵（P401），可将废水从废水贮罐中打入，经废水热交换器（E401），送入废水汽提塔（T401）。在通向汽提塔的供料管道上，装有一个流量调节器，可将流量维持在预定的设定点上。热交换器（E401），可利用从废水汽提塔内排出的热水预热入塔前的供料废水。这样，可以降低汽提塔的蒸汽用量。废水从废水汽提塔（T401）的塔顶加入，流经整个汽提塔，废水中的氯乙烯得到汽提后，废水从塔底部排出。经汽提后的废水集存在塔釜内，经热交换器（E401）后，排入废水池中。操作条件应根据塔压、预定的废水供入流量以及为维持塔顶温度平衡的蒸汽流量而确定。根据经验，操作压力过高会导致废水汽提塔内积存过多的PVC。为了防止废水贮槽中的废水溢流，汽提塔供料流量应随时调节。然后，根据废水供料流量，相应地调整进入汽提塔的蒸汽流量，并使其达到预定的塔顶温度。

6. 氯乙烯回收

在正常情况下，氯乙烯的回收不在聚合釜（R101）内进行，绝大部分的氯乙烯是在出料槽（V201）及浆料贮槽（V202）中得到回收，剩余的氯乙烯将在汽提塔（T201和T401）中得到回收。在浆料打入出料槽（V201）时，该槽上的回收阀门VI3V201打开，浆料回收物料管道上的截止阀打开，通过间歇回收压缩机（C301）氯乙烯蒸气进入密封水分离器，把浆料中的残存氯乙烯分离出来。

从工艺过程中回收来的氯乙烯气体，将通过氯乙烯主回收冷凝器（E701）进入氯乙烯回收缓冲罐（V701）。如果冷凝器的操作压力达不到足以将氯乙烯的露点升高到冷凝器的冷却水温度的水平时，氯乙烯在主回收冷凝器内就不能有效地被冷凝。因此在该系统中装一个压力调节器，来进一步控制氯乙烯缓冲罐（V701）的压力。当 V701 中压力低时，这个压力调节阀便开始关闭，限制排入尾气冷凝器的供料流量。随着这个压力调节阀的关闭，氯乙烯主回收冷凝器中的压力将开始不断升高，使除流入尾气冷凝器以外的所有蒸气都能冷凝下来。氯乙烯主回收冷凝器（E701）的单体出料量由一个液位调节阀来进行调节控制。其液位调节器将氯乙烯回收缓冲罐（V701）的液位控制恒定。冷凝器冷凝下来的液相单体进入一个回收单体贮罐（V702）中。

（三）复杂控制说明

1. 串级控制

如果系统中不止采用一个控制器，而且控制器间相互串联，一个控制器的输出作为另一个控制器的给定值，这样的系统称为串级控制系统。

间歇釜（R101）釜内温度控制 TIC101 和间歇釜夹套温度控制 TIC102 构成串级，TIC101 是主表，TIC102 是副表。TIC102 是调节蒸汽与冷却水进料量，通过两者流量的调节进而控制间歇釜和夹套的温度变化。

2. 分程控制

R101 温度由调节器 TIC102 分程控制在 64℃，当温度低于 64℃，调节阀 TIC102 开度小于 50%，加热升温；当温度高于 64℃，调节阀 TIC102 大于等于 50%，调节阀 TIC102A 开度为 0，TIC102B 开度增大降温换热，如图 6-9 所示。

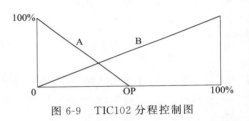

图 6-9　TIC102 分程控制图

（四）工艺卡片

1. 设备列表

设备列表如表 6-8 所示。

表 6-8　设备列表

位号	名称	位号	名称
V101	新鲜氯乙烯贮罐	E701	主回收冷凝器
V202	汽提塔进料槽	V601	浆料混合槽
V302	密封水分离器	F601	离心分离器
V401	废水贮罐	P101 A/B	新鲜氯乙烯输送泵
V502	真空分离罐	P201 A/B	浆料输送泵
V702	回收氯乙烯贮罐	P203 A/B	汽提塔加料泵
T201	浆料汽提塔	C301	间歇回收液环式压缩机
E201	浆料热交换器	P401 A/B	废水进料泵

位号	名称	位号	名称
P601 A/B	离心进料泵	E303	换热器
X101	气液混合器	E501	换热器
V201	出料槽	E702	尾气冷凝器
V301	缓冲罐	P102 A/B	冷却水输送泵
V303	密封水分离器	P202 A/B	浆料输送泵
V701	回收氯乙烯缓冲罐	P204 A/B	汽提塔底泵
R101	聚合反应釜	C302	连续回收液环式压缩机
T401	废水汽提塔	C501	液环式真空泵
E301	冷凝器	P701 A/B	回收氯乙烯输送泵
E302	换热器	C602	引风机

2. 控制仪表

控制仪表如表 6-9 所示。

表 6-9　控制仪表列表

点名	单位	正常值	描述
FIC201	kg/h	7001.30	T201 的进料量控制
FIC202	kg/h	5000.00	T201 的蒸汽进料量控制
FIC401	kg/h	8759.03	T401 的进料量控制
FIC402	kg/h	6000.00	T401 蒸汽的进料量控制
PIC201	MPa	0.50	V201 槽内压力控制
PIC301	MPa	0.50	换热器 E301 内的压力控制
PIC302	MPa	0.56	V302 的出口压力控制
PIC303	MPa	0.56	V303 的出口压力控制
PIC701	MPa	0.50	V701 内的压力控制
TIC101	℃	64.00	聚合反应釜的温度控制
TIC102	℃	56.00	反应釜夹套内的温度控制
TIC201	℃	110.00	PVC 汽提塔的温度控制
LIC101	%	50.00	新鲜氯乙烯贮槽液位控制
LIC201	%	50.00	T201 液位控制
LIC301	%	50.00	换热器液位控制
LIC302	%	50.00	V303 液位控制
LIC303	%	50.00	V302 液位控制

点名	单位	正常值	描述
LIC401	%	50.00	废水汽提塔液位控制
LIC501	%	50.00	V502 液位控制
LIC701	%	50.00	V701 液位控制
LIC702	%	50.00	氯乙烯回收槽液位控制

3. 显示仪表

显示仪表如表 6-10 所示。

表 6-10　显示仪表列表

点名	单位	正常值	描述
PI201	MPa	1.2	P201 泵出口压力
PI202	MPa	0.5	V201 内部压力
PI203	MPa	1.2	P202 泵出口压力
PI204	MPa	0.5	V202 内部压力
PI205	MPa	1.0	P203 泵出口压力
PI206	MPa	2.0	P204 泵出口压力
PI207	MPa	0.5	T201 内部压力
PI301	MPa	1.2	C301 出口压力
PI303	MPa	1.2	C302 出口压力
PI305	MPa	0.2	V301 内部压力
PI402	MPa	0.6	T401 内部压力
PI501	MPa	−0.05	V501 内部压力
PI502	MPa	0.2	V502 内部压力
TI201	℃	64	V201 内部温度
TI202	℃	61	V202 内部温度
LI203	℃	90	T201 液相进口温度
TI301	℃	64	V303 内部温度
TI302	℃	64	V302 内部温度
TI401	℃	90	T401 内部温度
TI402	℃	64	T401 气体出口温度
LI401	%	50	V401 液位
LI601	%	50	V601 液位

（五）操作规程

1. 开车操作规程

（1）真空系统的准备 打开阀门 VI1V502，给 V502 加水待液位为 50％后关闭阀门 VI1V502。

（2）反应器的准备 打开 VI10R101，开度在 50％左右，给反应器 R101 充 N_2 当 R101 压力达到 0.5MPa 后，关闭 N_2 阀门 VI10R101，打开阀门 VO1R101、VI1V501、VI1E501、VO2V502、VI1V502，启动液环式真空泵 C501，分别打开泵后排气阀、泵前进气阀，给 VO1V502 适当的开度在 40％左右，维持其内部压力是 0.2MPa 左右，打开 LV501 前阀、LV501 及后阀，LIC501 投自动 V502 的液位目标值设定为 50％左右，给 R101 抽真空至 -0.02MPa 左右，关闭真空泵进气阀、排气阀，停真空泵 C501，关闭阀门 VO2V502、VI1V502，关闭阀门 VO1R101、VI1V501，LIC501 投手动，关闭 LV501 前阀、LV501 及后阀，打开阀门 VI4R101，给反应器涂壁，待涂壁剂进料量满足 0.58Kg 左右时，关闭阀门 VI4R101，停止涂壁。

（3）V201/2 的准备 （抽真空具体步骤参照反应器的准备）

打开 VI2V201，给反应器 V201 充 N_2，打开 VI2V202，给反应器 V202 充 N_2，V201 压力达到 0.5MPa 后，关闭 VI2V201，V202 压力达到 0.5MPa 后，关闭 VI2V202，打开阀门 VO1V201 给 V201 抽真空，打开阀门 VO1V202 给 V202 抽真空，打开阀门 VI1V501、VO2V502，启动液环式真空泵 C501，打开 C501 的入口阀、出口阀给 VO1V502 适当的开度，维持 V502 内部压力是 0.2MPa，V201 抽真空至 -0.02MPa 左右，关闭阀门 VO1V201 停止抽真空，V202 抽真空至 -0.02MPa 左右，关闭阀门 VO1V202 停止抽真空，关闭液环式真空泵入口阀、出口阀，停泵 C501，关闭阀门 VO2V502、VI1V501，关闭 VI1E501，停止给换热器通冷却水。

（4）压缩机系统的准备 打开阀门 VI2V303，向密封水分离罐 V303 中注入水控制液位为 40％左右，打开阀门 VI1V302，向密封水分离罐 V302 中注入水控制液位为 40％左右，V302 进密封水结束后，关闭 VI1V302，V303 进密封水结束后，关闭 VI2V303，保持密封水分离罐 V302 的液位在 40％左右，保持密封水分离罐 V303 的液位在 40％左右。

（5）反应器加料 打开阀门 VI1R101，给反应器加水，控制水的进料量在 2856.18kg 左右，启动搅拌器开关，开始搅拌，打开阀门 VI3R101，加分散剂约 1.33kg，打开阀门 VI5R101，加缓冲剂约 1.73kg，给新鲜氯乙烯罐加料，打开 LV101 前阀、LV101 后阀、LV101，LIC101 目标值设为 50％，打开泵 P101A/B 入口阀，启动泵 P101A/B 给反应器加氯乙烯单体，打开泵 P101A/B 出口阀，打开阀门 VI7R101，打开阀门 VI8R101，控制氯乙烯的进料量在 1380kg 左右，打开 VI2R101，给反应器加引发剂约 0.46kg，按照建议进料量，水进料结束后，关闭 VI1R101，按照建议进料量，引发剂进料结束后，关闭 VI2R101，按照建议进料量，分散剂进料结束后，关闭 VI3R101，按照建议进料量，缓冲剂进料结束后，关闭 VI5R101，按照建议进料量，氯乙烯进料结束后，关闭 VI7R101、VI8R101，进料结束后，关闭泵 P101A/B 出口阀，进料结束后，关闭泵 P101A/B，进料结束后，关闭泵 P101A/B 入口阀，关闭阀门 LV101 及其前后阀。

（6）反应温度控制 打开 R101 冷却水入口阀 TV102B 及其前后阀，打开泵 P102A/B 入口阀，启动泵 P102A/B，打开泵 P102A/B 出口阀，打开蒸汽入口阀 TV102A 及其前后阀,缓慢调节 TIC102 的开度在 38％左右,使反应釜及夹套升温相对比较平稳,当反应釜温度接近 64℃,同时夹套出口温度达到 56℃时 TIC102 投串级,TIC101 投自动。设定反应釜温度为 64℃,聚合釜压力不得大于 1.25MPa,若压力过高,打开 VO2R101。

(7) R101 出料　待转化率达到 85％(转化率对生成物影响很大,切忌过高转化率),反应釜出现约 0.4MPa 左右的压力降后,打开终止剂阀门 VI6R101,立即关闭蒸汽及冷却水的入口阀,同时终止剂加量约 0.50kg,按照建议进料量,终止剂进料结束后,关闭 VI6R101,停止搅拌。关闭泵 P102A/B 出口阀,关闭泵 P102A/B,关闭泵 P102A/B 入口阀,打开泵 P201A/B 入口阀,启动泵 P201A/B,打开泵 P201A/B 出口阀,打开阀门 VI3V201。

(8) V201/2 操作　打开阀门 VI1V201,向 V201 注入消泡剂,V201 不进料后,关闭阀门 VI1V201,停止向 V201 注入消泡剂。打开 PV201 前阀、后阀及 PV201,控制 PIC201 在 0.5MPa,控制 V301 的压力在 0.2MPa,缓慢调节 VI1V303 的开度,最终开度在 50％左右。打开换热器 E303、冷水阀 VI1E303,打开 VO3V303,打开液环式压缩机 C301 入口阀,打开液环式压缩机 C301 出口阀,启动液环式压缩机 C301。打开 VI2V303,打开 LV302 前阀、后阀,调节 LV302 开度在 50％左右,控制 V303 的液位在 50％。V301 内的压力在 0.2MPa 左右,C301 出口压力在 1.2MPa,打开 PV303 前后阀,控制 PIC303 在 0.56MPa。当 V201 的液位大于 40％时,打开泵 P202A/B 入口阀,启动泵 P202A/B,打开泵 P202A/B 出口阀,打开阀门 VI3V202。如果 V201 液位低于 1％,关闭泵 P202A 出口阀,关闭泵 P202A,关闭泵 P202A 入口阀,关闭阀门 VI3V202,打开 E301 的冷却水进口阀 VI1E301。当 V202 液位在 50％左右时,打开泵 P203A/B 入口阀,启动 T201 进料泵 P203A/B,打开泵 P203A/B 出口阀。逐渐打开流量控制阀 FV201 及其前后阀,FIC201 显示值在 7001.3kg/h,V201 压力控制在 0.5MPa。V202 压力控制在 0.5MPa,若压力大于 0.5MPa,可打开 VO2V202 向 V301 泄压,VO2V202 开度在 40％左右。

(注:待 R101 泄料完毕后关闭泵 P201A/B 出口阀,关闭泵 P201A/B,关闭泵 P201A/B 入口阀,关闭阀门 VI3V201,可将釜内气相排往 V201 或通过抽真空排出,R101 卸料完毕后摘除串级,保证 TV102A 前后阀、TV102B 前后阀处于关闭状态)

(9) T201 的操作　逐渐打开 FV202 及其前后阀,慢慢调节蒸汽阀开度在 50％左右。打开 PV301 前后阀,缓慢调节 PV301 开度在 50％左右。将 T201 的压力控制在 0.5MPa 左右,PIC301 投自动。打开 LV301 前后阀及 LV301,E301 液位控制阀 LIC301 投自动。E301 液位控制在 50％左右,设定气体出口温度为 110℃,蒸汽进料流量是 5000kg/h。FIC202 投串级,TIC201 投自动。打开换热器 E302 的冷凝水入口阀 VI1E302,打开 VO3V302,开液环式压缩机 C302 入口阀,打开压缩机 C302 出口阀,启动压缩机 C302,打开 VI1V302,开 PV302 前后阀,当 PIC302 压力达到 0.5MPa 左右时,调节 PV302 的开度,控制 PIC302 在 0.56MPa。当 T201 液位在 30％左右时,打开泵 P204A/B 入口阀,启动泵 P204A/B,打开泵 P204A/B 出口阀。打开 T201 液位控制阀 LV201 及其前后阀,缓慢向 V601 泄料待液位稳定在 50％左右时,T201 液位控制阀 LIC201 投自动,T201 液位控制设定值为 50％,冷凝水去废水贮槽,打开 VO1V401。

(10) 浆料成品的处理　打开 C602 前后阀,启动 C602,当 V601 内液位达到 15％以上时,启动离心分离系统的进料泵 P601A/B,启动离心机,打开 VO2F601 向外输送合格产品,打开 VO1F601,废水去沉降池。

(11) 废水汽提　当 V401 内液位达到 50％左右时,打开泵 P401A,向设备 T401 注废水，逐渐打开流量控制阀 FV401 及其前后阀，流量控制在 8759.03kg/h，注意保持 V401 液位不要过高。逐渐打开流量控制阀 FV402 及其前后阀，流量控制在 6000kg/h，注意保持 T401 温度在 90℃ 左右，逐渐打开液位控制阀 LV401 及其前后阀。打开 VI1T401，调节其开度在 50% 左右，保持 TI402 显示温度在 64℃，当 T401 液位稳定在 50% 左右时，LIC401 投自动，V401 液位控制在 40%～60% 左右，T401 液位控制在 50% 左右，T401 压力控制在 0.6MPa 左右，若压力超高，可调节阀门 VO1T401 的开度向 V701 泄压，通过调整蒸汽量，使 T401 温度保持在 90℃ 左右。

（12）VC 回收　向 V701 通气体之前先打开 VI1E701、VI1E702，通冷却水。PIC701 投自动，未冷凝的氯乙烯进入换热器 E702 进行二次冷凝。V701 压力控制在 0.5MPa 左右，打开 LV701 前后截止阀，打开 LV701，调节 LV701 开度在 50% 左右。液位控制表 LIC701 投自动，冷凝后的 VC 进入贮罐 V702。V701 液位控制设定值在 50%。V702 液位达到 30% 后，分别打开 P701A/B 入口阀，启动泵 P701A/B、打开出口阀，打开 LV702 前后截止阀，打开 LV702，调节 LV702 开度，V702 液位控制设定值在 50%。

2. 正常停车操作规程

（1）PVC 汽提工段停车　控制表 PIC201 投手动，待 V201 液位小于 2% 时，关闭泵 P202A 出口阀、停 P202A、入口阀，关闭 VI3V202。待 V202 液位小于 2% 时，关闭泵 P203A 出口阀、停 P203A、入口阀，控制表 FIC201 投手动，关闭 FV201 前后阀、FV201，分别将 FIC202、LIC201、TIC201 投手动，调节蒸汽的进料量，控制 T201 内的温度在 110℃。待 T201 液位小于 2% 时，关闭 FV202 前后阀、FV202，关闭泵 P204A 出口阀、停 P204A、入口阀，关闭 LV201 前后阀及 LV201。

（2）VCM 处理工段停车工段　控制表 PIC301、LIC301、PIC302、LIC303 投手动，并给适当开度，待 E301 的压力为 0 时，关闭 PV301 前阀、PV301、PV301 后阀，关闭液环式压缩机 C302 及其前后阀，关闭 VO3V302、VI1E302。当 E301 液位降至 0 时，关闭 LV301 前阀、LV301、LV301 后阀，当 V302 压力降至 0MPa 时，关闭 VI1V302 停脱盐水，关冷却水 VI1E301，关闭 PV302 前阀、PV302、PV302 后阀。当 V302 液位大概降至 0 时，关闭 LV303 及其前后阀，打开 VO2R101，开大 PV201，对 R101、V201 进行泄压（也向真空系统进行泄压），泄压结束后关闭 VO2R101、PV201 及其前后阀。VC 间歇处理工段停车参考上述。控制表 PIC303、LIC302 投手动，并给适当开度，待 V301 的压力为 0MPa 时，关闭液环式压缩机 C303 及其前后阀，关闭 VI1V303、VO3V303、VI1E303。当 V303 压力降至 0MPa 时，关闭 VI2V303 停脱盐水，关冷却水 VI1E303，关闭 PV303 前阀、PV303、PV303 后阀。当 V303 液位大概降至 0 时，关闭 LV302 及其前后阀。

（3）废水汽提工段停车　控制表 FIC401、FIC402、LIC401 投手动，控制 T401 的气体出口温度在 90℃，确定 V302、V303、E301 不再有液相出料。当 V401 液位小于 2% 时，关闭泵 P401 出口阀、停泵 P401、入口阀，关闭 FV401 前阀、FV401、后阀。当 T401 液位小于 2% 时，关闭 LV401 前后阀、LV401，关闭 FV402 前后阀、FV402。当 V401、T401 压力降至 0 时，分别关闭 VO1V401、VO1T401，关冷却水进口阀 VI1T401。

（4）离心过滤停车工段　当 V601 液位小于 2% 左右时，关闭 P601A 出口阀、停泵 P601A、关入口阀，关 C602 出口阀、停引风机 C602、入口阀。当 F601 的料位高度降至 0 时，停止运行离心机，关闭阀门 VO1F601、VO2F601。

（5）VC 回收工段停车　分别将控制表 PIC701、LIC701、LIC702 投手动，当 V701 压

力降至 0 时，关闭 PV701 前后阀、PV701。当 V701 液位小于 2％时，关闭 LV701 前后阀、LV701，停冷凝水，关闭 VI1E701、VI1E702。当 V702 小于 2％时，关闭泵 P701A 出口阀、停泵 P701A、关闭入口阀，关闭 LV702 前后阀、LV702。检查关闭处于打开状态的所有阀门，确保每个阀门都处于关闭状态。

3. 常见事故

（1）冷却水中断

① 事故现象：T401 内温度升高、VC 回收系统压力升高。

② 事故处理方法：停止通蒸汽，关闭 FV202 及其前后阀、FV402 及其前后阀，暂停离心机 F601，其他按停车步骤。

（2）泵 P204A 故障

① 事故现象：T201 液位上升，V601 液位下降。

② 事故处理方法：马上打开泵 P204B 入口阀、启动泵 P204B、关出口阀。关闭泵 P204A 出口阀、停泵 P204A、关入口阀。控制 T201 的液位在 50％。

（3）停电事故

① 事故原因：电厂发生事故。

② 事故现象：所有机泵停止工作

③ 事故处理方法：

（a）VC 回收系统　停止向 V701 进料，分别关闭 PV302、PV303、VO1V401 及它们的前后阀。关闭 PV701、LV701 及其前后阀，对 VC 回收系统保压保液。停泵 P701，关闭泵出口阀、入口阀。

（b）废水汽提工段　停止向 V401 进料，关闭 FV401、FV402、LV401 及其前后阀。关闭泵 P401 出口阀、入口阀，关闭冷却水进口阀 VI1T401。

（c）PVC 汽提工段　关 PV201、FV201、FV202、LV201 及其前后阀，停 P202、P203、P204 的出口阀、入口阀。

（d）VC 处理工段　关闭 PV301 及其前后阀，停液环式压缩机 C301、C302 的入口阀、出口阀，关闭 VI1V302、VI2V303、VO3V303、VO3V302。

（六）仿真画面

1. 现场画面图

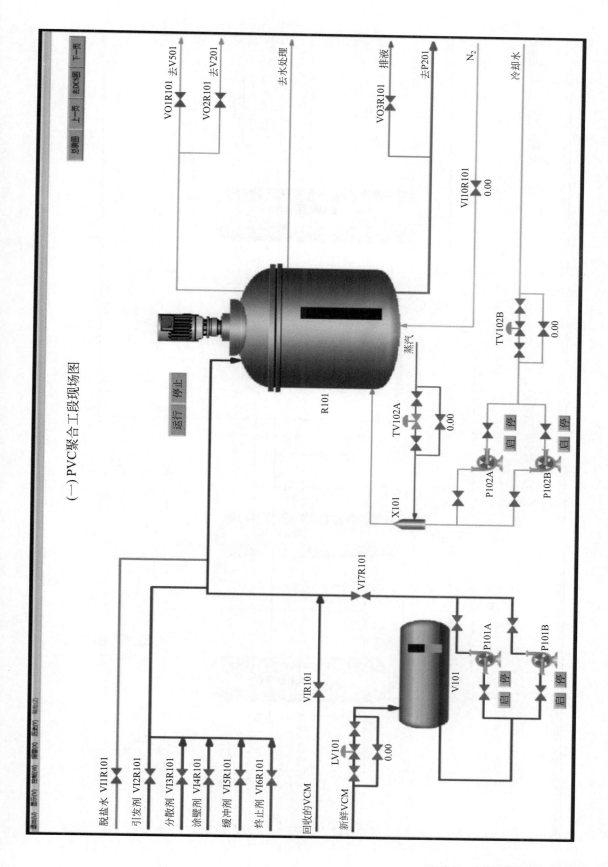

（一）PVC聚合工段现场图

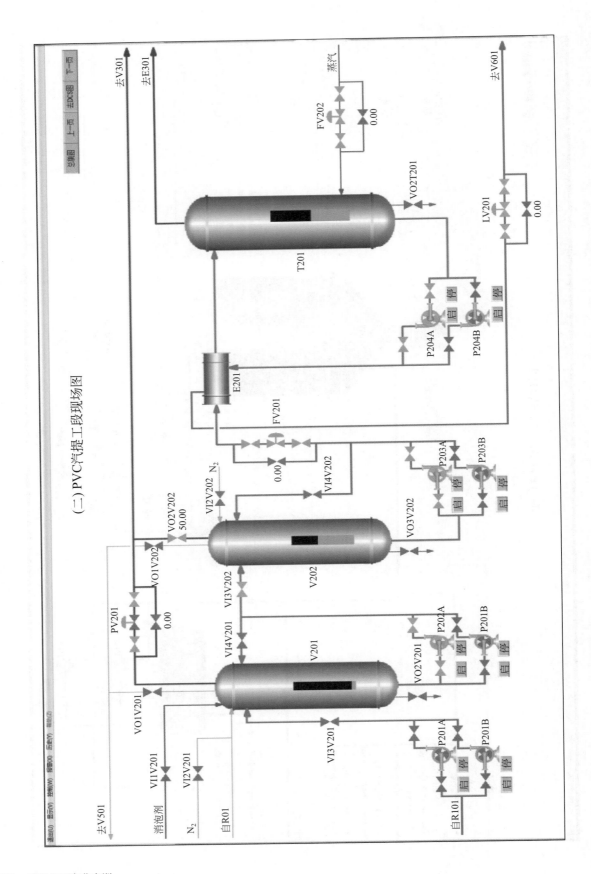

（二）PVC汽提工段现场图

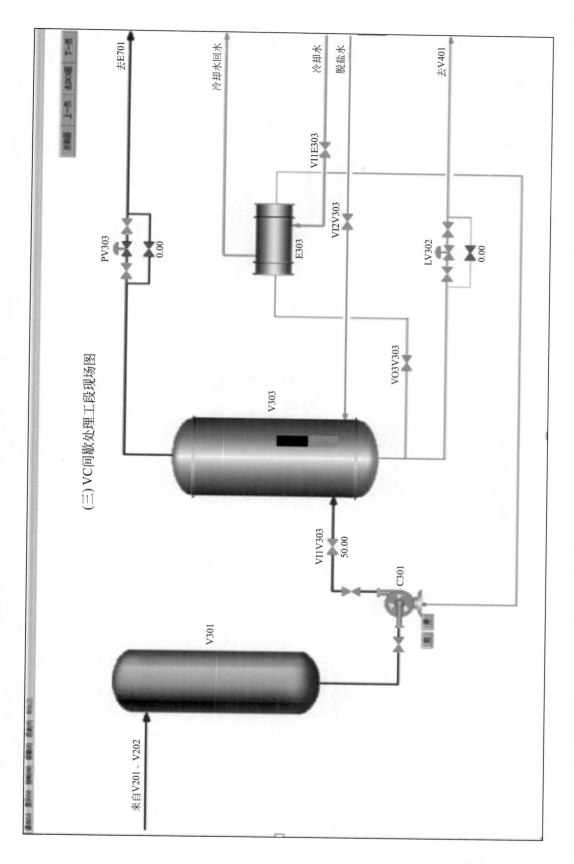

（三）VC间歇处理工段现场图

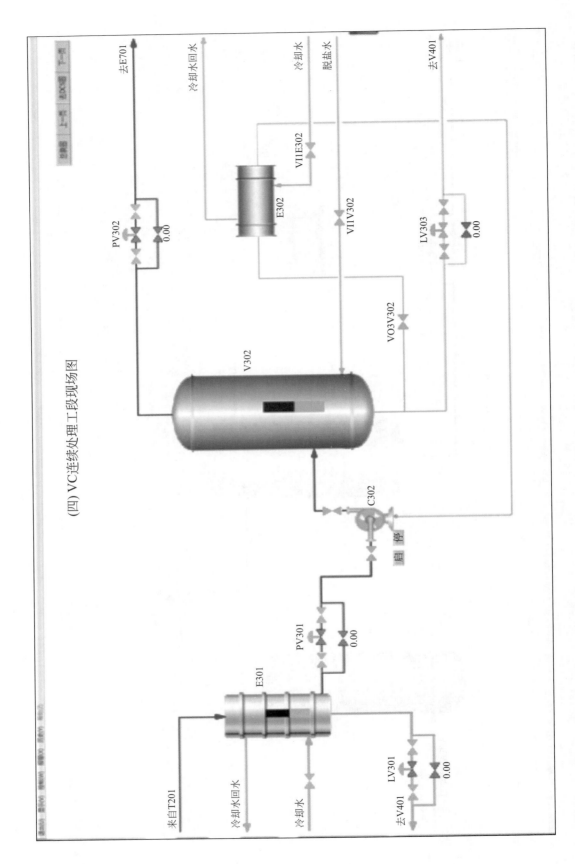

（四）VC连续处理工段现场图

（五）废水汽提现场图

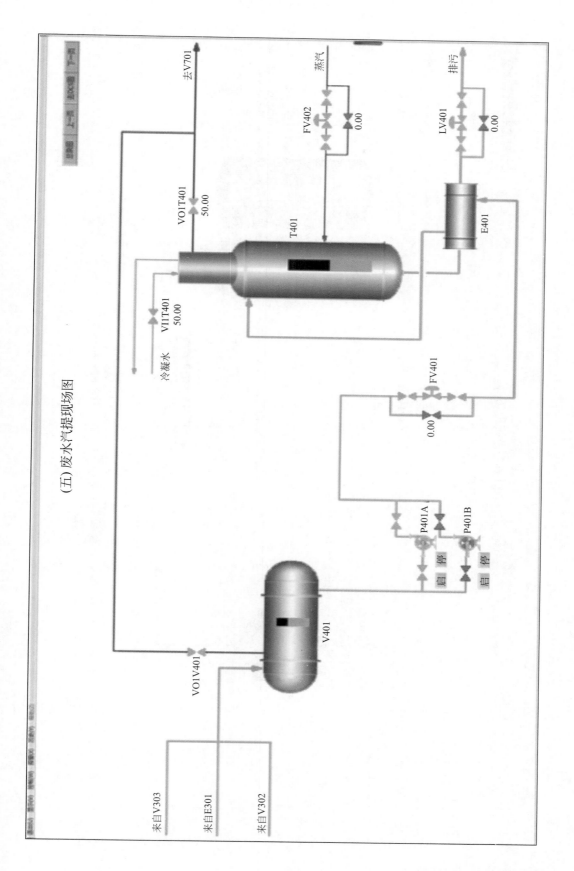

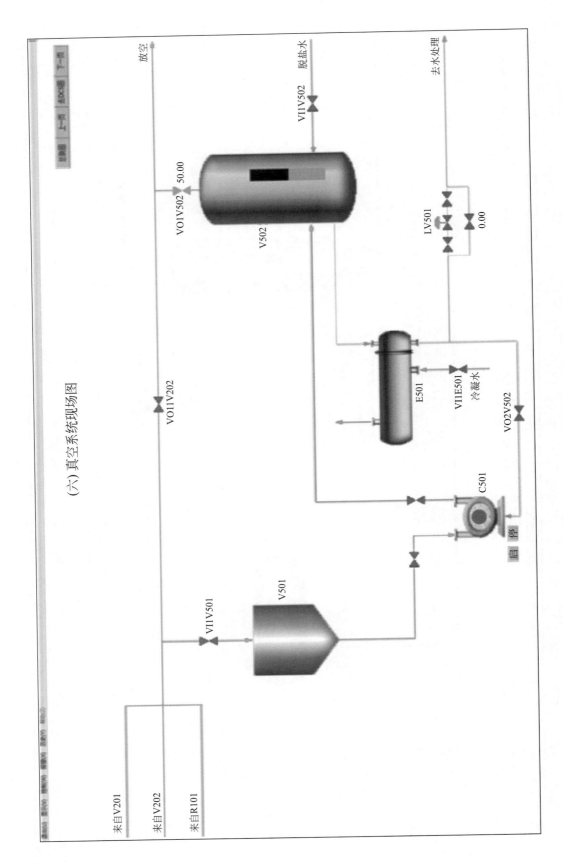

（六）真空系统现场图

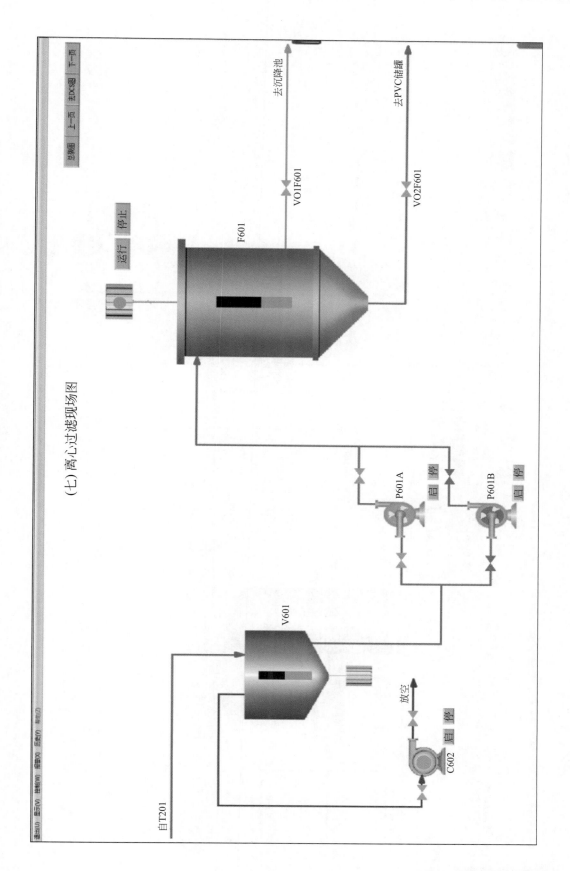

(七)离心过滤现场图

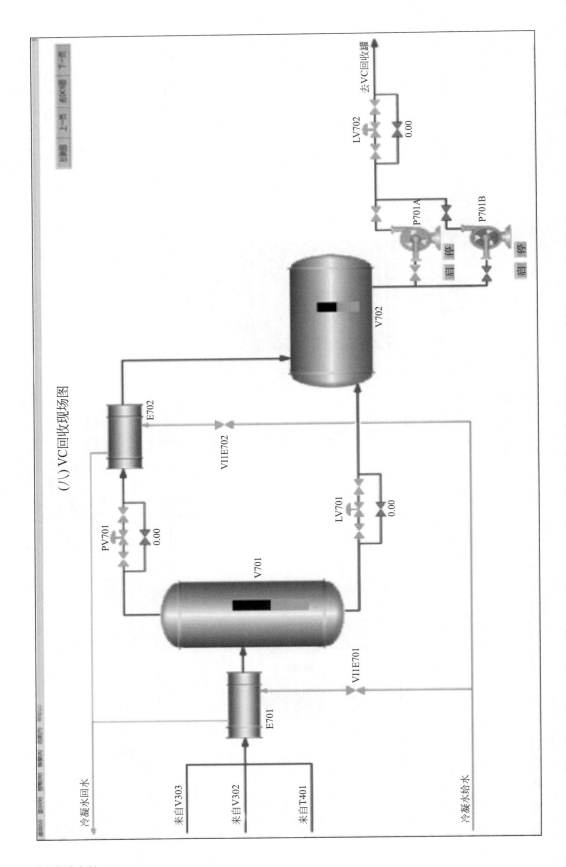

（八）VC回收现场图

2. DCS画面图

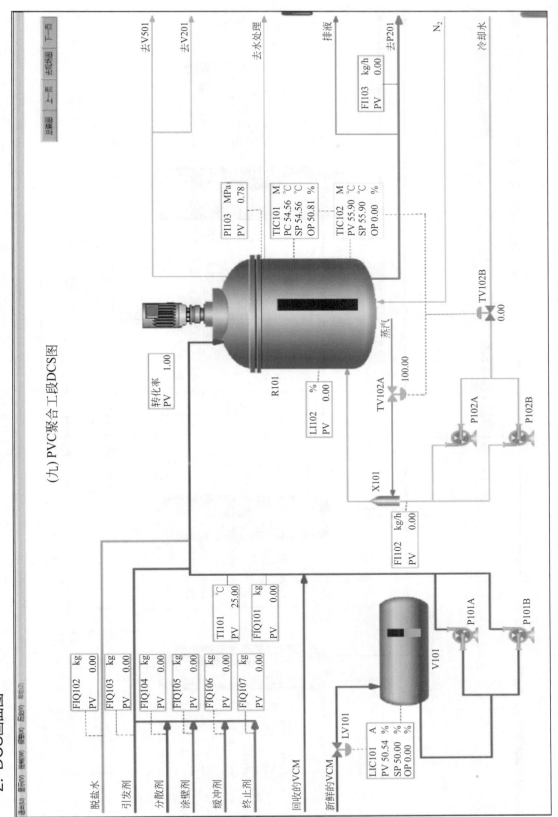

(九) PVC聚合工段DCS图

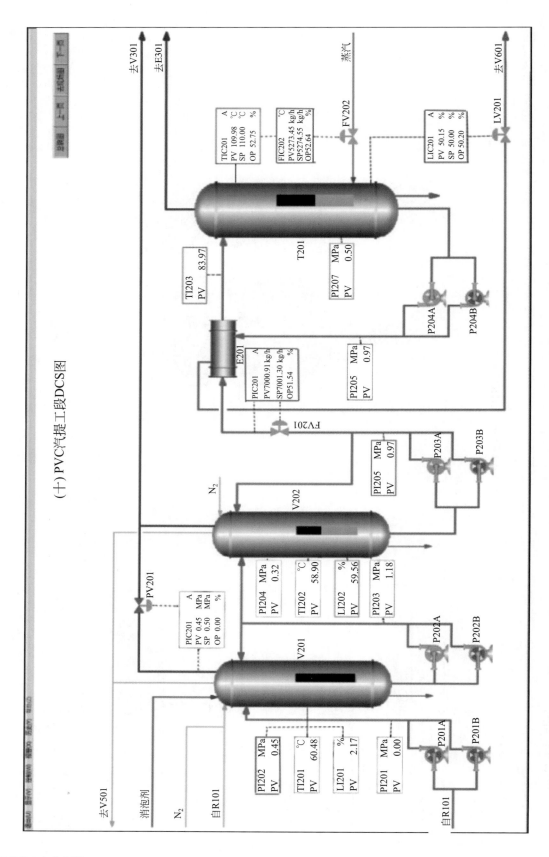

（十）PVC汽提工段DCS图

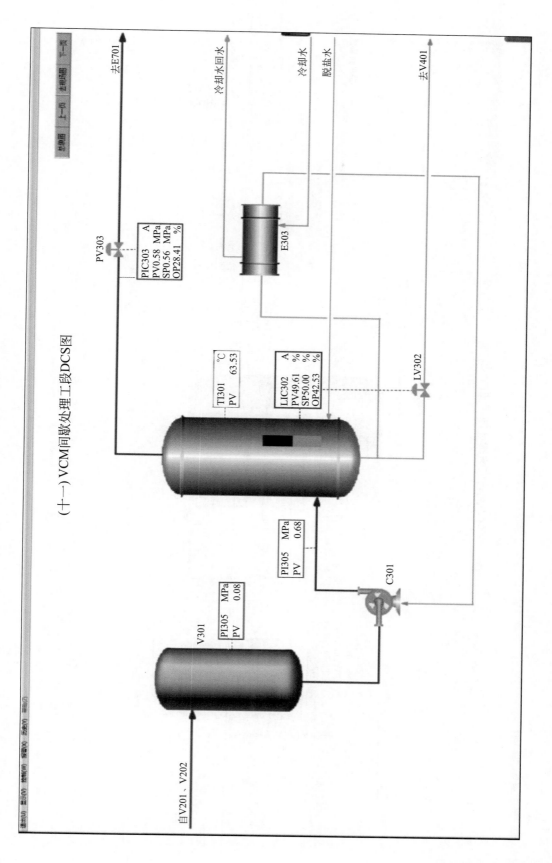

（十一）VCM间歇处理工段DCS图

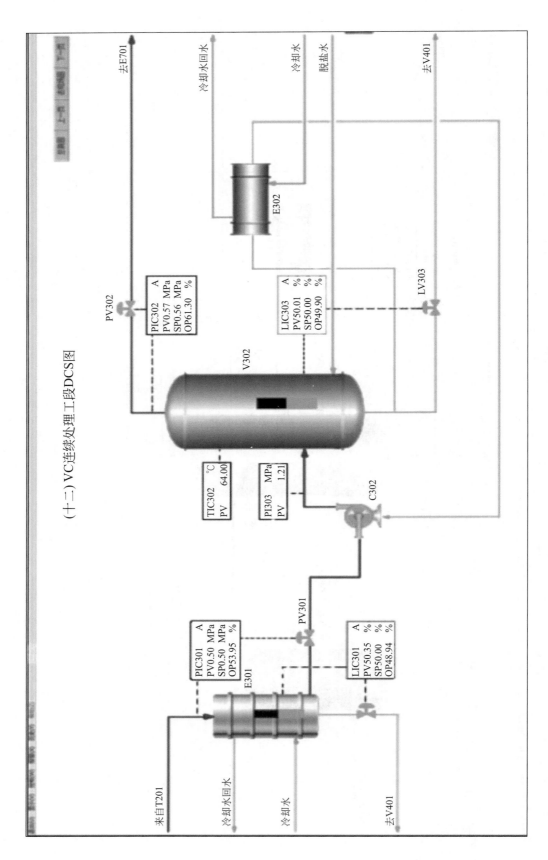

（十二）VC连续处理工段DCS图

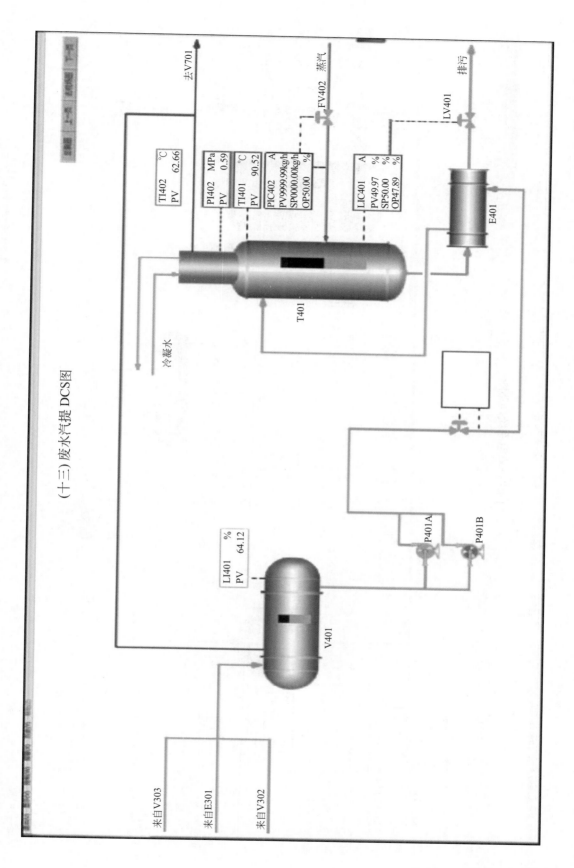

（十三）废水汽提 DCS 图

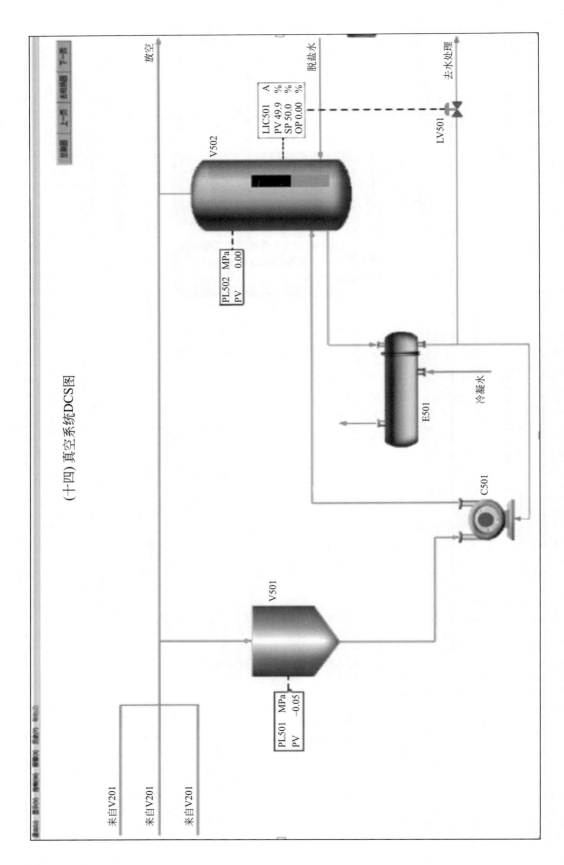

（十四）真空系统DCS图

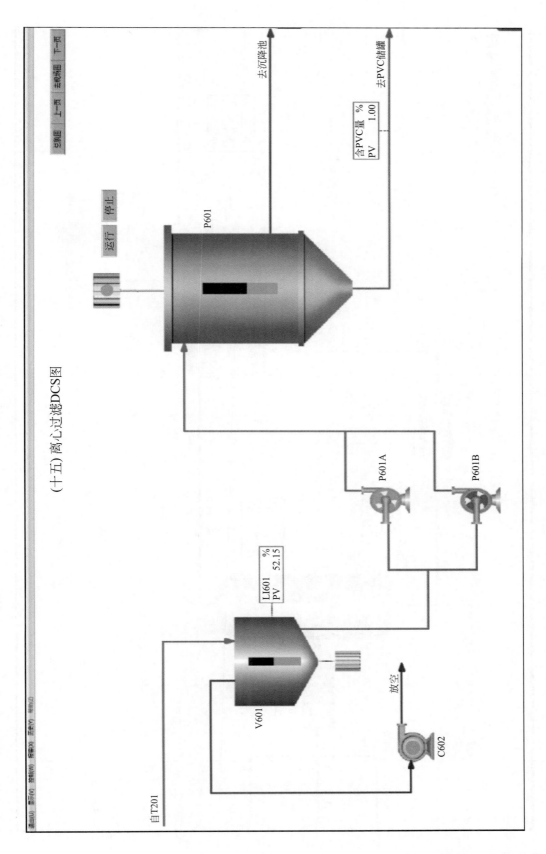

（十五）离心过滤DCS图

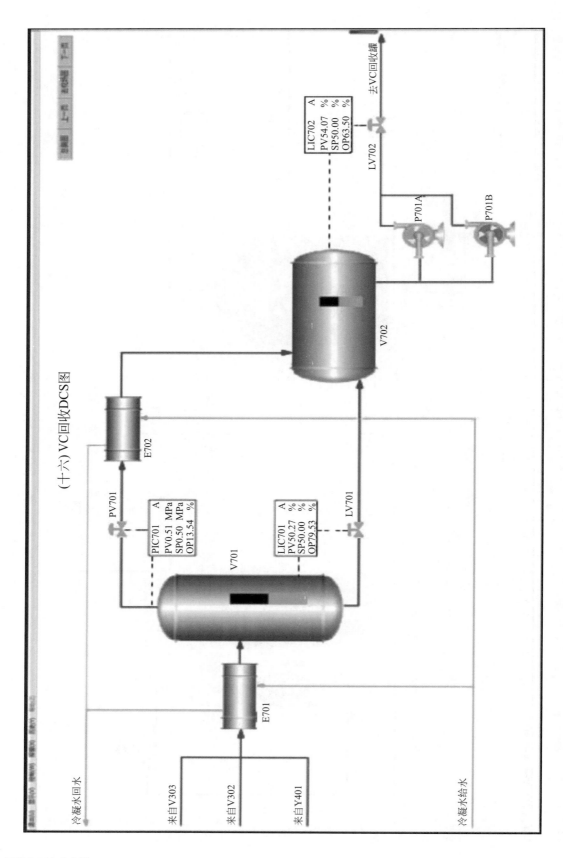

（十六）VC回收DCS图

思考题

1. 什么叫悬浮聚合？悬浮聚合体系由几个基本组分组成？
2. 水在氯乙烯悬浮聚全合的作用是什么？
3. 水质对聚合有何影响？氧对聚合有什么影响？铁对聚合有什么影响？
4. 什么叫水油比？如何选择水油比？
5. 在氯乙烯聚合反应过程中，物料体积是否发生变化？为什么？
6. 在氯乙烯聚合反应过程中，物料体积收缩对聚合在何影响？
7. 聚氯乙烯粒子形成分几个阶段？粒径的大小与什么有关？
8. 分散剂的作用是什么？分散剂的用量对聚合有何影响？
9. 引发剂的作用是什么？引发剂的选择依据是什么？什么是引发剂的半衰期？
10. 偶氮类引发剂具有哪些优点？
11. 聚合温度对聚合有什么影响？
12. 转化率对树脂的孔隙率有何影响？
13. 粘釜对聚合有什么影响？
14. 为了保证清釜安全必须注意哪些事项？
15. 氯乙烯中毒后有何症状？急救方法是什么？

参 考 文 献

[1] 刘景良. 化工安全技术. 北京：化学工业出版社，2003.

[2] 齐向阳. 化工安全技术. 北京：化学工业出版社，2014.

[3] 孙玉叶. 化工安全技术与职业健康. 北京：化学工业出版社，2015.

[4] 陈翠仙，郭红霞，等. 膜分离. 北京：化学工业出版社，2017.

[5] 中国石化集团上海工程有限公司编. 化工工艺设计手册. 北京：化学工业出版社，2011.

[6] 王湛编. 膜分离技术基础. 北京：化学工业出版社，2000.

[7] 周本省. 工业水处理技术. 北京：化学工业出版社，2002.

[8] 蒋维钧. 新型传质分离技术. 北京：化学工业出版社，1992.

[9] 时钧，等. 化学工程手册. 第2版. 北京：化学工业出版社，1996.

[10] 贾绍义，柴诚敬. 化工传质与分离过程. 第2版. 北京：化学工业出版社，2007.

[11] 叶振华. 化工吸附分离过程. 北京：中国石化出版社，1992.

[12] 陈敏恒，丛德滋，方图南，等. 化工原理(下册). 第3版. 北京：化学工业出版社，2006.

[13] 陈洪钫，刘家祺编. 化工分离过程. 北京：化学工业出版社，1995.

[14] 王桂茹，等. 催化剂与催化作用. 第2版. 大连：大连理工大学出版社，2004.

[15] 朱洪法，等. 石油化工催化剂基础知识. 第2版. 北京：中国石化出版社，2010.

[16] 许越，等. 催化剂设计与制备工艺. 北京：化学工业出版社，2003.

[17] 林西平，等. 石油化工催化概论. 北京：石油工业出版社，2008.

[18] 郑石子，颜才南，胡志宏，等. 聚氯乙烯生产与操作. 北京：化学工业出版社，2008.

[19] 邴涓林，黄志明. 聚氯乙烯工艺技术. 北京：化学工业出版社，2008.

[20] 王静，胡久平. 烧碱与聚氯乙烯生产技术. 北京：中国石化出版社，2012.

[21] 张倩. 聚氯乙烯制备及生产工艺学. 成都：四川大学出版社，2014.